高职高专电子信息类专业系列教材

数字电子技术及应用

第2版

主　编　刘淑英　唐　敏

副主编　刘恩华　谢子青

参　编　马宁丽　胡建明　白　静

　　　　王晓芳　林怡辰

主　审　殷建国

机械工业出版社

本书是为高职高专院校开设数字电子技术基础课程编写的教材。书中全面系统地介绍了数字电子技术的基础知识和典型应用。本书是在第 1 版的基础上修订而成的。

全书由数字电路基础、逻辑门电路、组合逻辑电路、集成触发器、时序逻辑电路、脉冲波形的产生与整形电路、数-模和模-数转换器、半导体存储器和可编程逻辑器件、综合实训这九章和附录组成。配合教学的实验内容穿插在相应的理论教学内容中，最后配有综合实训，使理论与实践紧密结合，始终贯彻“讲、学、练、做”相结合的原则，从能力培养的角度出发，培养学生分析问题和解决问题的能力。本书更新了第 1 版中可编程逻辑器件内容，将 Multisim 10 软件设计的思路和方法纳入到了综合实训和附录当中。同时，在各章中还配有小结和习题，书末还附有部分习题参考答案。

本书内容简明，通俗易懂，由浅入深，重点突出，理论联系实际，可作为高职高专院校电子信息类、自动化类等专业的教材或参考书，也可供从事电子技术工作的工程技术人员参考。

为方便教学，本书配有免费电子课件，凡选用本书作为授课教材的教师，均可来电索取，咨询电话：010-88379375。

图书在版编目（CIP）数据

数字电子技术及应用/刘淑英，唐敏主编．—2 版．—北京：机械工业出版社，2018.9（2024.8 重印）
高职高专电子信息类专业系列教材
ISBN 978-7-111-60053-4

Ⅰ.①数…　Ⅱ.①刘…②唐…　Ⅲ.①数字电路-电子技术-高等职业教育-教材　Ⅳ.①TN79

中国版本图书馆 CIP 数据核字（2018）第 166137 号

机械工业出版社（北京市百万庄大街 22 号　邮政编码 100037）
策划编辑：于　宁　责任编辑：于　宁　高亚云
责任校对：肖　琳　封面设计：陈　沛
责任印制：常天培
北京机工印刷厂有限公司印刷
2024 年 8 月第 2 版第 4 次印刷
184mm×260mm · 14 印张 · 340 千字
标准书号：ISBN 978-7-111-60053-4
定价：34.80 元

电话服务　　　　　　　　网络服务
客服电话：010-88361066　机　工　官　网：www.cmpbook.com
　　　　　010-88379833　机　工　官　博：weibo.com/cmp1952
　　　　　010-68326294　金　　书　　网：www.golden-book.com
封底无防伪标均为盗版　机工教育服务网：www.cmpedu.com

前　言

本书是根据教育部高职高专电子信息类与自动化类专业教学指导委员会制订的“数字电子技术基础课程教学基本要求”进行编写的。本书在基本保持第1版内容、理论体系和风格的基础上，更新了部分章节中的内容，还增加了Multisim仿真软件应用的知识。为了便于教学，也为了便于读者今后自学Multisim 10虚拟仿真软件，书中说明了Multisim软件的特点和设计步骤。

本书系统地介绍了数字电子技术的基本知识、基本理论、常用数字器件及其应用。全书内容包括：数字电路基础、逻辑门电路、组合逻辑电路、集成触发器、时序逻辑电路、脉冲波形的产生与整形电路、数–模和模–数转换器、半导体存储器和可编程逻辑器件及综合实训等。

本书始终贯彻“讲、学、练、做”相结合的原则，“讲”数字电子技术的基础知识，“学”数字电路的典型器件，“练”数字电子的典型电路设计，“做”数字电子电路的典型产品。全书注重基础知识的学习及能力的培养，理论联系实际。在内容的安排上，不仅突出基本理论、基本概念、基本分析方法，还注重实际应用和能力的培养。将相应的实验内容穿插在相应的教学过程中，综合实训中通过实际电路的设计、安装及调试，提高学生分析问题和解决问题的能力，并引入Multisim 10虚拟仿真软件介绍新颖的电路设计方法和调试方法。本书概念清晰准确，通俗易懂，由浅入深，循序渐进，方便自学。每章后面附有本章小结及习题，书后配有部分习题参考答案，并有与本书配套的电子课件，有利于组织教学和学生自学。

本书可作为高职高专电子信息类、自动化类等专业数字电子技术课程用书，也可供从事电子技术工作的工程技术人员参考。

本书由大连职业技术学院刘淑英和唐敏任主编，负责全书的组织、统稿和改稿工作。刘淑英编写了第1章、第2章和第6章；唐敏完善了第8章中有关PLD的内容，编写了第9章实训五和实训六中Multisim仿真部分的设计内容以及附录中Multisim软件的介绍，并负责编写制作与本书配套的电子课件；江苏信息职业技术学院刘恩华任副主编，编写了第3章；浙江工业职业技术学院谢子青任副主编，编写了第5章；西安航空职业技术学院马宁丽编写了第4章及附录A～C；重庆三峡职业学院胡建明编写了第8章和第9章实训一～实训

四；烟台职业学院白静编写了第7章；大连职业技术学院王晓芳参与编写了第9章实训五；大连职业技术学院的林怡辰协助编写制作电子课件。

本书由大连职业技术学院殷建国主审。本书在编写过程中得到了编者所在单位领导、老师及企业技术人员的大力支持，在此一并表示感谢。

由于Multisim软件本身的原因，本书中的某些逻辑符号采用了非国标符号，具体对应关系请参照附录B。

由于编者水平有限，书中难免存在错误和不妥之处，敬请读者批评指正。

编　者

目　录

第 1 章

数字电路基础

内容提要：

本章主要介绍数字电路的特点；常用的数制及其相互转换方法；三种基本逻辑关系；逻辑函数的表示方法及其相互转换；逻辑代数的基本定律和规则；逻辑函数的两种化简方法——代数法和卡诺图法。

1.1 概述

1.1.1 数字信号和数字电路

在电子电路中可将所处理的信号分成两大类：一类是模拟信号，另一类是数字信号。所谓模拟信号是指在时间上和数值上都连续变化的信号，如温度、压力和速度等物理量通过传感器变成的电信号都是模拟信号；所谓数字信号是指在时间上和数值上都间断的、不连续变化的信号，如记录生产零件个数的记录信号、灯光闪烁信号等都属于数字信号。典型的模拟信号是正弦波，典型的数字信号是方波，如图 1-1 所示。用来传输和处理模拟信号的电路为模拟电路，用来传输和处理数字信号的电路为数字电路。

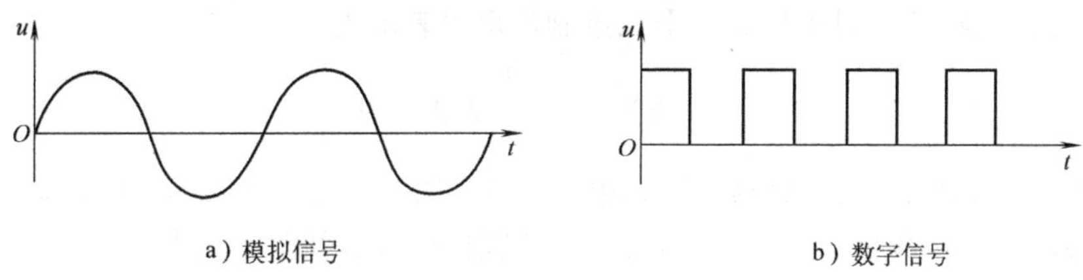

图 1-1 模拟信号和数字信号

1.1.2 数字电路的特点

1）数字电路中的信号为数字信号，所以当电路处于稳定状态时，电路中的半导体器件（如二极管、晶体管）均工作在开关状态，即工作在饱和导通状态或截止状态。

2）数字信号只有两种状态，即无信号或有信号，而这两种状态可用 0 或 1 两个数码表示，因此用来表示或存储信号的电路比较简单，构成的单元电路也较简单，对元器件的精度要求不高，电路容易制造，集成度较高，成本较低。

3）数字电路除了具有一定的“逻辑思维”能力外，还具有记忆功能，能够长期存储一定数量的信号，同时还可以采用标准的逻辑器件和可编程逻辑器件来构成各种各样的数字系

统，使用方便，通用性强，便于大批量生产，并可进行加密处理，使大量的有用信息资源得以长期保存。而且数字电路多采用集成电路，焊点少，连线少，工作可靠性高。

4）数字电路研究的主要问题是电路的输入与输出之间的逻辑关系。

1.2　数制与码制

1.2.1　数制

数制是计数进位制的简称。在日常生活和生产中，人们习惯用十进制数，而在数字电路和计算机中，只能识别由“0”和“1”组成的数码，所以经常采用二进制数和十六进制数，有些地方采用八进制数。

1. 十进制数

十进制数有 0 ~ 9 十个数码，以 10 为基数。计数时，“逢十进一，借一当十”。数码在不同的位置代表的实际大小不同，例如，十进制数 616 可表示为

$$616 = 6 \times 10^2 + 1 \times 10^1 + 6 \times 10^0$$

式中，10^2、10^1、10^0 分别为百位、十位和个位的“位权”，简称为“权”，即相应位的数码所代表的实际数值，位数越高，权值越重。对于任意一个十进制数可以表示为

$$(N)_{10} = \sum_{i=-m}^{n-1} K_i 10^i \tag{1-1}$$

式中，K_i 为十进制数第 i 位的数码；n 表示整数部分的位数，m 表示小数部分的位数，n、m 都是正整数；10^i 为第 i 位的权值。例如，十进制数 209. 04 可表示为

$$(209.04)_{10} = 2 \times 10^2 + 0 \times 10^1 + 9 \times 10^0 + 0 \times 10^{-1} + 4 \times 10^{-2}$$

2. 二进制数

二进制数由 0 和 1 两个数码组成，以 2 为基数，每个数位的权值为 2 的幂。计数时，“逢二进一，借一当二”。对于任意一个二进制数可以表示为

$$(N)_2 = \sum_{i=-m}^{n-1} K_i 2^i \tag{1-2}$$

式中，K_i 为二进制数第 i 位的数码；2^i 为第 i 位的权值；n 表示整数部分的位数，m 表示小数部分的位数，n、m 都是正整数。例如，二进制数 101. 01 可以展开成

$$(101.01)_2 = 1 \times 2^2 + 0 \times 2^1 + 1 \times 2^0 + 0 \times 2^{-1} + 1 \times 2^{-2}$$

3. 十六进制数

十六进制数有 0 ~ 9 和 A(10)、B(11)、C(12)、D(13)、E(14)、F(15)共十六个数码，以 16 为基数，每个数位的权值为 16 的幂。计数时，“逢十六进一，借一当十六”。对于任意一个十六进制数可以表示为

$$(N)_{16} = \sum_{i=-m}^{n-1} K_i 16^i \tag{1-3}$$

式中，K_i 为十六进制数第 i 位的数码；16^i 为第 i 位的权值；n 表示整数部分的位数，m 表示小数部分的位数，n、m 都是正整数。例如，十六进制数 D8. A 可以展开成

$$(D8.A)_{16} = 13 \times 16^1 + 8 \times 16^0 + 10 \times 16^{-1}$$

4. 八进制数

八进制数有0~7八个数码，以8为基数，每个数位的权值为8的幂。计数时，“逢八进一，借一当八”。任意一个八进制数按权展开的方法与二进制数、十进制数和十六进制数相同，在此不再赘述。

1.2.2　二进制数与其他进制数的相互转换

1. 二进制数与十进制数的相互转换

（1）将二进制数转换为十进制数　按式(1-2)将二进制数按权展开后相加，即得与其等值的十进制数。

例1-1　将$(101.01)_2$转换为十进制数。

解：$(101.01)_2 = 1\times2^2 + 0\times2^1 + 1\times2^0 + 0\times2^{-1} + 1\times2^{-2} = (5.25)_{10}$

所以　$(101.01)_2 = (5.25)_{10}$

（2）将十进制数转换为二进制数　要将任意一个十进制数转换为二进制数，可将其整数部分和小数部分分别转换。整数部分采用“除2取余”法，即将给定的十进制数的整数部分依次被2除，所得余数自下而上排列起来；小数部分采用“乘2取整”法，即将给定的十进制数的小数部分依次被2乘，所得整数部分自上而下排列起来；最后将整数部分和小数部分组合到一起，即为对应的二进制数，小数点位置不变。

例1-2　将$(44.375)_{10}$转换为二进制数。

解：整数部分44用“除2取余”法，小数部分0.375用“乘2取整”法。

除数	被除数/商		余数
2	44		
2	22	……	0
2	11	……	0
2	5	……	1
2	2	……	1
2	1	……	0
	0	……	1

（余数自下而上排列 ↑）

		整数
0.375		
× 2		
0.750	……	0
0.750		
× 2		
1.500	……	1
0.500		
× 2		
1.000	……	1
0.000		

（整数自上而下排列 ↓）

最后结果为　　$(44.375)_{10} = (101100.011)_2$

2. 二进制数与八进制数的相互转换

（1）将二进制数转换为八进制数　将给定的二进制数每三位分一组，每组用一位八进制数表示。分组时应注意以小数点为界，向左对整数部分分组，向右对小数部分分组，不足三位的要加0补齐。

例1-3　将$(1101001.1001)_2$转换为八进制数。

解：$(1101001.1001)_2$

$= (\ 001\ \ 101\ \ 001\ .\ 100\ \ 100\ )_2$

$= (\ 1\ \ 5\ \ 1\ .\ 4\ \ 4\ )_8$

所以$(1101001.1001)_2 = (151.44)_8$

（2）将八进制数转换为二进制数　将每位八进制数用三位二进制数表示，小数点位置不变。

例1-4　将$(52.4)_8$转化为二进制数。

解：(5 2 . 4 $)_8$

=(101 010 . 100 $)_2$

所以$(52.4)_8=(101010.100)_2$

3. 二进制数与十六进制数的相互转换

(1) 将二进制数转换为十六进制数 将给定的二进制数每四位分一组，每组用一位十六进制数表示。注意事项与二进制数转换为八进制数相同。

例 1-5 将$(111010100.011)_2$转化为十六进制数。

解：$(111010100.011)_2$

=(0001 1101 0100 . 0110 $)_2$

=(1 D 4 . 6 $)_{16}$

所以$(111010100.011)_2=(1D4.6)_{16}$

(2) 将十六进制数转换为二进制数 将每位十六进制数用四位二进制数表示，小数点位置不变。

例 1-6 将$(3A.5)_{16}$转化为二进制数。

解：(3 A . 5 $)_{16}$

=(0011 1010 . 0101 $)_2$

所以$(3A.5)_{16}=(00111010.0101)_2$

1.2.3 码制

数字系统中二进制数码不仅可以表示数值的大小，也可以表示特定的信息和符号。将若干位二进制数码按一定规律排列起来，用以表示特定信息的代码，称为二进制代码。用四位二进制数码表示一位十进制数，称为二—十进制码，简称 BCD 码，常用的 BCD 码分为有权码和无权码两类。

有权码用代码的权值命名，如 8421 码自左至右的权值为 8、4、2、1，它与普通的四位二进制数的权值相同，但在 8421 码中不允许出现 1010 ~ 1111 六种状态，只能用 0000 ~ 1001 十种状态，分别代表 0 ~ 9 十个数码。除 8421 码外，有权码还有 2421 码和 5421 码，其中 8421 码最为常用。

无权码每位无确定的权值，不能使用权展开式，但各有其特点和用途。例如格雷码(又叫循环码、反射码)，其相邻的两个编码只有一位码状态不同，在逻辑函数卡诺图化简中将会用到这一特点。表 1-1 列出了几种常用的 BCD 码。

表 1-1 常用的 BCD 码

十进制数	8421 码	余 3 码	格雷码	2421 码	5421 码
0	0000	0011	0000	0000	0000
1	0001	0100	0001	0001	0001
2	0010	0101	0011	0010	0010
3	0011	0110	0010	0011	0011
4	0100	0111	0110	0100	0100
5	0101	1000	0111	1011	1000
6	0110	1001	0101	1100	1001
7	0111	1010	0100	1101	1010
8	1000	1011	1100	1110	1011
9	1001	1100	1101	1111	1100

1.3 逻辑代数

1.3.1 逻辑代数和逻辑变量

逻辑代数是由英国数学家乔治·布尔于 19 世纪提出来的，因此也称为布尔代数，它是一种描述事物逻辑关系的数学方法，是分析和设计数字电路的重要数学工具。在逻辑代数中逻辑变量同普通变量一样也是用英文字母表示，如 A、B、C、…、X、Y、Z 等，但与普通变量不同的是逻辑变量取值只有 0、1 两种可能，而且 0 和 1 并不表示具体的数值大小，只是表示两种相互对立的逻辑状态，如电灯的亮和灭，电动机的旋转与停止，电位的高和低等。

1.3.2 三种基本逻辑运算和复合逻辑运算

在逻辑代数中最基本的逻辑关系有“与”“或”和“非”三种，与之对应的也有三种最基本的逻辑运算：与运算、或运算和非运算。

1. 与逻辑及与运算

当决定某件事的所有条件全部具备时，这件事才发生，否则这件事就不发生，这种因果关系称为与逻辑关系。图 1-2 所示电路为串联开关电路，A、B 是两个串联开关，L 是灯，只有当 A、B 开关都闭合时，电灯才亮；而若有一个开关断开，则灯就熄灭，这种灯的亮灭与开关通断之间的关系为与逻辑关系。

如果用 1 表示灯亮和开关闭合，用 0 表示灯灭和开关断开，则可得表 1-2 所示的与逻辑真值表。

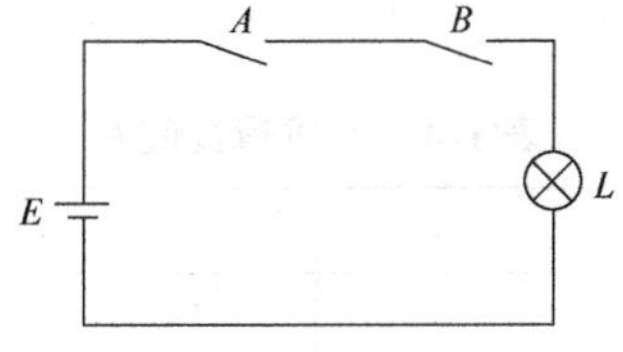

图 1-2 串联开关电路

表 1-2 与逻辑真值表

A	B	L
0	0	0
0	1	0
1	0	0
1	1	1

若用逻辑表达式来描述与逻辑，则可写成

$$L = A \cdot B \tag{1-4}$$

这里的“·”号表示与运算，通常可省略，简写为 $L = AB$。与运算的运算规则为

$$0 \cdot 0 = 0,\ 0 \cdot 1 = 0,\ 1 \cdot 0 = 0,\ 1 \cdot 1 = 1$$

从上面的分析可以看出，与运算规则与普通代数中的乘法规则相似，所以与运算又称为逻辑乘。用以实现与运算的电路称为与门电路，简称与门。其逻辑符号如图 1-3 所示。

2. 或逻辑及或运算

当决定某件事的几个条件中，只要有一个或一个以上条件具备，这件事就会发生，否则就不发生，这种因果关系称为或逻辑关系。图 1-4 所示电路为并联开关电路，开关 A、B 只要有一个闭合，

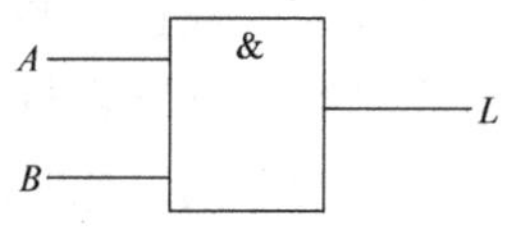

图 1-3 与门逻辑符号

电灯 L 就亮，只有当 A、B 都断开时灯才熄灭，这种灯的亮灭与开关通断之间的关系为或逻辑关系。若仍用 1 表示灯亮和开关闭合，用 0 表示灯灭和开关断开，则可得表 1-3 所示的或逻辑真值表。

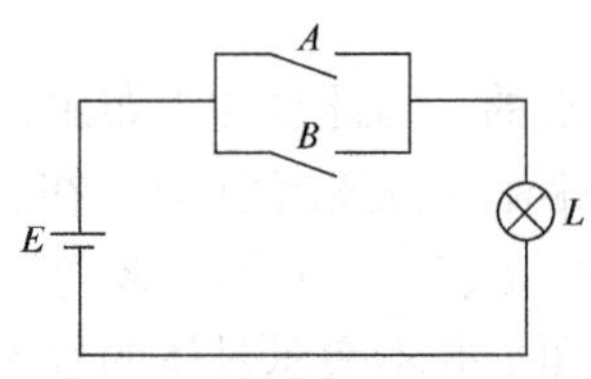

图 1-4　并联开关电路

表 1-3　或逻辑真值表

A	B	L
0	0	0
0	1	1
1	0	1
1	1	1

或逻辑的逻辑表达式为

$$L = A + B \tag{1-5}$$

这里的“+”号表示或运算，或运算的运算规则为

$$0+0=0，0+1=1，1+0=1，1+1=1$$

由上述分析可以看出，或运算规则与普通代数的加法规则相似，所以或运算又称为逻辑加。要注意的是或运算与二进制的加法运算有所不同，尤其注意“1+1=1”。用来实现或运算的电路称为或门电路，简称或门，其逻辑符号如图 1-5 所示。

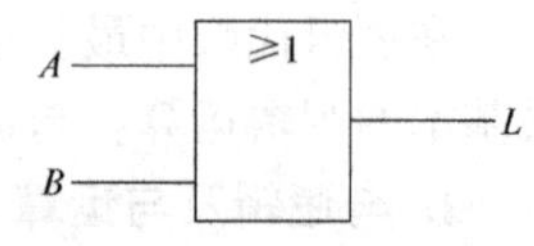

图 1-5　或门逻辑符号

3. 非逻辑及非运算

在某一事件中，若结果总是和条件呈相反状态，则这种逻辑关系称为非逻辑关系。图 1-6所示电路为开关与灯并联电路，当开关闭合时电灯熄灭，当开关断开时电灯亮。非逻辑真值表见表 1-4。

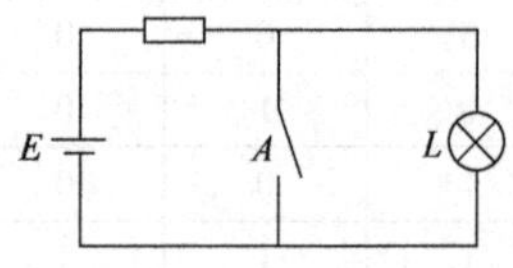

图 1-6　开关与灯并联电路

表 1-4　非逻辑真值表

A	L
0	1
1	0

非逻辑的逻辑表达式为

$$L = \overline{A} \tag{1-6}$$

$\overline{A}$ 读作“A 非”或“A 反”，非运算的运算规则为：$\overline{0}=1$，$\overline{1}=0$。非运算也称为“反运算”。用来实现非运算的电路称为非门电路，简称非门，其逻辑符号如图 1-7 所示。

4. 常见的几种复合逻辑关系

与运算、或运算和非运算是逻辑代数中最基本的三种运算，在实际应用中常常将与门、或门和非门组合起来，形成常用的复合门，如与非门、或非门、与或非门、异或门以及同或门等，其逻辑表达式和逻辑符号见表 1-5。

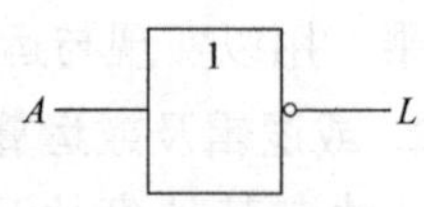

图 1-7　非门逻辑符号

表 1-5　常见的复合逻辑关系

复合逻辑关系名称	逻辑表达式	逻辑符号
与非	$L=\overline{A\cdot B}$	A、B 输入，&，输出 L
或非	$L=\overline{A+B}$	A、B 输入，≥1，输出 L
与或非	$L=\overline{AB+CD}$	A、B、C、D 输入，& ≥1，输出 L
异或	$L=\overline{A}B+A\overline{B}$	A、B 输入，=1，输出 L
同或	$L=\overline{A}\,\overline{B}+AB$	A、B 输入，=1，输出 L

1.3.3　逻辑函数的表示方法及相互转换

1. 逻辑函数

在前面讨论的逻辑关系中，当输入逻辑变量的取值确定之后，输出逻辑变量的取值也就被相应地确定了，输出逻辑变量与输入逻辑变量之间存在一定的对应关系，我们将这种对应关系称为逻辑函数。

2. 逻辑函数的表示方法

逻辑函数的表示方法较多，常见的有逻辑函数表达式、真值表、逻辑图和波形图等。

（1）逻辑函数表达式　用与、或、非等逻辑运算表示逻辑函数中各个变量之间逻辑关系的代数式称为逻辑函数表达式或逻辑表达式。式(1-4) ~ 式(1-6)是最基本的逻辑函数表达式，在逻辑函数表达式中单个字母上无非号的为原变量，如 A、B、C 等，有非号的为反变量，如 $\overline{A}$、$\overline{B}$、$\overline{C}$ 等。

（2）真值表　真值表是以表格的形式反映输入逻辑变量的取值组合与函数值之间的对应关系。它的特点是直观、明了，特别是在把一个实际逻辑问题抽象为数学问题时，使用真值表最为方便。

真值表的列写方法：每一个变量均有 0、1 两种取值，n 个变量共有 2^n 种不同的取值，将这 2^n 种不同的取值按顺序(一般按二进制递增顺序)排列起来，同时在相应位置上填入函数的值，便可得到逻辑函数的真值表。

例 1-7　某逻辑函数有 A、B 两个变量，当 A、B 取值相同时输出为 1，不相同时输出为 0，列出真值表。

解：因为函数有两个变量，所以共有四种不同的取值，根据题意确定每组变量取值对应的函数值，得表 1-6。

表 1-6　例 1-7 真值表

A	B	L
0	0	1
0	1	0
1	0	0
1	1	1

（3）逻辑图　将逻辑函数表达式中的与、或、非等运算关系用相应的逻辑符号表示出来，就形成逻辑函数的逻辑图。

例 1-8　画出 $L=AB+BC$ 的逻辑图。

解：逻辑函数 L 有三个输入变量，其中 AB、BC 为与运算，由与门实现，各与运算的输出再作或运算，由或门实现，其逻辑图如图 1-8 所示。

(4) 波形图　波形图是反映输入变量和输出变量变化规律的图形，图 1-9 是在给定 A、B、C 波形之后画出的函数 $L = AB + BC$ 的波形。

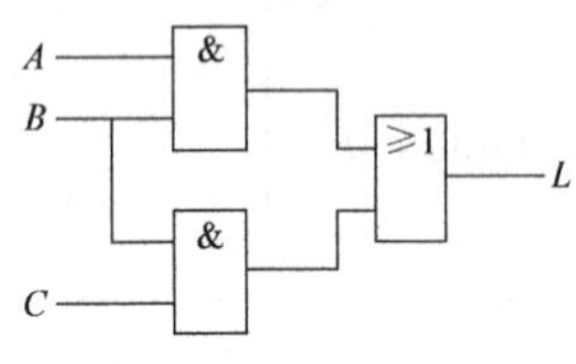

图 1-8　例 1-8 逻辑图

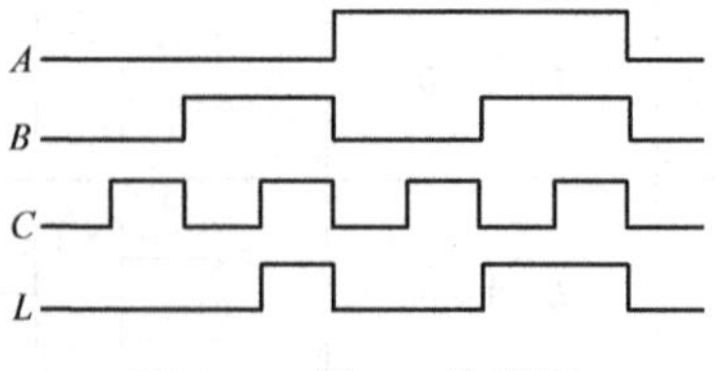

图 1-9　例 1-8 波形图

3. 逻辑函数各种表示方法间的相互转换

一个逻辑函数有几种不同的表示方法，各种表示方法之间可以相互转换，其转换方法通过下面几个例题来说明。

例 1-9　已知逻辑函数表达式 $L = B + \overline{A}C$，求真值表。

解：因为函数 L 有三个变量，故有 $2^3 = 8$ 种不同的组合状态。先列出 8 种组合状态，再将每种组合状态对应的输入变量代入表达式中进行逻辑运算，求出函数值，最后得出真值表，见表 1-7。

例 1-10　已知逻辑函数真值表见表 1-8，求逻辑函数表达式。

表 1-7　例 1-9 真值表

A	B	C	L
0	0	0	0
0	0	1	1
0	1	0	1
0	1	1	1
1	0	0	0
1	0	1	0
1	1	0	1
1	1	1	1

表 1-8　例 1-10 真值表

A	B	C	L
0	0	0	0
0	0	1	1
0	1	0	1
0	1	1	0
1	0	0	1
1	0	1	0
1	1	0	0
1	1	1	1

解：根据真值表求表达式时，只需将函数值 $L = 1$ 对应的输入变量以逻辑乘的形式表示（1 用原变量表示,0 用反变量表示），再将所有 $L = 1$ 对应的乘积项进行逻辑加运算，即为逻辑函数表达式，所以有

$$L = \overline{A}\,\overline{B}C + \overline{A}B\overline{C} + A\overline{B}\,\overline{C} + ABC$$

例 1-11　已知函数 L 的逻辑图如图 1-10 所示，写出函数 L 的逻辑表达式。

解：根据给定的逻辑图写表达式时，可逐级写出输出端的函数表达式。

$$L_1 = A\overline{B}C，\ L_2 = A\,\overline{B}\,\overline{C}，\ L_3 = \overline{A}\,\overline{B}C$$

最后得到函数 L 的表达式为　$L = A\overline{B}C + A\,\overline{B}\,\overline{C} + \overline{A}\,\overline{B}C$

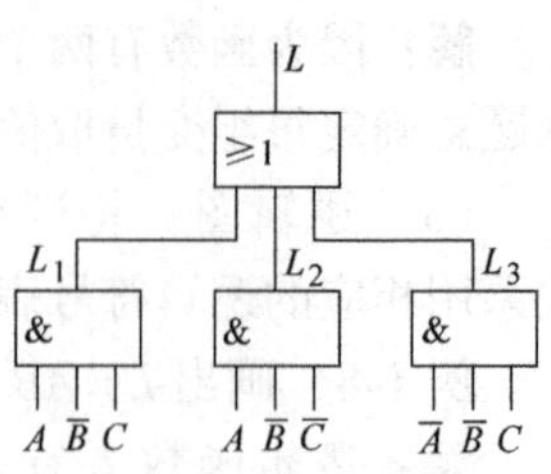

图 1-10　例 1-11 逻辑图

1.4　逻辑代数的基本定律和规则

1.4.1　基本定律

1. 常量之间的关系

$$0\cdot 0=0 \quad 1+1=1$$

$$0\cdot 1=0 \quad 0+1=1 \quad 1+0=1$$

$$1\cdot 1=1 \quad 0+0=0$$

$$\overline{0}=1 \quad \overline{1}=0$$

2. 常量和变量之间的关系

$$A+0=A \quad A\cdot 1=A$$

$$A+1=1 \quad A\cdot 0=0$$

$$A+\overline{A}=1 \quad A\cdot\overline{A}=0$$

3. 变量之间的关系

（1）交换律　$A+B=B+A$　　$A\cdot B=B\cdot A$

（2）结合律　$(A+B)+C=A+(B+C)$　$(A\cdot B)\cdot C=A\cdot(B\cdot C)$

（3）分配律　$A\cdot(B+C)=AB+AC$　$A+B\cdot C=(A+B)\cdot(A+C)$

（4）重叠律　$A+A=A$　$A\cdot A=A$

（5）反演律　$\overline{A+B}=\overline{A}\cdot\overline{B}$　　$\overline{AB}=\overline{A}+\overline{B}$

（6）还原律　$\overline{\overline{A}}=A$

以上定律的正确性可以用真值表证明，若等式两边的真值表相同，则等式成立。具体证明过程读者可以自己做。

4. 几个常用公式

$$AB+\overline{A}B=B \quad A+AB=A$$

$$A+\overline{A}B=A+B \quad AB+\overline{A}C+BC=AB+\overline{A}C$$

由上面最后一个式子可得出推论：$AB+\overline{A}C+BCD=AB+\overline{A}C$

1.4.2　三个重要规则

1. 代入规则

在任何一个逻辑等式中，如果将等式两边的某一变量都用一个函数代替，那么等式依然成立，这个规则称为代入规则。利用代入规则，可以将上述反演律推广到三个变量。如已知等式$\overline{AB}=\overline{A}+\overline{B}$，若用 $Z=CD$ 代替等式中的 B，则：

$$\overline{AZ}=\overline{A}+\overline{Z}$$

$$\overline{ACD}=\overline{A}+\overline{CD}=\overline{A}+\overline{C}+\overline{D}$$

同理可将变量个数推广到 n 个。

2. 反演规则

若求一个逻辑函数 L 的反函数，则只需将函数中所有的“·”换成“+”，“+”换成

“·”；“0”换成“1”，“1”换成“0”；原变量换成反变量，反变量换成原变量，则所得到的逻辑函数式就是逻辑函数 L 的反函数 $\overline{L}$。利用反演规则可以很方便地求出一个逻辑函数的反函数。但在运用反演规则时必须注意运算符号的先后顺序，即先括号、后与、最后或，另外单个变量的反变量应变成原变量，其余的多层非号应保留。

例 1-12　求 $L_1 = A\overline{B} + C\,\overline{D}E$ 和 $L_2 = A + B + \overline{\overline{C} + \overline{D + \overline{E}}}$的反函数。

解：

$$\overline{L_1} = (\overline{A} + B)(\overline{C} + D + \overline{E})$$

$$\overline{L_2} = \overline{A} \cdot \overline{\overline{B} \cdot C \cdot \overline{\overline{D} \cdot E}}$$

3. 对偶规则

对于任意一个逻辑函数 L，将函数中的“·”换成“+”，“+”换成“·”；“0”换成“1”，“1”换成“0”，将所得到新的逻辑函数式记作 L'，L'是 L 的对偶式。

对于两个逻辑函数，如果原函数相等，那么其对偶式、反函数也相等。

例 1-13　求 $L_1 = A\overline{B} + C\overline{D}E$ 和 $L_2 = \overline{\overline{A} \cdot \overline{B \cdot \overline{C}}}$的对偶式。

解：

$$L_1' = (A + \overline{B})(C + \overline{D} + E)$$

$$L_2' = \overline{\overline{A} + \overline{B + \overline{C}}}$$

1.5　逻辑函数的代数化简法

1.5.1　逻辑函数常用的几种表达式

在逻辑关系不变的前提下，逻辑函数的表达式不是唯一的，常用的逻辑函数表达式有如下几种：

$$L = A\overline{B} + BC \qquad \text{与-或表达式}$$

$$L = (A + B)(\overline{B} + C) \qquad \text{或-与表达式}$$

$$L = \overline{\overline{A\overline{B}} \cdot \overline{BC}} \qquad \text{与非-与非表达式}$$

$$L = \overline{\overline{A + B} + \overline{\overline{B} + C}} \qquad \text{或非-或非表达式}$$

$$L = \overline{\overline{A}\,\overline{B} + B\overline{C}} \qquad \text{与-或-非表达式}$$

在逻辑关系确定之后，真值表是唯一的，由真值表得到的表达式为与-或表达式，而且与-或表达式也容易转换成其他形式，因此下面将重点讨论与-或表达式的化简方法。

1.5.2　化简的意义及最简的概念

对于一个与-或表达式，其形式也不是唯一的，有繁简之分，如：

$$\begin{aligned} L &= AB + \overline{B}C \\ &= AB(C + \overline{C}) + (A + \overline{A})\overline{B}C \\ &= ABC + AB\overline{C} + A\overline{B}C + \overline{A}\,\overline{B}C \end{aligned}$$

上面三个逻辑函数表达式的逻辑关系相同，但表达式不同，而表达式不同，实现的逻辑电路也不同。显然表达式越简单，对应的逻辑电路也越简单，使用的电路元器件越少且经济可靠，所以在设计逻辑电路之前，必须对逻辑函数进行化简，以求得“最简”的逻辑表达式，最后得到最简的逻辑电路。所谓“最简”就是在保证逻辑关系不变的前提下乘积项的个数最少，且每个乘积项中变量的个数最少。化简的方法通常有两种：代数化简法和卡诺图化简法。

1.5.3　代数化简法

代数化简法又称公式化简法，就是利用逻辑代数的基本公式、定律和常用公式，对逻辑函数进行化简。常用的方法有：并项法、吸收法、消去法和配项法。

1. 并项法

利用公式 $AB+\bar{A}B=B$，将两项合并为一项，并消去一个变量。

例 1-14　化简 $L_1=\bar{A}\,\bar{B}C+\bar{A}BC$ 和 $L_2=(AB+\bar{A}\,\bar{B})C+(A\bar{B}+\bar{A}B)C$。

解：

$$
\begin{aligned}
L_1 &= \bar{A}\,\bar{B}C+\bar{A}BC \\
&= \bar{A}C(\bar{B}+B) \\
&= \bar{A}C \\
L_2 &= (AB+\bar{A}\,\bar{B})C+(A\bar{B}+\bar{A}B)C \\
&= ABC+\bar{A}\,\bar{B}C+A\,\bar{B}C+\bar{A}BC \\
&= (A+\bar{A})BC+(\bar{A}+A)\bar{B}C \\
&= BC+\bar{B}C \\
&= C
\end{aligned}
$$

2. 吸收法

利用公式 $A+AB=A$，消去多余的乘积项。

例 1-15　化简 $L_1=\bar{A}B+\bar{A}BC(D+E)$ 和 $L_2=\bar{A}+\bar{A}\,\bar{C}D+\bar{A}EFG$。

解：

$$
\begin{aligned}
L_1 &= \bar{A}B+\bar{A}BC(D+E) \\
&= \bar{A}B[1+C(D+E)] \\
&= \bar{A}B \\
L_2 &= \bar{A}+\bar{A}\,\bar{C}D+\bar{A}EFG \\
&= \bar{A}+\bar{A}EFG \\
&= \bar{A}
\end{aligned}
$$

3. 消去法

利用公式 $A+\bar{A}B=A+B$，消去多余的因子。

例 1-16　化简 $L_1=ABC+B\,\bar{C}$ 和 $L_2=AB+\bar{A}C+\bar{B}C$。

解：

$$
\begin{aligned}
L_1 &= ABC+B\,\bar{C} \\
&= B(AC+\bar{C})
\end{aligned}
$$

$$=B(A+\overline{C})$$
$$=AB+B\overline{C}$$
$$L_2=AB+\overline{A}C+\overline{B}C$$
$$=AB+(\overline{A}+\overline{B})C$$
$$=AB+\overline{AB}C$$
$$=AB+C$$

4. 配项法

利用 $A=A(B+\overline{B})$，增加必要的乘积项，然后再利用其他公式进行化简。

例 1-17　化简 $L=A\overline{B}+B\overline{C}+\overline{B}C+\overline{A}B$。

解：

$$L=A\overline{B}+B\overline{C}+\overline{B}C+\overline{A}B$$
$$=A\overline{B}(C+\overline{C})+(A+\overline{A})B\overline{C}+\overline{B}C+\overline{A}B$$
$$=A\overline{B}C+A\overline{B}\,\overline{C}+AB\overline{C}+\overline{A}B\,\overline{C}+\overline{B}C+\overline{A}B$$
$$=(A+1)\overline{B}C+A\overline{C}(\overline{B}+B)+\overline{A}B(\overline{C}+1)$$
$$=\overline{B}C+A\overline{C}+\overline{A}B$$

实际上用代数化简法化简逻辑函数时，往往需要综合运用上述几种方法，才能得到最简的结果。

例 1-18　化简函数 $L=AD+A\overline{D}+AB+\overline{A}C+BD+ACEF+\overline{B}EF+DEFG$。

解：

$$L=AD+A\overline{D}+AB+\overline{A}C+BD+ACEF+\overline{B}EF+DEFG$$
$$=A+AB+\overline{A}C+BD+ACEF+\overline{B}EF+DEFG$$
$$=A+\overline{A}C+BD+\overline{B}EF+DEFG$$
$$=A+C+BD+\overline{B}EF+DEFG$$
$$=A+C+BD+\overline{B}EF$$

1.6　逻辑函数的卡诺图化简法

1.6.1　逻辑函数的最小项及其表达式

1. 最小项

在一个逻辑函数表达式中，如果一个乘积项包含了所有变量，而且每个变量以原变量或反变量的形式仅出现一次，那么该乘积项称为该逻辑函数的一个最小项。若一个函数有 n 个输入变量，则共有 2^n 个最小项。为方便起见，最小项通常用 m_i 表示，下标 i 为最小项编号。求最小项编号的方法是：将最小项的原变量用 1 表示，反变量用 0 表示，构成二进制数，将此二进制数转换成相应的十进制数就是该最小项的编号。如 $A\overline{B}C=101$，十进制数为 5，则最小项的编号为 5，记作 m_5，其他最小项编号的求法相同。表 1-9 列出了三变量逻辑函数的最小项真值表。反之，若已知最小项的编号，也可很容易写出该最小项。

表 1-9　三变量逻辑函数的最小项真值表

变　量			m_0	m_1	m_2	m_3	m_4	m_5	m_6	m_7
A	B	C	$\overline{A}\,\overline{B}\,\overline{C}$	$\overline{A}\,\overline{B}C$	$\overline{A}B\overline{C}$	$\overline{A}BC$	$A\overline{B}\,\overline{C}$	$A\overline{B}C$	$AB\overline{C}$	ABC
0	0	0	1	0	0	0	0	0	0	0
0	0	1	0	1	0	0	0	0	0	0
0	1	0	0	0	1	0	0	0	0	0
0	1	1	0	0	0	1	0	0	0	0
1	0	0	0	0	0	0	1	0	0	0
1	0	1	0	0	0	0	0	1	0	0
1	1	0	0	0	0	0	0	0	1	0
1	1	1	0	0	0	0	0	0	0	1

2. 最小项的性质

由表 1-9 可以看出，最小项具有以下性质：

1）对于任意一个最小项，只有一组变量取值使其值为 1，而其他组取值均使其为 0，且最小项不同，使其取值为 1 的变量取值也不同。

2）对于任意一组变量取值，所有最小项的和为 1。

3）对于任意一组变量取值，任意两个最小项的乘积为 0。

3. 最小项表达式

任何一个逻辑函数都可以表示成若干个最小项之和的形式，这样的逻辑表达式称为最小项表达式，也称标准与-或表达式。对于一个逻辑函数而言，最小项表达式是唯一的，得到最小项表达式的方法通常是利用基本定律和配项法，将缺少某个变量的乘积项配项补齐。

例 1-19　将逻辑函数 $L(A,\ B,\ C)=AB+\overline{B}C$ 展开成最小项表达式。

解：

$$
\begin{aligned}
L(A,\ B,\ C) &= AB+\overline{B}C \\
&= AB(C+\overline{C})+\overline{B}C(A+\overline{A}) \\
&= ABC+AB\overline{C}+A\overline{B}C+\overline{A}\,\overline{B}C
\end{aligned}
$$

上式也可以写成 $L(A,\ B,\ C)=m_7+m_6+m_5+m_1$

$$=\sum m(1,\ 5,\ 6,\ 7)$$

1.6.2　用卡诺图表示逻辑函数

1. 卡诺图

卡诺图是按相邻性原则排列起来的最小项方格图。变量的个数不同，卡诺图中的方格数目也不同，若函数有 n 个变量，则卡诺图中就有 2^n 个小方格，每个小方格表示一个最小项。相邻性原则是：卡诺图中相邻的两个小方格代表的最小项只有一个因子互反，其余都相同。按照上述原则，下面介绍二变量～四变量卡诺图的画法。

（1）二变量卡诺图　设变量为 A、B，因为有 2 个变量，对应有 4 个最小项，卡诺图应有 4 个小方格，图 1-11为二变量卡诺图。由图 1-11a 可以看出小方格代表的最小项由方格外面的行变量和列变量的取

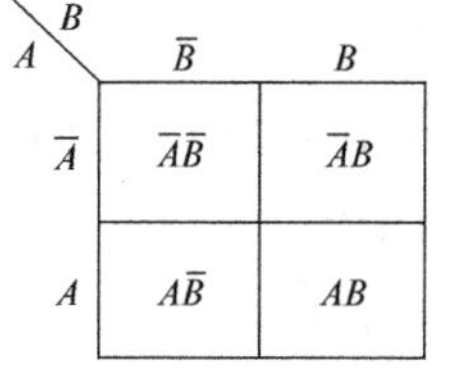

a）变量以原变量、反变量形式表示

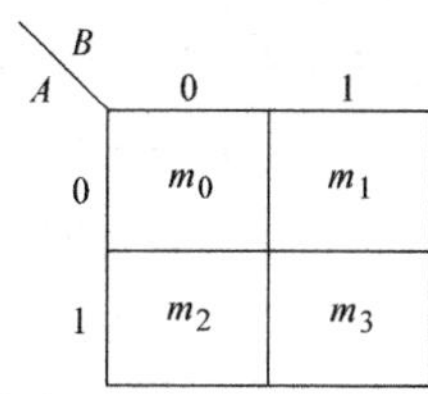

b）变量以 0、1 形式表示

图 1-11　二变量卡诺图

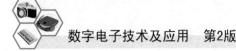

值形式决定，若原变量用 1 表示，反变量用 0 表示，则行变量、列变量取值对应的十进制数为该最小项的编号，图 1-11a 可以表示为图 1-11b 的形式。

(2) 三变量卡诺图　设变量为 A、B、C，则共有 $2^3=8$ 个最小项，按照卡诺图的构成原则，可得图 1-12 所示的三变量卡诺图。

A \ BC	$\bar B\bar C$	$\bar BC$	BC	$B\bar C$
$\bar A$	$\bar A\bar B\bar C$	$\bar A\bar BC$	$\bar ABC$	$\bar AB\bar C$
A	$A\bar B\bar C$	$A\bar BC$	ABC	$AB\bar C$

a) 变量以原变量、反变量形式表示

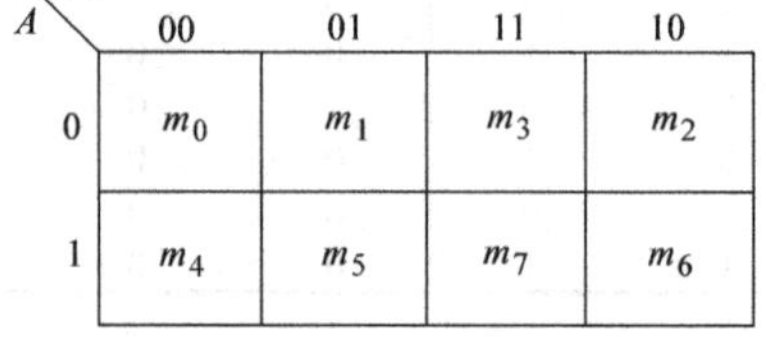

A \ BC	00	01	11	10
0	m_0	m_1	m_3	m_2
1	m_4	m_5	m_7	m_6

b) 变量以 0、1 形式表示

图 1-12　三变量卡诺图

(3) 四变量卡诺图　设变量为 A、B、C、D，则共有 $2^4=16$ 个最小项，同理可得图 1-13 所示的四变量卡诺图。

AB \ CD	$\bar C\bar D$	$\bar CD$	CD	$C\bar D$
$\bar A\bar B$	$\bar A\bar B\bar C\bar D$	$\bar A\bar B\bar CD$	$\bar A\bar BCD$	$\bar A\bar BC\bar D$
$\bar AB$	$\bar AB\bar C\bar D$	$\bar AB\bar CD$	$\bar ABCD$	$\bar ABC\bar D$
AB	$AB\bar C\bar D$	$AB\bar CD$	$ABCD$	$ABC\bar D$
$A\bar B$	$A\bar B\bar C\bar D$	$A\bar B\bar CD$	$A\bar BCD$	$A\bar BC\bar D$

a) 变量以原变量、反变量形式表示

AB \ BC	00	01	11	10
00	m_0	m_1	m_3	m_2
01	m_4	m_5	m_7	m_6
11	m_{12}	m_{13}	m_{15}	m_{14}
10	m_8	m_9	m_{11}	m_{10}

b) 变量以 0、1 形式表示

图 1-13　四变量卡诺图

2. 用卡诺图表示逻辑函数的方法

既然任何一个逻辑函数都可以写成最小项表达式，而卡诺图中的每一个小方格代表逻辑函数的一个最小项，那么就可以用卡诺图表示逻辑函数。具体的做法是：

1) 根据逻辑函数中变量的个数，画出相应变量的卡诺图。

2) 将逻辑函数写成最小项表达式。

3) 在逻辑函数包含的最小项对应的方格中填入 1，其余的填入 0 或不填。

这种用卡诺图表示逻辑函数的过程也称将逻辑函数“写入”卡诺图中。

例 1-20　用卡诺图表示逻辑函数 $L=AB+A\bar C$。

解：逻辑函数 L 有三个变量，画出三变量卡诺图。

将 L 写成最小项表达式：

$$\begin{aligned} L &= AB+A\bar C = AB(C+\bar C)+A(B+\bar B)\bar C \\ &= ABC+AB\bar C+AB\bar C+A\bar B\bar C \\ &= ABC+AB\bar C+A\bar B\bar C \\ &= m_7+m_6+m_4 \end{aligned}$$

在逻辑函数包含的三个最小项 m_4、m_6、m_7 对应的方格中填入 1，其余的不填，如图1-14 所示。

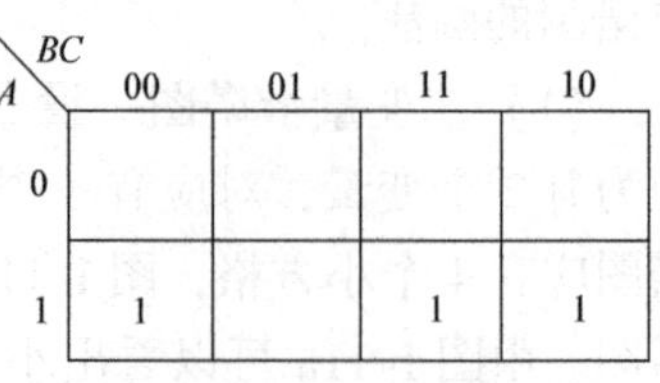

A \ BC	00	01	11	10
0				
1	1		1	1

图 1-14　例 1-20 卡诺图

1.6.3　用卡诺图化简逻辑函数

1. 化简的依据

卡诺图中的小方格是按相邻性原则排列的，可以利用公式“$AB+A\overline{B}=A$”消去互反因子，保留相同的变量，达到化简的目的。两个相邻的最小项合并可以消去一个变量，四个相邻的最小项合并可以消去两个变量，八个相邻的最小项合并可以消去三个变量，2^n 个相邻的最小项合并可以消去 n 个变量。

利用卡诺图化简逻辑函数，关键是确定能合并哪些最小项，即将可以合并的最小项用一个圈圈起来，这个圈称为卡诺圈，画卡诺圈应注意以下几点：

1）卡诺圈中包含的“1”格越多越好，但个数必须为 2^n 个($n=0,1,2\cdots$)。

2）卡诺圈的个数越少越好。

3）一个“1”格可以被多个卡诺圈共用，但每个卡诺圈中至少要有一个“1”格没有被其他卡诺圈用过。

4）不能漏掉任何一个“1”格。

2. 化简的方法

用卡诺图化简逻辑函数的方法为：

1）用卡诺图表示逻辑函数。

2）将相邻的“1”格用卡诺圈圈起来，合并相邻的最小项。

3）从卡诺图中“读出”最简式。

下面举例说明化简的方法。

例 1-21　用卡诺图化简逻辑函数 $L(A,B,C)=\sum m(0,1,2,5)$。

解：1）画出三变量卡诺图，并用卡诺图表示逻辑函数 L。

2）将相邻的“1”格用卡诺圈圈起来，合并相邻的最小项，如图 1-15 所示。

$$m_1+m_5=\overline{A}\,\overline{B}C+A\overline{B}C=\overline{B}C$$

$$m_0+m_2=\overline{A}\,\overline{B}\,\overline{C}+\overline{A}B\overline{C}=\overline{A}\,\overline{C}$$

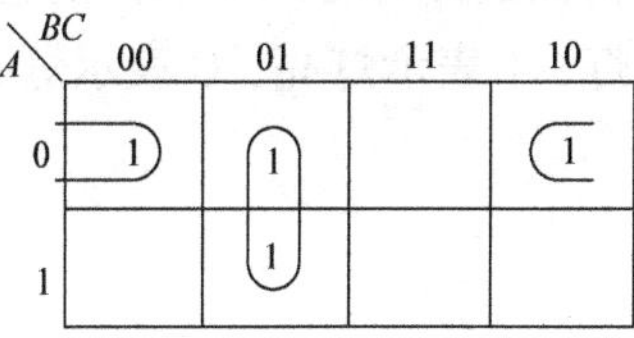

图 1-15　例 1-21 卡诺图

3）从卡诺圈“读出”最简式，即将每个卡诺圈的合并结果逻辑加，得到逻辑函数的最简与-或表达式为

$$L(A,B,C)=\overline{A}\,\overline{C}+\overline{B}C$$

在熟练掌握卡诺图的化简方法之后，第(2)步可直接写出合并结果，即每个卡诺圈行变量和列变量取值相同的为合并的结果。

例 1-22　用卡诺图化简逻辑函数 $L(A,B,C,D)=\sum m(0,2,4,5,6,11)$。

解：1）画出四变量卡诺图，并将函数写入卡诺图中。

2）将相邻的“1”格用卡诺圈圈起来，合并相邻的最小项，如图 1-16 所示。

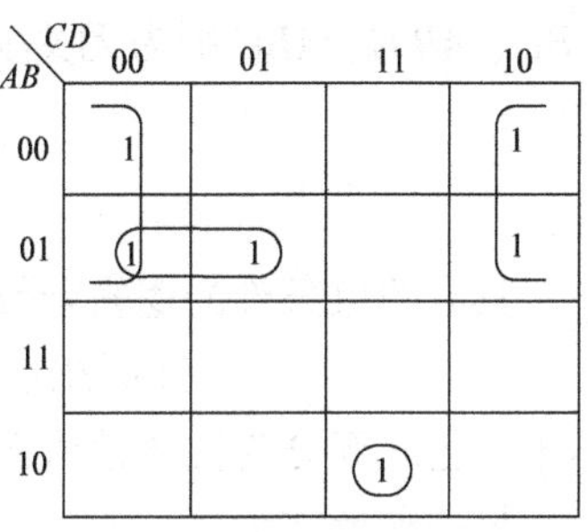

图 1-16　例 1-22 卡诺图

$$m_0+m_2+m_4+m_6=\overline{A}\,\overline{D}$$

$$m_4 + m_5 = \overline{A}B\overline{C}$$

$$m_{11} = A\overline{B}CD$$

3）从卡诺圈“读出”最简式。

$$L = \overline{A}\,\overline{D} + \overline{A}B\overline{C} + A\overline{B}CD$$

本题中最小项 m_{11} 与其他的“1”格均不相邻，必须将其单独圈起来，不能漏掉。

例 1-23　用卡诺图化简逻辑函数 $L(A,B,C,D) = \sum m(0,2,8,9,10,11,15)$。

解：1）画出四变量卡诺图，并将函数写入卡诺图中。

2）将相邻的“1”格用卡诺圈圈起来，合并相邻的最小项，如图 1-17 所示。

$$m_0 + m_2 + m_8 + m_{10} = \overline{B}\,\overline{D}$$

$$m_8 + m_9 + m_{10} + m_{11} = A\overline{B}$$

$$m_{11} + m_{15} = ACD$$

3）从卡诺圈“读出”最简式。

$$L = \overline{B}\,\overline{D} + A\overline{B} + ACD$$

本题中，卡诺图四个角上的“1”格也符合相邻性原则，应圈在一起。

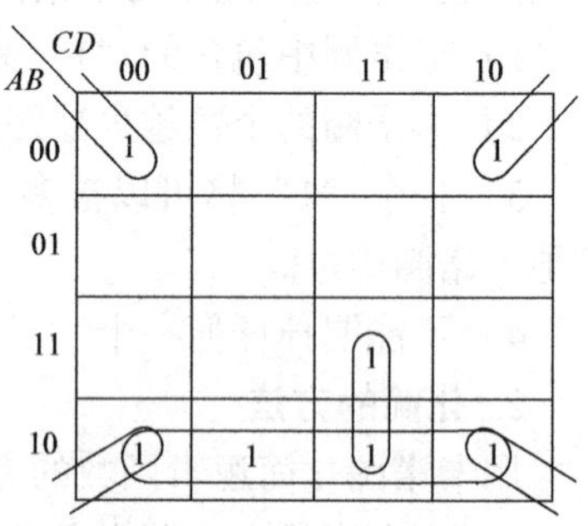

图 1-17　例 1-23 卡诺图

1.6.4　具有无关项的逻辑函数的化简

1. 无关项

在前面讨论的逻辑函数中，变量的每一组取值都有一个确定的函数值与之相对应，而在某些情况下，有些变量的取值不允许出现或不会出现，或不影响电路的逻辑功能，上述这些变量组合对应的最小项称为约束项或任意项。约束项与任意项统称为无关项，具有无关项的逻辑函数称为有约束条件的逻辑函数。如十字路口的信号，*A*、*B*、*C* 分别表示红灯、绿灯、黄灯，1 表示灯亮，0 表示灯灭，正常工作时只能有一个灯亮，所以变量的取值只能为：

A	*B*	*C*
0	0	1
0	1	0
1	0	0

其余几种变量组合 000、011、101、110、111 是不允许出现的，对应的最小项 $\overline{A}\,\overline{B}\,\overline{C}$、$\overline{A}BC$、$A\overline{B}C$、$AB\overline{C}$、$ABC$ 则为无关项。约束条件的表示形式为：

$$\overline{A}\,\overline{B}\,\overline{C} + \overline{A}BC + A\overline{B}C + AB\overline{C} + ABC = 0$$

$$或\ m_0 + m_3 + m_5 + m_6 + m_7 = 0$$

具有约束条件的逻辑函数的表示形式有两种，例如，某逻辑函数的一种表示形式为：

$$L(A,B,C,D) = \sum m(0,1,5,9,13) + \sum d(2,7,10,15)$$

其中，$\sum m$ 部分为使函数取值为 1 的最小项，$\sum d$ 部分为无关项。

另一种形式为：

$$L(A,B,C,D) = \sum m(0,1,5,9,13)$$

$$\sum d(2,7,10,15)=0$$

2. 具有无关项的逻辑函数的化简

因为无关项不会出现或对函数值没有影响，所以其取值可以为0，也可以为1，在化简时可以充分利用这一特点，使化简的结果更为简单。在卡诺图中无关项对应的小方格用“×”或“ϕ”表示。

例1-24　用卡诺图化简逻辑函数$L(A,B,C,D)=\sum m(0,1,2,5,9)+\sum d(3,6,8,11,13)$。

解：1）画出四变量卡诺图，将函数写入卡诺图中。

2）合并相邻的最小项。考虑约束条件时，用两个卡诺圈将相邻的“1”格圈起来，无关项作“1”格使用，如图1-18a所示，化简结果为

$$L=\overline{A}\,\overline{B}+\overline{C}D$$

若不考虑约束条件，则需要三个卡诺圈，如图1-18b所示，化简结果为

$$L=\overline{A}\,\overline{B}\,\overline{D}+\overline{A}\,\overline{C}D+\overline{B}\,\overline{C}D$$

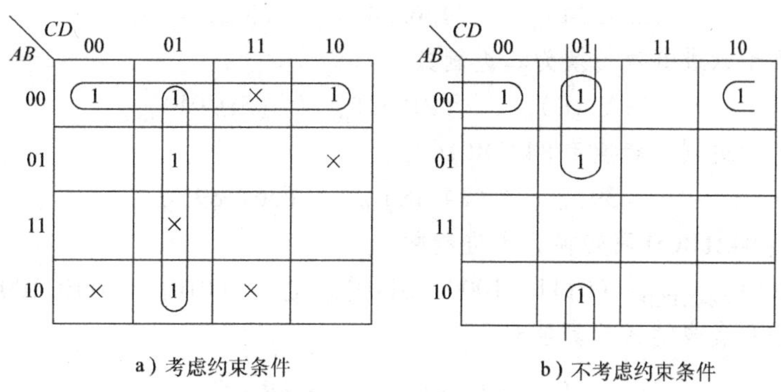

图1-18　例1-24卡诺图

利用无关项化简逻辑函数时应注意，需要的无关项当作“1”格处理，不需要的应弃掉。

本　章　小　结

1）数字信号是间断的不连续的信号。用来传输和处理数字信号的电路称为数字电路。数字电路主要采用二进制数，二进制代码不仅可以表示数值，也可以表示特定的信息及符号。BCD码是用四位二进制代码表示一位十进制数的编码，它有多种形式，其中最常用的是8421BCD码。

2）逻辑代数是一种描述事物逻辑关系的数学方法，逻辑变量的取值只有0、1两种可能，且它们只表示两种不同的逻辑状态，而不表示具体的大小。最基本的逻辑关系有“与”“或”“非”三种，将其分别组合可得到“与非”“或非”“与或非”和“异或”等复合逻辑关系。逻辑函数的表示方法有逻辑函数表达式、真值表、逻辑图和波形图等，每种表示方法各有特点，且可以相互转换。

3）逻辑函数的化简有代数法和卡诺图法。代数法是利用逻辑代数的基本定律和规则对逻辑函数进行化简，这种方法不受任何条件的限制，适用于各种复杂的逻辑函数，但没有固

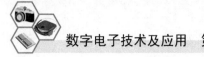

定的步骤可循，且需要熟练地运用基本定律和规则并具有一定的运算技巧。卡诺图法简单、直观，容易掌握，有一定的规律可循，但当变量个数太多时卡诺图较复杂，将失去简单、直观的优点，所以卡诺图法不适合化简变量个数太多的逻辑函数。

习　题　1

1-1　将下列二进制数转换为十进制数。

$(1100101)_2$　　$(11001.101)_2$　　$(1001.0011)_2$

1-2　将下列十进制数转换为二进制数。

$(43)_{10}$　　$(126)_{10}$　　$(38.75)_{10}$　　$(23.67)_{10}$

1-3　将下列二进制数分别转换为八进制数和十六进制数。

$(111011001.001101)_2$　　$(100101.001)_2$　　$(1001110.011)_2$

1-4　将下列八进制数转换为二进制数。

$(537.24)_8$　　$(136.54)_8$　　$(3235.01)_8$

1-5　将下列十六进制数转换为二进制数。

$(3A.4E)_{16}$　　$(2B.C)_{16}$　　$(5D.01)_{16}$

1-6　将下列十进制数转换为8421BCD码。

$(39)_{10}$　　$(24.18)_{10}$　　$(367.89)_{10}$

1-7　将下列8421BCD码转换为十进制数。

$(0110\quad 1001\quad 0001)_{8421BCD}$　　$(0111\quad 1000\quad 0110)_{8421BCD}$　　$(0101\quad 0110.1000\quad 0101)_{8421BCD}$

1-8　列出下列各表达式的真值表。

$$L_1 = A\overline{B} + \overline{A}B \qquad L_2 = \overline{A}B + C$$

1-9　已知逻辑函数的真值表见表1-10，写出其逻辑表达式。

1-10　写出图1-19所示各逻辑图的逻辑函数表达式。

表1-10　题1-9表

A	B	C	L
0	0	0	0
0	0	1	1
0	1	0	1
0	1	1	0
1	0	0	1
1	0	1	0
1	1	0	0
1	1	1	1

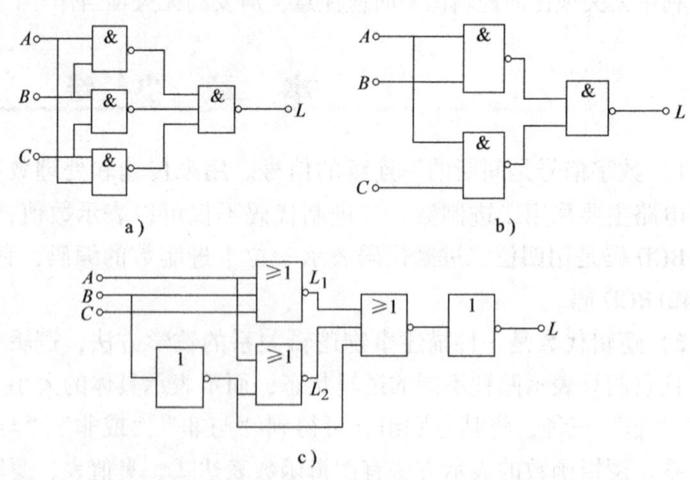

图1-19　习题1-10图

1-11　用真值表证明下列等式。

(1) $A\overline{B} + \overline{A}B = (\overline{A} + \overline{B})$

（2）$\overline{A+B+C}=\overline{A}\cdot\overline{B}\cdot\overline{C}$

1-12　用反演规则求下列函数的反函数。

（1）$L=(A+C)(\overline{B}+C)$

（2）$L=\overline{A}B+\overline{B}C+C(\overline{A}+D)$

（3）$L=\overline{A}+\overline{B+\overline{C+\overline{D}}}$

1-13　求下列函数式的对偶式。

（1）$L=AB+A\overline{C}+\overline{B}CD$

（2）$L=(\overline{A}+B)(A+\overline{C})(C+D\overline{E})+F$

（3）$L=A+\overline{\overline{B}C}$

1-14　用代数法证明下列等式。

（1）$A\overline{B}+D+DCE+D\overline{A}=A\overline{B}+D$

（2）$ABC+A\overline{B}C+AB\overline{C}=AB+AC$

（3）$AB+BCD+\overline{A}C+\overline{B}C=AB+C$

（4）$\overline{A}\,\overline{C}+\overline{A}\,\overline{B}+BC+\overline{A}\,\overline{C}\,\overline{D}=\overline{A}+BC$

（5）$\overline{A}B+CDE+\overline{B}D+AD=\overline{A}B+D$

1-15　将下列函数展开成最小项表达式。

（1）$L(A, B, C)=\overline{A}+BC$

（2）$L(A, B, C, D)=A\overline{C}+\overline{B}CD+\overline{A}\,\overline{B}D$

1-16　用代数法化简下列逻辑函数。

（1）$L=AB\overline{C}+\overline{A}B+ABC$

（2）$L=A\overline{B}+\overline{A}B+A$

（3）$L=A\overline{B}+BC+ACD$

（4）$L=\overline{A}+\overline{B}+\overline{C}+\overline{D}+ABCD$

1-17　用卡诺图法将下列函数化简为最简与或式。

（1）$L(A, B, C)=\sum m(2, 3, 4, 6)$

（2）$L(A, B, C)=\sum m(3, 5, 6, 7)$

（3）$L(A, B, C, D)=\sum m(2, 4, 5, 6, 10, 12, 13, 14, 15)$

（4）$L(A, B, C, D)=\sum m(0, 1, 2, 3, 4, 6, 7, 8, 9, 11, 15)$

（5）$L(A,B,C,D)=\sum m(0, 1, 4, 7, 10, 13, 14, 15)$

（6）$L(A, B, C, D)=\sum m(0, 1, 5, 7, 8, 11, 14)+\sum d(3, 9, 15)$

（7）$L(A, B, C, D)=\sum m(1, 2, 12, 14)+\sum d(5, 6, 7, 8, 9, 10)$

（8）$L(A, B, C, D)=\sum m(0, 2, 7, 8, 13, 15)+\sum d(1, 5, 6, 9, 10, 11, 12)$

第 2 章 逻辑门电路

内容提要：

本章主要介绍逻辑电路中的基本逻辑关系和逻辑门电路；TTL 与非门的典型电路结构、工作原理、传输特性和主要参数；CMOS 集成逻辑门电路。

2.1 概述

1. 正逻辑和负逻辑

在逻辑电路中，输入输出电位的高低用电平表示，高电平是一种状态，低电平是另一种状态。高、低电平可用逻辑 1 和逻辑 0 来表示，若高电平表示有信号，用 1 表示，低电平表示没有信号，用 0 表示，则称为正逻辑；反之，若低电平表示有信号，用 1 表示，高电平表示没有信号，用 0 表示，则称为负逻辑。

对同一个逻辑电路，描述方法可以采用正逻辑，也可以采用负逻辑，用正逻辑或负逻辑并不影响电路本身的好坏，只是根据所选的正负逻辑不同，同一电路具有不同的逻辑功能。本书中若无特殊说明，则一律采用正逻辑，即高电平用 1 表示，低电平用 0 表示。

2. 标准高电平和标准低电平

在数字电路中，高电平或低电平都表示一定的电压范围，而不是一个固定不变的数值，所以通常允许高低电平有一个变化范围，但高低电平的取值不能超出允许的范围，否则会引起逻辑混乱。因此分别限定高低电平的下限值、上限值，将高电平的下限值称为标准高电平，用 U_{SH}表示；低电平的上限值称为标准低电平，用 U_{SL}表示，在实际电路中应满足高电平 $U_H \geqslant U_{SH}$，低电平 $U_L \leqslant U_{SL}$。

2.2 半导体分立器件的开关特性

在数字电路中，二极管大多工作在开关状态。一个理想的开关在接通时，其接触电阻为零，在开关上不产生压降；在断开时，其电阻为无穷大，开关中没有电流流过，而且在开关接通与断开的速度非常高时，仍能保持上述特性。由于二极管具有单向导电特性，因此，在数字电路中它可以作为一个电子开关使用。

2.2.1　二极管的开关特性

1. 二极管的静态开关特性

二极管的静态开关特性是指二极管在正向直流电压或反向直流电压作用下稳定导通或截止时呈现的特性。二极管的开关电路如图 2-1a 所示，当外加正向电压时（正向电压大于阈值电压），二极管导通，其充分导通后，管压降基本上不再随电流的增加而明显增大，普通的硅二极管管压降约为 0.7V，锗二极管管压降约为 0.3V；当加反向电压时，二极管截止，但由于存在反向饱和电流 I_S，反向电阻不是无穷大。由此可见，二极管具有开关特性，但不是理想的开关，一般可以认为其等效电路如图 2-1b、c 所示。

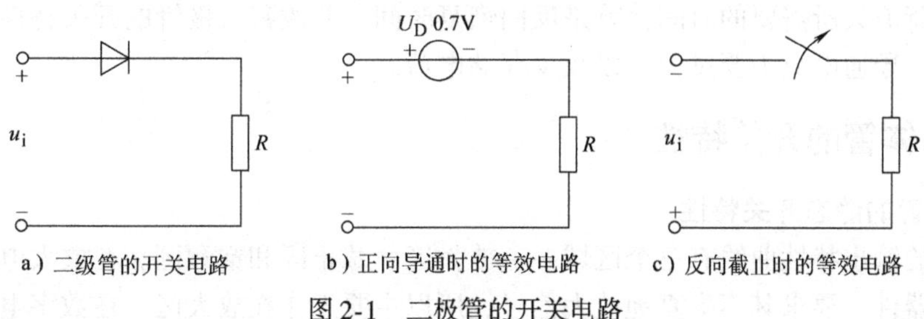

图 2-1　二极管的开关电路

2. 二极管的动态开关特性

二极管的动态开关特性是指信号电压突然变化时，二极管从一种工作状态转换到另一工作状态时的转换特性。转换过程有两种，即从导通到截止和从截止到导通，图 2-2 所示为二极管的动态开关特性，即二极管开关电路在脉冲电压作用下的转换过程。

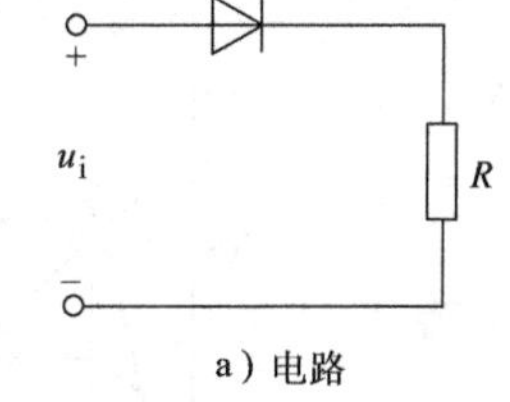

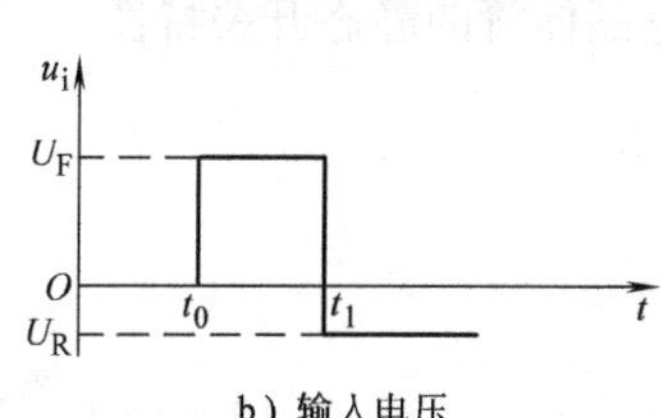

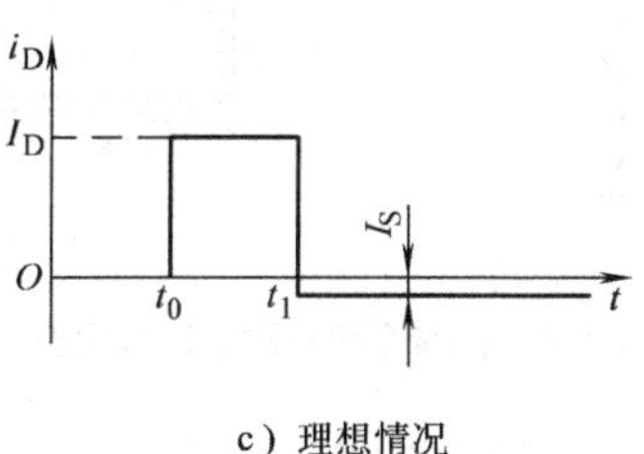

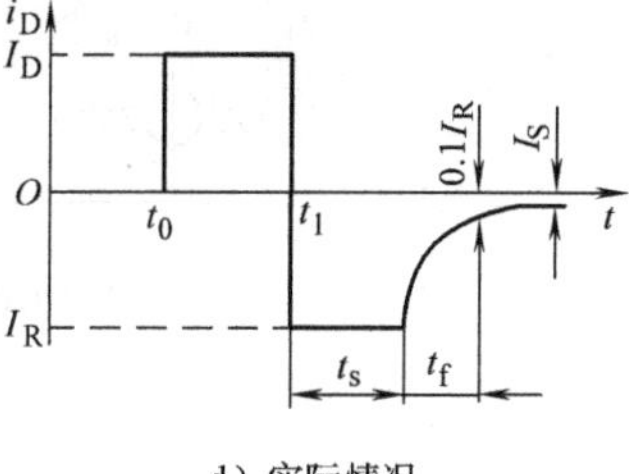

图 2-2　二极管的动态开关特性

如图 2-2a 所示电路中，输入图 2-2b 所示的输入信号，在 $t = t_0$ 时，$u_i = U_F$，在正向电压作用下，二极管导通，其正向电流约为

$$I_D \approx \frac{U_F}{R}$$

二极管由截止变为导通所需要的时间称为开通时间，通常开通时间可以忽略。

当 $t = t_1$ 时，u_i 从 U_F 变为 $-U_R$，在反向电压作用下，理想情况下二极管应立即截止，流过二极管的电流只有很小的反向饱和电流 I_S，如图 2-2c 所示。

但实际情况并非如此，在 u_i 从 U_F 变为 $-U_R$ 时，二极管并不是立刻由导通状态变为截止状态，而是由正向电流 I_D 变为很大的反向电流 I_R

$$I_R = \frac{U_R}{R}$$

这个反向电流需要经过一段时间 t_s 后才开始缓慢下降，再经过一段时间 t_f 后下降到 $0.1I_R$，这时才进入反向截止状态，电流趋于 I_S，波形如图 2-2d 所示。

二极管从正向导通转变为反向截止的过程称为反向恢复过程，其中 t_s 称为存储时间，t_f 称为下降时间，$t_{re}=t_s+t_f$ 称为反向恢复时间。

由此可见，反向恢复时间是影响二极管开关速度的主要原因，反向恢复时间越长，开关速度越低。为什么会出现反向恢复时间呢？当二极管外加正向电压时，PN 结两边的多数载流子不断地向对方扩散，并在对方区域形成相当数量的少数载流子存储，称存储电荷，正向电流越大，存储电荷越多。一旦二极管加反向电压，它们就会形成较大的反向电流 I_R，随着存储电荷的消失，反向电流减小，当反向电流减小到 I_S 时，二极管才真正转入截止状态，因此存储电荷消失所需要的时间，就是反向恢复时间。要改善二极管的开关特性，就应控制二极管的正向导通电流不要过大，以减少存储电荷。

2.2.2　晶体管的开关特性

1. 晶体管的静态开关特性

晶体管的输出特性曲线有三个区域——放大区、截止区和饱和区。在放大电路中，晶体管作为放大器件，要求其不失真地放大信号，所以主要工作在放大区。在数字电路中，晶体管主要工作在饱和区和截止区，并在截止区和饱和区之间通过放大区进行快速转换，晶体管的这种工作状态称为开关工作状态。下面参照图 2-3 所示的共射极电路和输出特性曲线来讨论晶体管的静态开关特性。

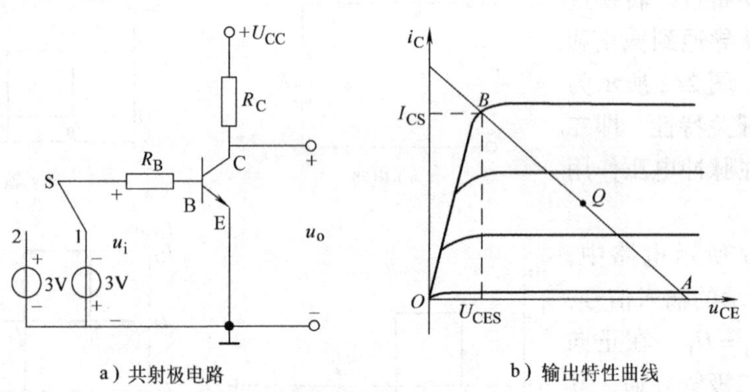

a）共射极电路　　b）输出特性曲线

图 2-3　晶体管的开关工作状态

（1）截止状态　在图 2-3a 所示的电路中，当开关 S 处于“1”位置时，$u_i=-3V$，$u_{BE}\leqslant0$，晶体管处于截止状态，(一般只要 u_{BE} 小于阈值电压，晶体管就截止)，$i_B\approx0$，$i_C\approx0$，$u_{CE}\approx U_{CC}$，相当于开关断开，从图 2-3b 所示的晶体管输出特性曲线上看，此时晶体管的工作点是在截止区的 A 点。

晶体管截止的条件为：$u_{BE}\leqslant0$。

晶体管截止的特点：$i_B\approx0$，$i_C\approx0$，$u_{CE}\approx U_{CC}$。

（2）放大状态　当开关 S 处于“2”位置时，调节电阻 R_B 使 $u_{BE}>0.5V$，但仍使 $u_{BC}<0$，即晶体管的发射结为正偏，集电结为反偏，晶体管处于放大状态，这时 $i_B>0$，$i_C=\beta i_B$，$u_{CE}=U_{CC}-\beta i_B R_C$，从输出特性曲线上看晶体管的工作点在 A、B 之间变化。

晶体管处于放大状态的条件为：发射结为正偏，集电结为反偏。

晶体管处于放大状态的特点为：$i_C=\beta i_B$，$u_{CE}=U_{CC}-i_C R_C$。

（3）饱和状态　在放大状态的基础上，若再增大电流 i_B，则工作点将向饱和区移动，当 $i_B \geqslant I_{BS}=\dfrac{(U_{CC}-U_{CES})}{\beta R_C}$时，工作点移到 B 点，这时的状态称为临界饱和状态，对应的电流 I_{BS}称为临界饱和电流；此时若再增大电流 i_B，则电流 i_C 将不再随之增大，说明晶体管已经失去放大能力，进入饱和状态；而且 i_B 值比 I_{BS}值大得越多，晶体管饱和的深度越深，饱和压降 U_{CES}越小；晶体管饱和时集电极电流达到最大值，而集电极与发射极之间的电压 U_{CES}却很小，对应的等效电阻也很小，近似于短路，相当于开关闭合。

晶体管饱和的条件为：$i_B \geqslant \dfrac{(U_{CC}-U_{CES})}{\beta R_C} \approx \dfrac{U_{CC}}{\beta R_C}$。

晶体管饱和的特点为：$u_{CE}=U_{CES}$，i_B 增大，i_C 不再增大。

由上述分析可见，晶体管同样具有开关特性，晶体管截止时相当于开关断开，饱和时相当于开关闭合。

2. 晶体管的动态开关特性

与二极管相似，晶体管工作在开关状态时，其内部电荷的存储与消散都需要一定的时间，因此集电极电流的变化总是滞后于输入电压 u_i 的变化，所以晶体管由截止状态变为饱和状态或由饱和状态变为截止状态都需要一定的时间。

如图 2-4a 所示，电路中加输入信号 u_i，当 u_i 由 U_2 正跳变到 U_1 时，发射区开始向基区扩散电子，并形成基极电流 i_B，同时基区积累的电子流向集电区形成集电极电流 i_C，随着扩散的进行，基区积累的电子增多，电流 i_C 不断增大，直至最大值 I_{CS}，晶体管进入饱和状态；这时如果 i_B 再增加，基区内储存的电荷更多，晶体管饱和深度加深。通常把从 u_i 正跳变开始到 i_C 上升到 $0.9I_{CS}$所需的时间称为开通时间，用 t_{on} 表示。

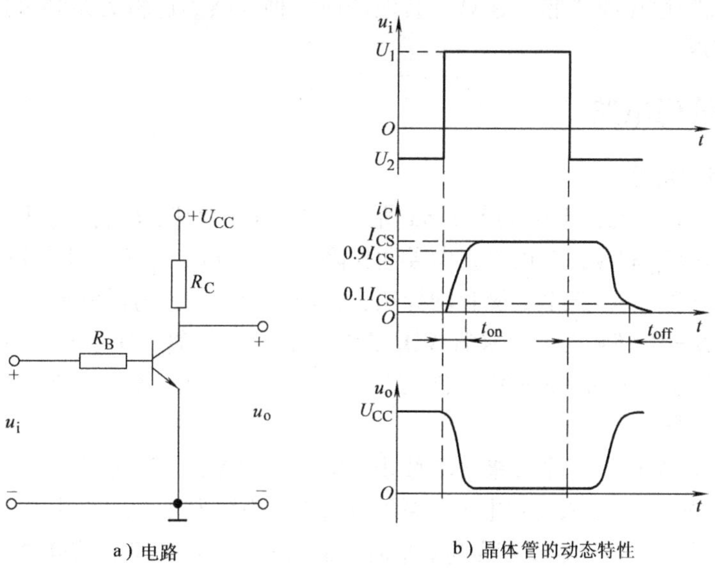

图 2-4　晶体管的开关时间

当输入信号 u_i 由 U_1 负跳变到 U_2 时，基区中存储的大量电荷开始消散，在存储电荷消散前，$i_C = I_{CS}$不变；随着存储电荷的消散，晶体管的饱和深度变浅；存储电荷消失后，晶体管进入放大区并转向截止。通常把从 u_i 负跳变开始到 i_C 下降到 $0.1I_{CS}$所需的时间称为关断时间，用 t_{off}表示。开通时间 t_{on}与关断时间 t_{off}总称为晶体管的开关时间，开关时间的大小直接影响晶体管的开关速度，管子的类型不同，开关时间差异很大。集电极电流 i_C 和输出电压 u_o 的变化如图 2-4b 所示。

2.2.3　MOS 管的开关特性

1. MOS 管的开关作用

MOS 管是金属-氧化物-半导体场效应晶体管的简称，和晶体管一样可以当作开关使用，图 2-5 所示电路为 NMOS 管构成的开关电路。当输入电压 u_i 为高电平(大于开启电压)时，MOS 管导通，相当于开关闭合；当输入电压 u_i 为低电平时，MOS 管截止，相当于开关断开。

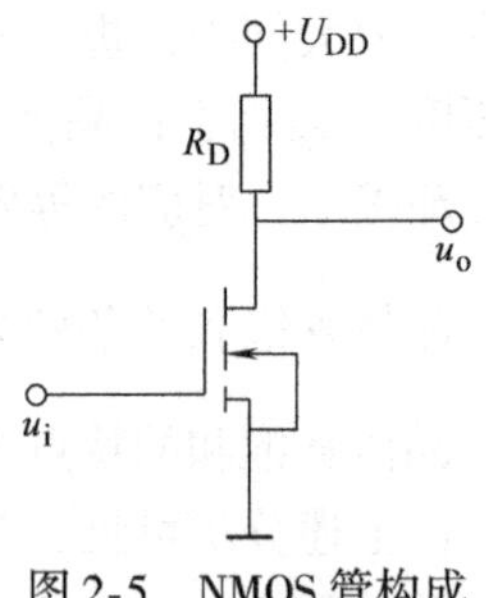

图 2-5　NMOS 管构成的开关电路

2. MOS 管的开关时间

双极型晶体管由于饱和时有存储电荷存在，所以其开关时间较长。而 MOS 管因为只有一种载流子参与导电，不存在存储电荷，因此不存在存储时间，开关时间较短。用 PMOS 管也可以构成开关电路，不同的是 PMOS 管的开启电压为负值。

2.3　逻辑门电路概述

在逻辑代数中最基本的逻辑关系有三种，即“与”“或”和“非”，实现上述逻辑关系的电路叫逻辑门电路，简称门电路。因此在逻辑代数中，相应地也有三种基本运算，即“与”运算、“或”运算和“非”运算。其他任何一种复杂的逻辑关系都可以用这三种基本的逻辑关系来实现。

2.3.1　二极管门电路

1. 二极管与门电路

三输入端的二极管与门电路如图 2-6a 所示，图 2-6b 为其逻辑符号，设输入信号高电平 $U_{IH}=5V$，低电平 $U_{IL}=0V$，二极管正向导通压降 $U_D=0.7V$，下面分析其逻辑功能。

当 $A=B=C=0V$ 时，三个二极管均导通，输出 $L=0.7V$，为低电平。

当 $A=0V$，$B=C=5V$ 时，二极管 VD_1 先导通，使二极管 VD_2、VD_3 反向偏置而截止，输出 $L=0.7V$；同理，当 $A=B=0V$，$C=5V$ 时，二极管 VD_1、VD_2 导通，VD_3 截止，输出 $L=0.7V$，为低电平。

当 $A=B=C=5V$ 时，三个二极管均截止，输出 $L=5V$，为高电平。

从上述分析的输出与输入逻辑电平关系可以看出：当输入 A、B、C 中有低电平时，输出 L 为低电平；只有当输入 A、B、C 都为高电平时，输出 L 才为高电平。若高电平用逻辑 1 表示，低电平用逻辑 0 表示，则可列出与门电路的真值表，见表 2-1。与门电路的输出逻辑表达式为

$$L=A\cdot B\cdot C \tag{2-1}$$

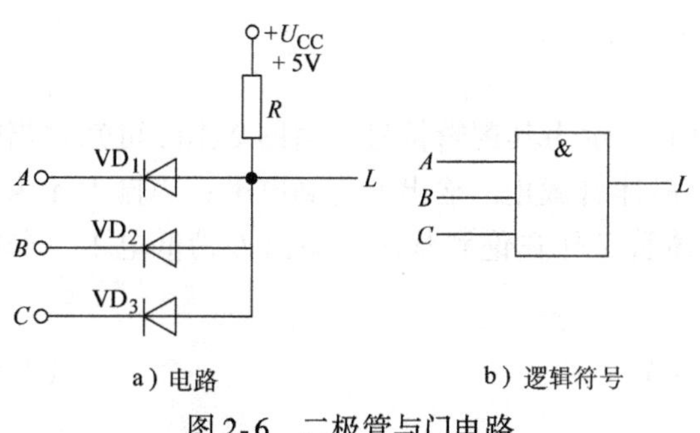

a）电路　　b）逻辑符号

图 2-6　二极管与门电路

表 2-1　与门真值表

输　入	输　出
A B C	*L*
0 0 0	0
0 0 1	0
0 1 0	0
0 1 1	0
1 0 0	0
1 0 1	0
1 1 0	0
1 1 1	1

与门电路的输入、输出波形如图 2-7 所示。与门用以实现与运算，由于与运算规则与普通代数中的乘法相似，所以与运算又称逻辑乘。与门电路输入端的个数可以为多个，但逻辑关系相同，即“有 0 出 0，全 1 出 1”。

2. 二极管或门电路

图 2-8a 所示为三输入端的或门电路，图 2-8b 所示为其逻辑符号。由图 2-8a 可知：当输入 A、B、C 中有一个为高电平 1 时，输出 L 为高电平 1；只有当输入 A、B、C 均为低电平 0 时，输出 L 才为低电平 0。或门电路的输出逻辑表达式为

$$L = A + B + C \tag{2-2}$$

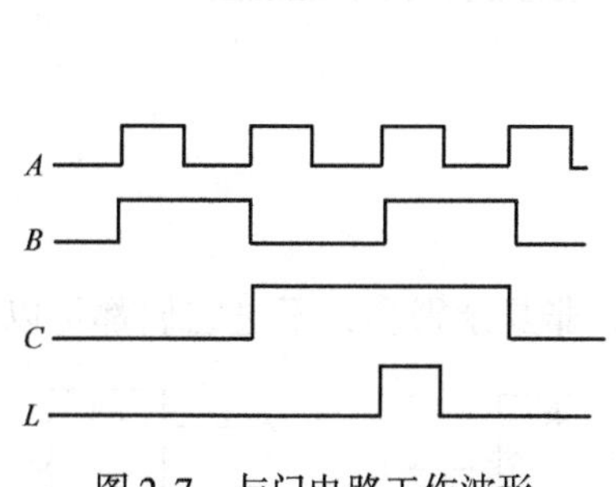

图 2-7　与门电路工作波形

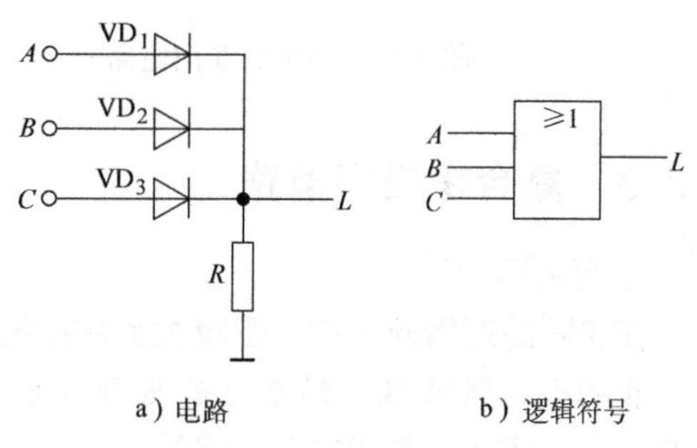

a）电路　　b）逻辑符号

图 2-8　二极管或门电路

或门电路的真值表见表 2-2，输入、输出波形如图 2-9 所示。或门用以实现或运算，由于或运算规则和普通代数中的加法在形式上相似，所以或运算又称逻辑加，但要特别注意 1 + 1 = 1。或门电路也可以有多个输入端，其逻辑关系相同，即“有 1 出 1，全 0 出 0”。

表 2-2　或门真值表

输　入	输　出
A B C	*L*
0 0 0	0
0 0 1	1
0 1 0	1
0 1 1	1
1 0 0	1
1 0 1	1
1 1 0	1
1 1 1	1

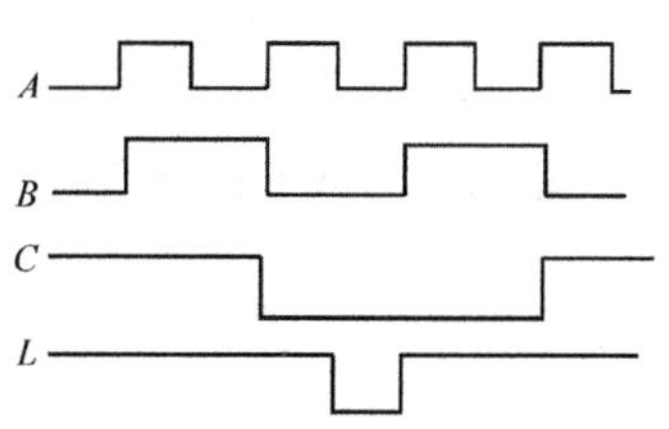

图 2-9　或门电路工作波形

2.3.2　晶体管门电路

晶体管非门电路如图2-10a所示，图2-10b所示为其逻辑符号。由图2-10a可知：当输入A为低电平0时，基射极间电压$u_{BE}<0V$，晶体管截止，输出L为高电平；当输入A为高电平1时，合理选择R_{B1}和R_{B2}的大小，使晶体管工作在饱和状态，输出L为低电平。非门电路的输出逻辑表达式为

$$L=\overline{A} \tag{2-3}$$

非门电路的真值表见表2-3。

由于非门电路的输出信号和输入信号反相，故非门又称反相器。非门用以实现非运算。

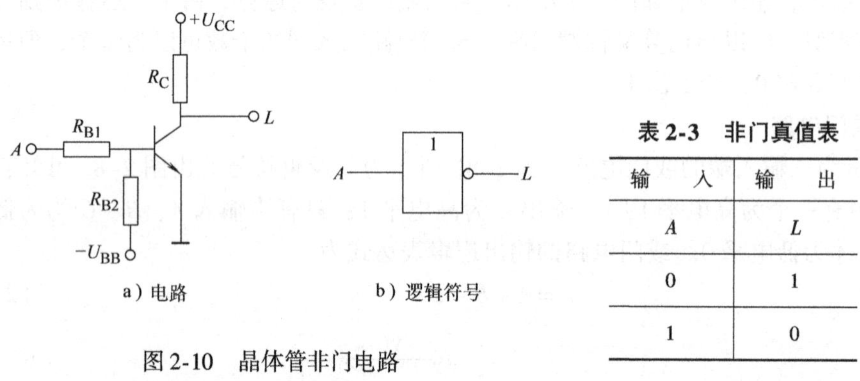

a）电路　　b）逻辑符号

表2-3　非门真值表

输　入	输　出
A	L
0	1
1	0

图2-10　晶体管非门电路

2.3.3　复合逻辑门电路

1. 复合门

在实际的逻辑问题中，逻辑关系往往要比与、或、非复杂得多，不过它们都可以用与、或、非的组合来实现，最常见的复合逻辑关系有与非、或非、与或非及异或等。

(1) 与非门　与非门电路是与门和非门的组合，其逻辑符号如图2-11a所示，逻辑表达式为

$$L=\overline{A\cdot B} \tag{2-4}$$

(2) 或非门　或非门是或门和非门的组合，其逻辑符号如图2-11b所示，逻辑表达式为

$$L=\overline{A+B} \tag{2-5}$$

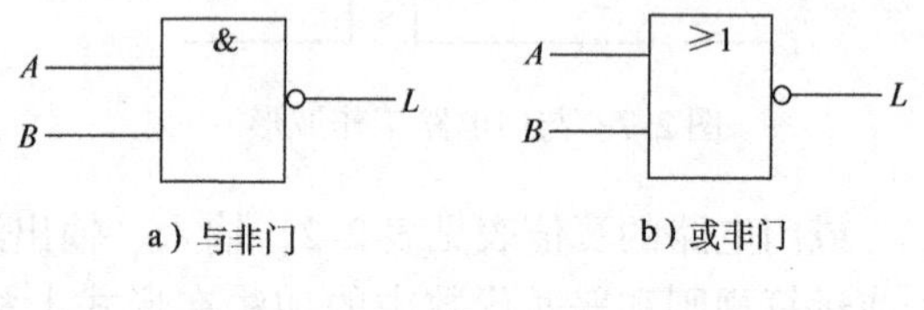

a）与非门　　b）或非门

c）与或非　　d）异或门

图2-11　复合门逻辑符号

(3) 与或非门　与或非门是与门、或门和非门的组合，其逻辑符号如图2-11c所示，逻辑表达式为

$$L=\overline{AB+CD} \tag{2-6}$$

(4) 异或门　异或门电路的特点是两个输入信号相同时输出为0，相异时输出为1，其逻辑符号如图2-11d所示，逻辑关系表达式为

$$L = A\overline{B} + \overline{A}B \qquad (2\text{-}7)$$

2. 正逻辑和负逻辑的相互转换

对同一电路，可以采用正逻辑，也可以采用负逻辑，而逻辑电路本身输出与输入的逻辑关系并不因为采用正、负逻辑的不同而改变。但是对同一种电路，用正、负逻辑去分析，它的逻辑功能截然不同，当然逻辑真值表也不同。

现在以图2-12所示电路来说明正、负逻辑。如果设开关闭合为1，断开为0；灯亮为1，灯灭为0，那么开关闭合与灯亮的关系是正逻辑关系，其真值表见表2-4。由表可以看出，这是一个与逻辑关系。

如果设开关闭合为0，开关断开为1；灯亮为0，灯灭为1，那么开关断开与灯灭的关系为负逻辑关系，其真值表见表2-5。由表可以看出，这是一个或逻辑关系。

表2-4 正与逻辑真值表

输　入	输　出
A　*B*	*L*
0　0	0
0　1	0
1　0	0
1　1	1

表2-5 负或逻辑真值表

输　入	输　出
A　*B*	*L*
0　0	0
0　1	1
1　0	1
1　1	1

由上述讨论可知，对同一门电路而言，从正逻辑的规定看是正逻辑的与门，称正与门；而若从负逻辑规定看则是负逻辑的或门，称负或门，所以正与门和负或门是相等的。同理，正逻辑的或门即正或门，就是负逻辑的与门即负与门。

正负逻辑的变换还可以用摩根定理来证明，若设一个正与门的输入为A、B，输出为L，则有

$$L = A \cdot B = \overline{\overline{\overline{A} \cdot \overline{B}}} = \overline{\overline{A} + \overline{B}}$$

$$\overline{L} = \overline{A} + \overline{B} \qquad (2\text{-}8)$$

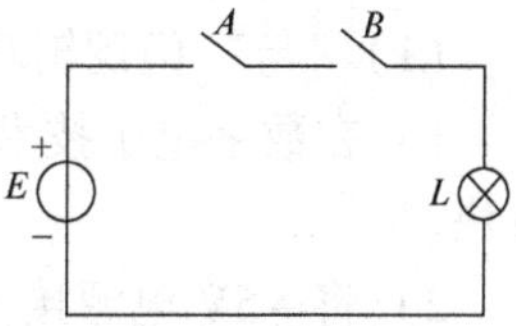

图2-12 灯串联开关控制电路

另外，由非门真值表（表2-3）可以看出，不论是用正逻辑还是负逻辑去分析，真值表是一样的，都是完成“非”操作，因此正与非门和负或非门是相等的；同理，正或非门和负与非门也是相等的。由上述分析可以看出：正逻辑和负逻辑的转换方法就是若将一个门电路的输出和所有输入都取非，则正逻辑变为负逻辑。正、负逻辑符号见表2-6。

表2-6 正、负逻辑符号

门　电　路	正逻辑符号	负逻辑符号
与门	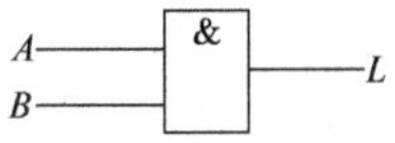 A, B → [&] → L	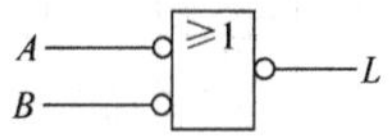 A, B →○ [≥1] ○→ L
或门	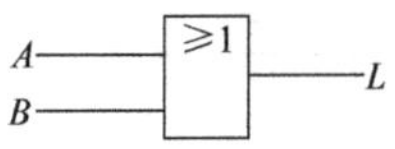 A, B → [≥1] → L	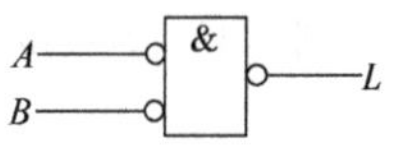 A, B →○ [&] ○→ L

（续）

门　电　路	正逻辑符号	负逻辑符号
非门	A　1　L	A　1　L
与非门	A B　&　L	A B　≥1　L
或非门	A B　≥1　L	A B　&　L

实验 2.1　基本逻辑门电路逻辑功能测试

1. 实验目的

1）掌握基本逻辑门电路的逻辑功能。

2）掌握基本逻辑门电路功能测试的方法。

2. 实验设备与元器件

1）+5V 直流电源。

2）数字电子技术实验仪或实验箱。

3）集成块：74LS08(二输入四与门)，74LS04(六反相器)，74LS32(二输入四或门)。

3. 实验内容及步骤

(1)“与”门逻辑功能测试

1）在数字电子技术实验仪的合适位置选取一个 14P 插座，按定位标记插好 74LS08 集成块。

2）将 +5V 电源接至集成块的 14 引脚，7 引脚与“接地端”相连。选取图 2-13 中的一个与门，将该与门的两个输入端接至逻辑电平开关输出插口，以提供“0”与“1”的电平信号。当开关向上时，为逻辑“1”；当开关向下时，为逻辑“0”。将该与门的输出端接至由 LED(发光二极管)组成的逻辑电平显示器的显示插口(LED 亮为逻辑“1”，不亮为逻辑“0”)。根据真值表（见表 2-7）测试集成块中该与门的逻辑功能，并写出该功能块的逻辑表达式。

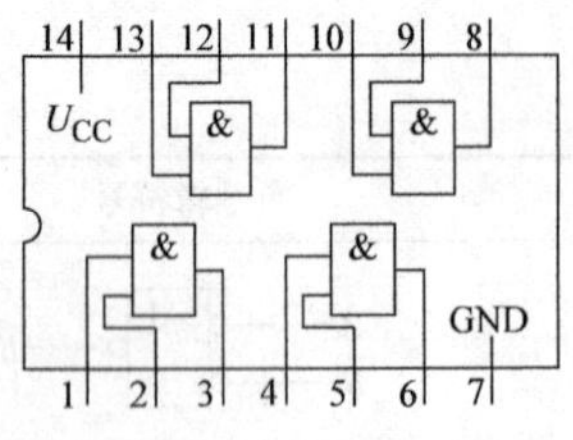

图 2-13　74LS08 引脚图

表 2-7　真值表

输　入	输　出
A　B	L_1
0　0	
0　1	
1　0	
1　1	

（2）“或”门逻辑功能测试　接好 +5V 电源，选取图 2-14 中的一个或门，将该或门的两个输入端接至逻辑电平开关输出插口，将或门的输出端接逻辑电平显示器的显示插口。根据真值表（见表 2-8）测试集成块中该或门的逻辑功能，并写出该功能块的逻辑表达式。

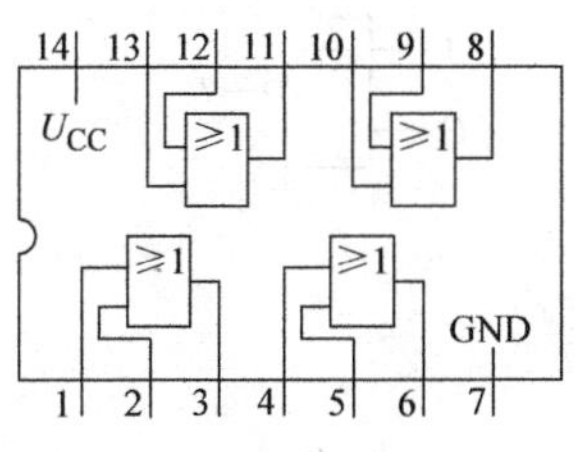

图 2-14　74LS32 引脚图

表 2-8　真值表

输　入	输　出
A　B	L_2
0　0	
0　1	
1　0	
1　1	

（3）“非”门逻辑功能测试　接好 +5V 电源，选取图 2-15 中的一个非门，将该非门的输入端接至逻辑电平开关输出插口，该非门的输出端接至逻辑电平显示器的显示插口。根据真值表（见表 2-9）测试集成块中该非门的逻辑功能，并写出该功能块的逻辑表达式。

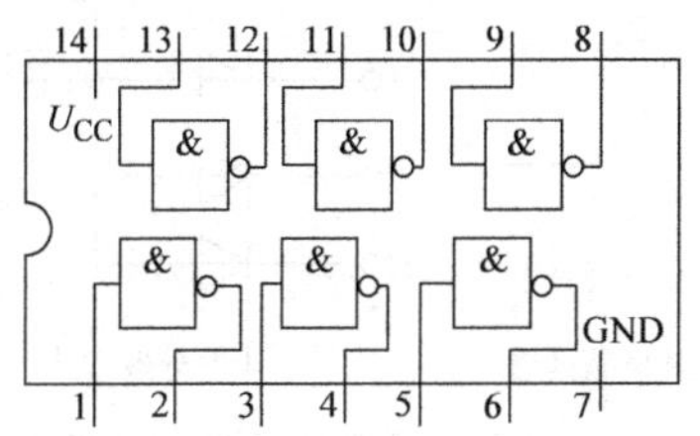

图 2-15　74LS04 引脚图

表 2-9　真值表

输　入	输　出
A	L_3
0	
1	

4. 实验报告要求

1）填写并整理测试结果。

2）根据测试结果，写出各门电路的逻辑表达式。

5. 注意事项

1）在实验仪上插集成块时，要认清定位标记，不得插反。

2）集成块要求电源的范围为 4.5 ~5.5V，实验中要求 U_{CC} = +5V，电源极性不允许接错。

2.4　TTL 集成逻辑门电路

TTL 集成逻辑门电路是晶体管–晶体管集成逻辑门电路的简称，它的输入级和输出级均采用晶体管。

2.4.1　TTL 与非门的工作原理

1. 电路组成

一个典型的 TTL 与非门电路如图 2-16a 所示，图 2-16b 为其逻辑符号，该电路由输入级、中间级和输出级三部分组成。

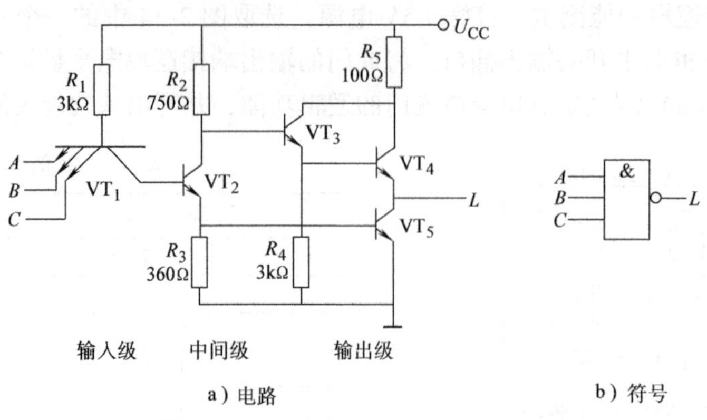

a）电路　　b）符号

图2-16　TTL与非门电路及逻辑符号

（1）输入级　输入级由多发射极晶体管 VT_1 和电阻 R_1 组成。其作用是对输入变量 A、B、C 实现逻辑与，从逻辑功能上看，图2-17a所示的多发射极晶体管可以等效为图2-17b所示的形式。

（2）中间级　中间级由 VT_2、R_2 和 R_3 组成。这一级的主要作用是从晶体管 VT_2 的集电极和发射极输出两个相位相反的信号，作为 VT_3 和 VT_5 的驱动信号。具有这种作用的电路称为倒相电路。

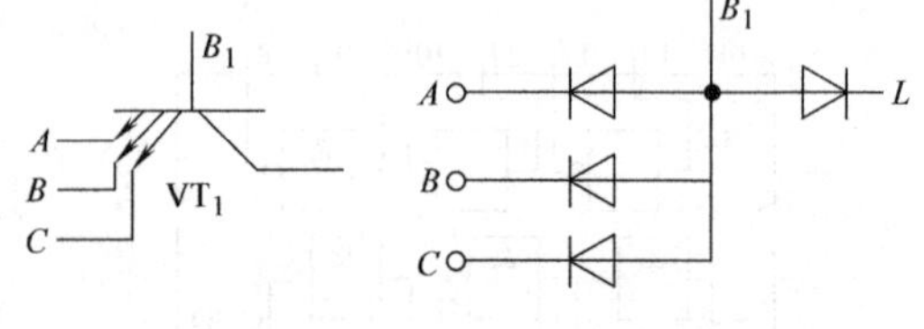

a）多发射极晶体管　　b）等效形式

图2-17　多发射极晶体管及其等效形式

（3）输出级　输出级由晶体管 VT_3、VT_4、VT_5、R_4 和 R_5 组成，VT_3、VT_4 组成复合管，由中间级提供的一组相位相反的信号，使复合管 VT_3、VT_4 及 VT_5 工作在不同状态。要么 VT_3、VT_4 导通，VT_5 截止；要么 VT_3、VT_4 截止，VT_5 导通，这种电路形式称为推拉式电路。

2. 工作原理

（1）输入全部为高电平　当输入 A、B、C 均为高电平，即 $U_{IH}=3.6V$ 时，电源通过电阻 R_1 为 VT_1 的基极提供基极电流，并通过 VT_1 的集电极为晶体管 VT_2 提供基极电流，使其饱和导通，晶体管 VT_2 的发射极电流又为晶体管 VT_5 提供基极电流，使 VT_5 饱和导通，故输出为低电平

$$U_{OL}=U_{CE5}\approx 0.3V$$

（2）输入至少有一个为低电平　设 A 端为低电平，即 $U_{IL}=0.3V$，VT_1 与 A 端连接的发射结正向偏置导通，电源通过电阻 R_1 为其提供基极电流，由于晶体管 VT_1 的集电极是通过 VT_2 反向偏置的集电结和电阻 R_2 接到电源 U_{CC}，其集电极电阻较大，电流 I_{C1} 很小，所以晶体管 VT_1 处于深饱和状态，其饱和压降 $U_{CES1}\approx 0.1V$，所以晶体管 VT_2 的基极电位 $U_{B2}\approx U_{IL}+U_{CES1}\approx(0.3+0.1)V=0.4V$，因此晶体管 VT_2、VT_5 截止，输出高电平，由于 VT_2 截止，集电极电位 U_{C2} 接近电源电压 U_{CC}，使 VT_3、VT_4 导通，因此输出高电平 U_{OH} 约为

$$U_{OH}\approx U_{CC}-U_{BE3}-U_{BE4}=(5-0.7-0.7)V=3.6V$$

综上所述，当输入全为高电平时，输出为低电平，由于 VT_5 饱和导通，故常称为饱和导通状态或开态；当输入端至少有一个为低电平时，输出为高电平，由于 VT_5 截止，故常

称为截止状态或关态。电路在输入全为1时，输出为0；输入有0时，输出为1，由此可见，电路的输出与输入之间满足与非逻辑关系，即

$$L=\overline{A\cdot B\cdot C}$$

2.4.2　TTL与非门的外特性及有关参数

1. 电压传输特性

TTL与非门电压传输特性是表示输出电压 u_o 随输入电压 u_i 变化的一条曲线，电压传输特性曲线大致分为四段，如图2-18所示。

（1）*AB*段　输入电压 $u_i\leqslant 0.6V$ 时，VT_1 工作在深度饱和状态，$u_{CES1}<0.1V$，$u_{B2}<0.7V$，故 VT_2、VT_5 截止，VT_3、VT_4 导通，$u_o\approx 3.6V$ 为高电平。与非门处于截止状态，所以把*AB*段称为截止区。

（2）*BC*段　输入电压 $0.6V<u_i<1.3V$ 时，$0.7V\leqslant u_{B2}<1.4V$，$VT_2$ 开始导通，VT_5 仍未导通，随着 u_i 的增加，u_{B2} 增加，u_{C2} 下降，因 VT_3、VT_4 处于射极输出状态，因此 u_o 基本上随 u_i 的增加，而线性减小，故把*BC*段称为线性区。

（3）*CD*段　输入电压 $1.3V<u_i<1.4V$ 时，VT_5 开始导通，并随着 u_i 的增加趋于饱和，电路输出为低电平，$U_{OL}\approx 0.3V$；*CD*段是从 VT_5 开始导通到饱和为止，电路完成了从截止状态到饱和导通状态的过渡，所以把*CD*段称为转折区或过渡区。

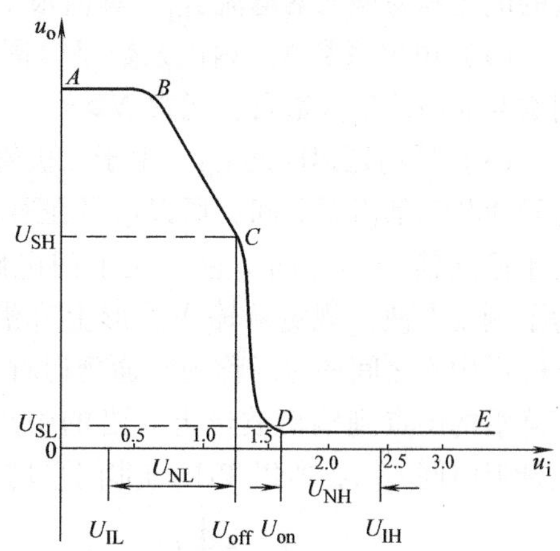

图2-18　TTL与非门的电压传输特性

（4）*DE*段　当 $u_i\geqslant 1.4V$ 时，VT_2、VT_5 饱和，VT_4 截止，输出为低电平，与非门处于饱和状态，所以把*DE*段称为饱和区。

2. 主要参数

（1）输出高电平 U_{OH} 和输出低电平 U_{OL}　电压传输特性曲线截止区的输出电压为 U_{OH}，饱和区的输出电压为 U_{OL}。一般产品规定 $U_{OH}\geqslant 2.4V$，$U_{OL}<0.4V$。

（2）阈值电压 U_{TH}　电压传输特性曲线转折区中点所对应的输入电压为 U_{TH}，也称门槛电压。一般TTL与非门的 $U_{TH}\approx 1.4V$。

（3）关门电平 U_{off} 和开门电平 U_{on}　使电路输出达到标准高电平时，允许输入低电平的最大值，称为关门电平 U_{off}。通常 $U_{off}\approx 1V$，一般产品要求 $U_{off}\leqslant 0.8V$。使输出电平达到标准低电平时，允许输入高电平的最小值，称为开门电平 U_{on}。通常 $U_{on}\approx 1.4V$，一般产品要求 $U_{on}\geqslant 1.8V$。

（4）噪声容限 U_{NL}、U_{NH}　在实际应用中，由于外界干扰、电源波动等原因，可能使输入电平 u_i 偏离规定值，为了保证电路可靠工作，应对干扰的幅度有一定限制，称为噪声容限，它是用来说明门电路抗干扰能力的参数。

低电平噪声容限是指在保证输出为高电平的前提下，允许叠加在输入低电平 U_{IL} 上的最大正向干扰(或噪声)电压，用 U_{NL} 表示

$$U_{NL}=U_{off}-U_{IL}$$

高电平噪声容限是指在保证输出为低电平的前提下，允许叠加在输入高电平 U_{IH} 上的最

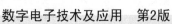

大负向干扰(或噪声)电压，用 U_{NH} 表示

$$U_{NH}=U_{IH}-U_{on}$$

(5) 输入短路电流 I_{IS}　当与非门有一个输入端接地，而其余输入端开路时，流经这个输入端的电流称为输入短路电流 I_{IS}。如图 2-16a 所示电路中

$$I_{IS}=-\frac{U_{CC}-u_{BE1}}{R_1}=-\frac{5-0.7}{3}\mathrm{mA}=-1.4\mathrm{mA}$$

输入短路电流的典型值约为 -1.5mA。

(6) 输入漏电流 I_{IH}　与非门一个输入端接高电平，其余输入端接地时注入高电平输入端的电流称为输入漏电流 I_{IH}，其值很小，约为 10μA。

(7) 扇出系数 N　扇出系数是以同一型号的与非门作为负载时，一个与非门能够驱动同类与非门的最大数目，通常 $N\geqslant 8$。

(8) 平均延迟时间 t_{pd}　由于二极管或晶体管由导通状态变为截止状态或由截止状态变为导通状态都需要时间，所以信号在通过与非门时也需要时间，平均延迟时间指输出信号滞后于输入信号的时间，它反映了门电路传输信号的速度。为了测定方便，规定从输入波形上升沿的中点到输出波形下降沿中点之间的时间称为导通延迟时间 t_{PHL}；从输入波形下降沿的中点到输出波形上升沿的中点之间的时间称为截止延迟时间 t_{PLH}，所以 TTL 与非门平均延迟时间为

$$t_{pd}=\frac{1}{2}(t_{PHL}+t_{PLH})$$

一般，TTL 与非门 t_{pd} 为 30 ~ 40ns，波形如图 2-19 所示。

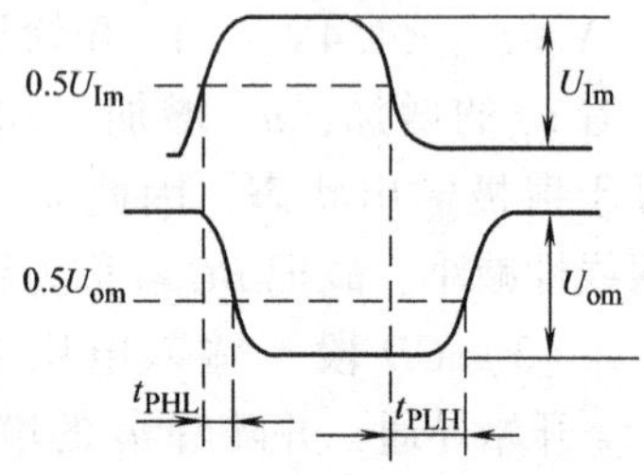

图 2-19　TTL 与非门的传输时间波形

2.4.3　其他类型的 TTL 逻辑门电路

TTL 逻辑门电路除与非门之外，还有其他许多种门电路，如或非门、与或非门、集电极开路门和三态门等，它们的逻辑功能虽各不相同，但都是在与非门的基础上通过改进得到的。下面着重介绍后两种。

1. 集电极开路门(OC 门)

在实际使用中，可直接将几个逻辑门的输出端相连，这种将输出直接相连，实现输出与功能的方式称为线与。但是普通 TTL 与非门的输出端是不允许直接相连的，因为当一个门的输出为高电平，另一个为低电平时，输出并联后必将有一个很大的电流流过导通门的管子，这个电流远远超过正常的工作电流，甚至会使门电路损坏。解决的方法是将输出级改为集电极开路的晶体管结构，称为集电极开路门电路，简称 OC 门(Open Collector)，其电路及符号如图 2-20 所示。

因为 VT_3 集电极是断开的，使用时必须经外接电阻 R_L 接通电源后，电路才能实现与非逻辑及线与功能。

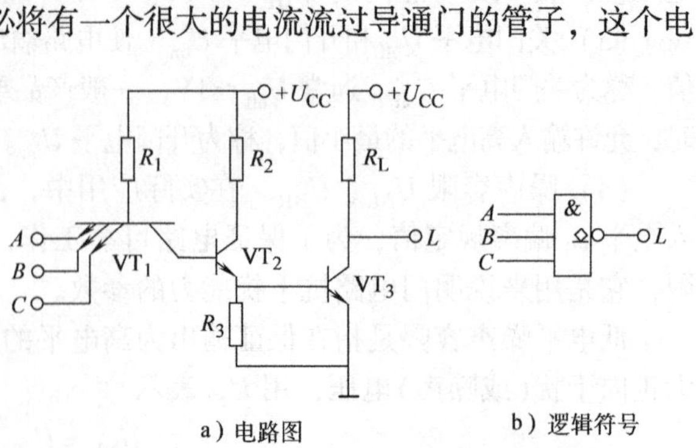

外接电阻 R_L 的选取必须合适，OC 门

a）电路图　　b）逻辑符号

图 2-20　OC 门电路

实现线与时应保证输出高、低电平符合要求，假设有 n 个 OC 门接成线与的形式，其输出负载为 m 个 TTL 与非门。

当所有 OC 门都为截止状态时，线与门输出为高电平，为保证输出的高电平不低于规定值，R_L 不能太大。如图 2-21 所示，R_L 的最大值为

$$R_{Lmax}=\frac{U_{CC}-U_{OHmin}}{nI_{OH}+mI_{IH}}$$

式中，n 为 OC 门并联的个数；m 为并联负载门的个数；I_{OH} 为 OC 门输出管截止时的漏电流；I_{IH} 为负载门输入端为高电平时的输入漏电流。

当有一个 OC 门处于导通状态时，线与之后输出低电平，这时所有负载门的电流全部流入唯一的导通门，为保证输出电压低于规定值，如图 2-22 所示，R_L 最小值为

$$R_{Lmin}=\frac{U_{CC}-U_{OL}}{I_{Lmax}-mI_{IS}}$$

式中，I_{Lmax} 是导通 OC 门所允许的最大负载电流；I_{IS} 为负载门的输入短路电流。

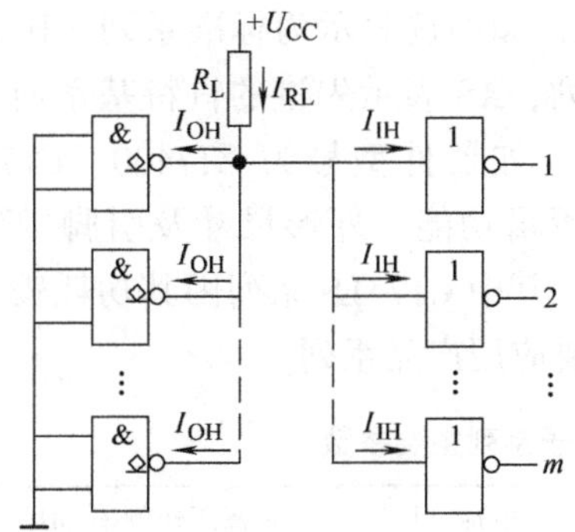

图 2-21 “线与”电路中 OC 门输出高电平情况

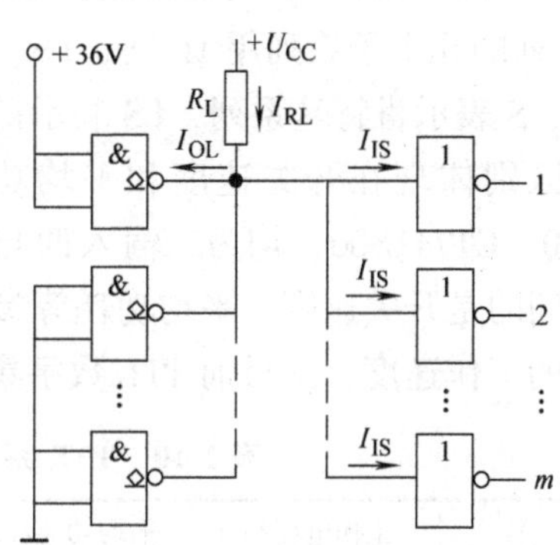

图 2-22 “线与”电路中 OC 门输出低电平情况

综合以上两种情况，R_L 的选取应满足：

$$R_{Lmin}<R_L<R_{Lmax}$$

2. 三态门(TSL 门)

三态门是指逻辑门的输出除有高、低电平两种状态外，还有第三种状态——高阻状态(或称禁止状态)的门电路，简称 TSL (Tristate Logic)门。电路如图 2-23a 所示，图 2-23b、c 为其逻辑符号。

电路中 E 为使能端。当 $E=1$ 时，二极管 VD 截止，TSL 门同 TTL 与非门功能一样，实现与非功能

$$L=\overline{A\cdot B}$$

当 $E=0$ 时，VT_1 一方面使晶体管 VT_2、VT_5 截止，另一方面，通过导通的二极管 VD 使 VT_3 基极电位钳制在 1V 左右，致使

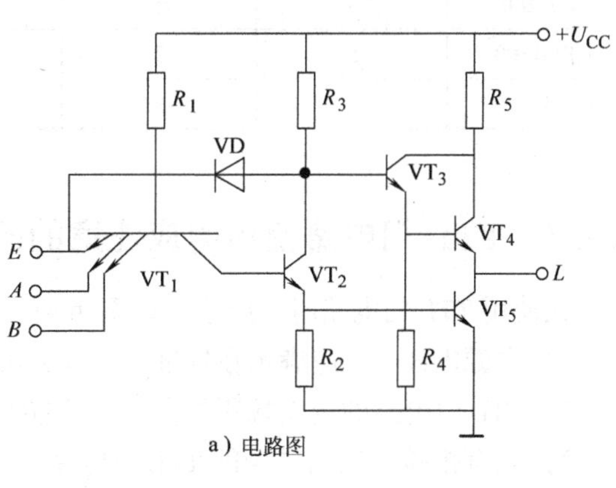

a）电路图

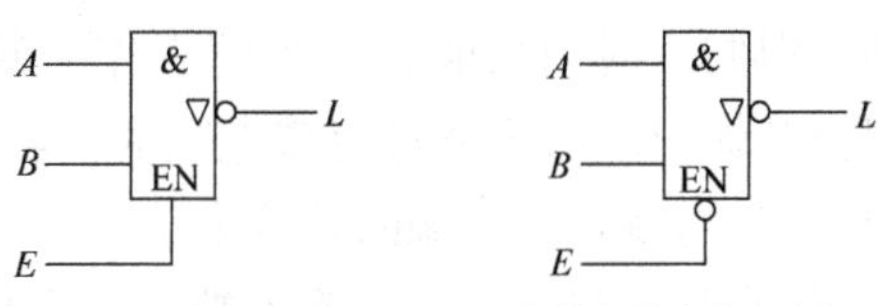

b）高电平有效三态门　c）低电平有效三态门

图 2-23 三态门

VT_4 也截止。这样 VT_4、VT_5 都截止，输出端呈现高阻状态。

TSL 门中使能端 E 除高电平有效外，还有低电平有效，这时的逻辑符号如图 2-23c 所示。三态门的主要用途是实现多个数据或控制信号的总线传输，如图 2-24 所示。它可以实现用一根导线轮流传输几个数据或控制信号，图中 CD 称为总线，令 EN_1、EN_2、EN_3 轮流接低电平，数据 A_1B_1、A_2B_2、A_3B_3 轮流按与非逻辑关系送到总线上，需要强调的是为保证电路正常工作，任一瞬间只能有一个门处于工作状态，其余均处于高阻态。

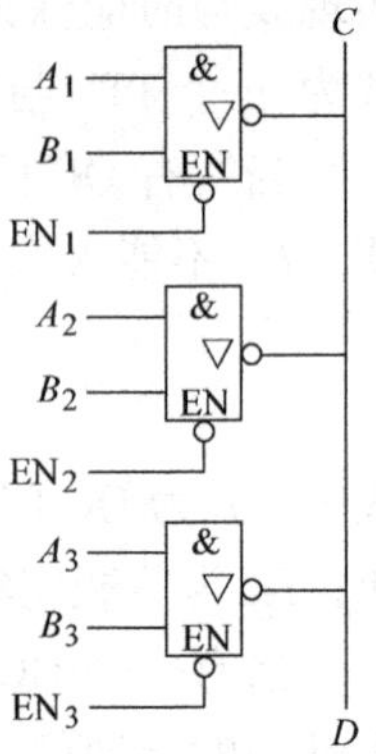

图 2-24　三态门应用举例

2.4.4　TTL 系列数字集成电路简介

在我国，TTL 系列数字集成电路分为 CT54 系列和 CT74 系列，两个系列具有完全相同的电路结构和电气性能参数，所不同的是 CT54 系列工作温度为 -55 ~ 125℃，为军用品；CT74 系列工作温度为 0 ~ 70℃，为民用品。CT54 系列和 CT74 系列的几个子系列用 H、S、LS、AS 等符号表示，如不选表示为标准系列，H 表示高速系列，S 表示肖特基系列，LS 表示低功耗肖特基系列，AS 表示先进的肖特基系列，它们的主要区别体现在开关速度和平均功耗两个参数上。如器件型号为 CT7400、CT74H00、CT74S00、CT74LS00，均为二输入四与非门，它们的逻辑功能、外形尺寸及引脚排列都相同，不同的是开关速度、平均功耗等参数，见表 2-10。其中 CT74LS 系列因其功耗较低，具有较高的工作速度，是目前 TTL 数字集成电路中的主要应用产品系列。

表 2-10　TTL 系列数字集成电路各子系列主要参数

型　　号	工作电压/V	平均功耗/mW	平均传输延迟时间/ns	最高工作频率/MHz
CT7400	5	10	9	40
CT74H00	5	22.5	6	80
CT74S00	5	19	3	130
CT74LS00	5	2	9.5	50
CT74AS00	5	8	1.5	230

2.4.5　TTL 门电路使用中应注意的问题

在使用 TTL 门电路时，应注意以下事项：

1）电源电压 U_{CC} 应满足在标准值 5(1 ± 10%) V 的范围内。

2）TTL 门电路的输出端所接负载，不能超过规定的扇出系数。

3）具有推拉式输出结构的 TTL 门电路，不允许直接并联使用，三态门的输出端可以并联使用，但同一时刻只能有一个门工作，其余处于高阻态；集电极开路门输出端可并联使用，但公共输出端必须通过负载电阻 R_L 与电源相接。

4）TTL 门多余输入端的处理方法

① 与非门。与非门多余输入端可以直接接电源 U_{CC} 或通过约 1kΩ 电阻接电源，也可以与有用的输入端并联使用，但会使前级的负载加重，在外界干扰较小时，不用的输入端可以

悬空，连接方法如图 2-25 所示。

② 或非门。或非门多余输入端可直接接地或与有用的信号输入端并联使用，其连接方法如图 2-26 所示。

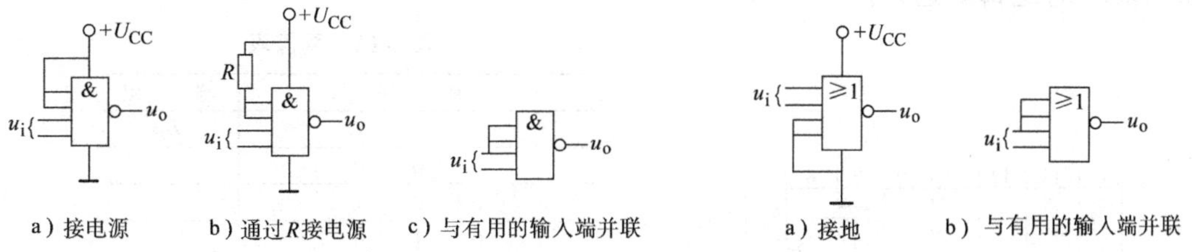

a）接电源　b）通过R接电源　c）与有用的输入端并联　a）接地　b）与有用的输入端并联

图 2-25　与非门多余输入端的处理方法　　图 2-26　或非门多余输入端的处理方法

实验 2.2　复合逻辑门电路逻辑功能测试

1. 实验目的

1）熟悉复合逻辑门电路的逻辑功能。

2）掌握复合逻辑门电路逻辑功能测试方法。

2. 实验设备与元器件

1）+5V 直流电源。

2）数字电子技术实验仪或实验箱。

3）集成块：74LS10（三输入三与非门），74LS27（三输入三或非门），74LS86（二输入四异或门）。

3. 实验内容及步骤

（1）“与非”门逻辑功能测试　在数字电子技术实验仪上选取合适位置，按定位标记插好集成块，将+5V 电源接至集成块的 14 引脚，7 引脚与“接地端”相连。选取图 2-27 中的一个与非门，将该与非门的三个输入端接至逻辑电平开关输出插口，以提供“0”与“1”电平信号，当开关向上时，为逻辑“1”；向下时，为逻辑“0”。将该与非门的输出端接至由 LED（发光二极管）组成的逻辑电平显示器的显示插口（LED 亮为逻辑“1”，不亮为逻辑“0”）。根据真值表（见表 2-11）测试集成块中该与非门的逻辑功能，并写出该功能块的逻辑表达式。

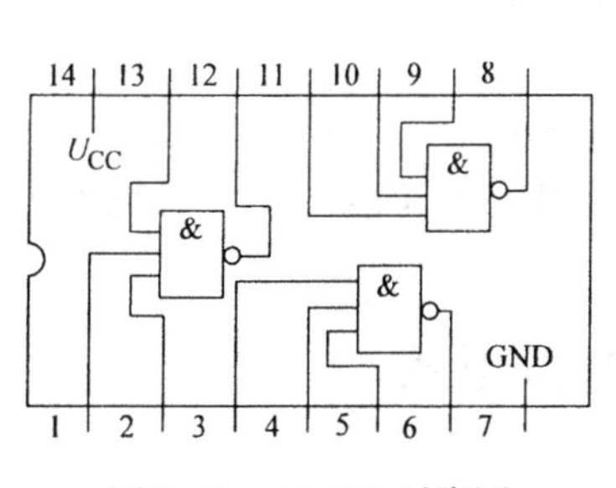

图 2-27　74LS10 引脚图

表 2-11　真值表

输　入			输　出
A	B	C	L_1
0	0	0	
0	0	1	
0	1	0	
0	1	1	
1	0	0	
1	0	1	
1	1	0	
1	1	1	

L_1 = ____________

(2)“或非”门逻辑功能测试　接好 +5V 电源，选取图 2-28 中的一个或非门，将该或非门的三个输入端接至逻辑电平开关输出插口，将或非门的输出端接逻辑电平显示器的显示插口。根据真值表（见表 2-12）测试集成块中该或非门的逻辑功能，并写出该功能块的逻辑表达式。

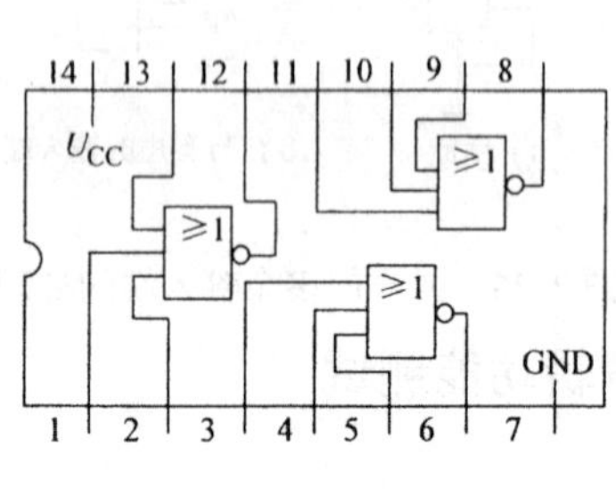

图 2-28　74LS27 引脚图

表 2-12　真值表

输入			输出
A	B	C	L_2
0	0	0	
0	0	1	
0	1	0	
0	1	1	
1	0	0	
1	0	1	
1	1	0	
1	1	1	

L_2 = ________

(3)“异或”门逻辑功能测试　接好 +5V 电源，选取图 2-29 中的一个异或门，将该异或门的两个输入端接至逻辑电平开关输出插口，将异或门的输出端接逻辑电平显示器的显示插口。根据真值表（见表 2-13）测试集成块中该异或门的逻辑功能，并写出该功能块的逻辑表达式。

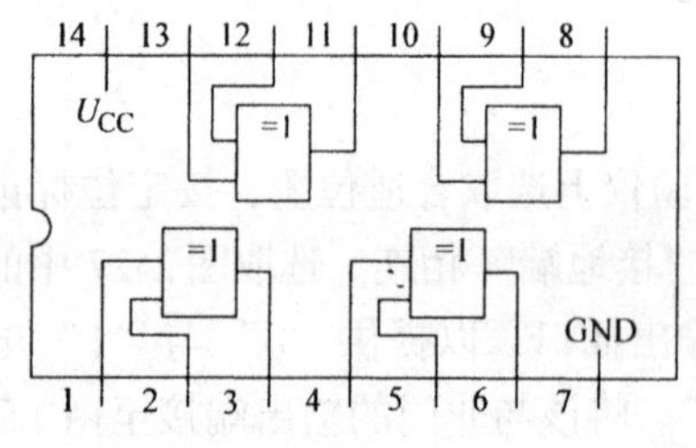

图 2-29　74LS86 引脚图

表 2-13　真值表

输入		输出
A	B	L_3
0	0	
0	1	
1	0	
1	1	

L_3 = ________

4. 实验报告要求

1）填写并整理测试结果。

2）根据测试结果，写出各复合逻辑门电路的逻辑表达式。

5. 注意事项

1）在实验仪上插集成块时，要认清定位标记，不得插反。

2）集成块要求电源的范围为 4.5～5.5V 之间，实验中要求 U_{CC} = +5V，电源极性不允许接错。

实验 2.3　逻辑门电路的功能转换

1. 实验目的

1）掌握复合逻辑门电路的功能。

2）掌握利用与非门分别组成三种基本逻辑门的方法。

2. 实验设备与元器件

1）+5V 直流电源。

2）数字电子技术实验仪或实验箱。

3）集成块：74LS00（二输入四与非门）。

3. 实验内容及步骤

（1）利用“与非”门组成“非”门电路　选取图2-30中的一个与非门，将该与非门的两个输入端连在一起接至逻辑电平开关输出插口，该与非门的输出端接至逻辑电平显示器的显示插口。根据真值表（见表2-14）测试该电路的逻辑功能，并写出逻辑表达式。

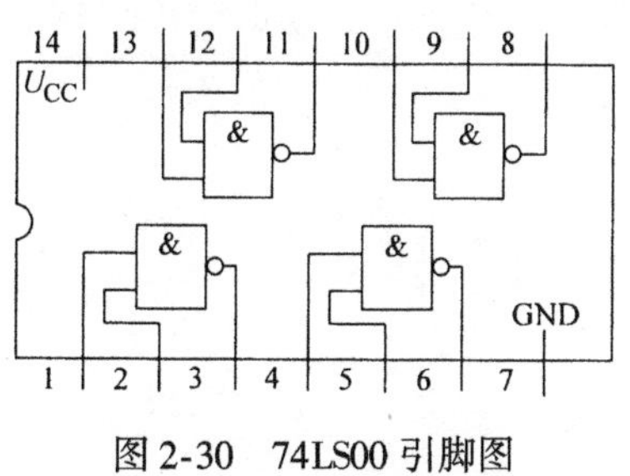

图2-30　74LS00引脚图

表2-14　真值表

输　入	输　出
A	L_1
0	
1	

$L_1 =$ ________

（2）利用“与非”门组成“与”门电路　选取图2-30中的两个与非门，按图2-31接线，将与非门的两个输入端分别接至逻辑电平开关输出插口，输出端接至逻辑电平显示器的显示插口，根据真值表（见表2-15）测试该电路的逻辑功能，并写出逻辑表达式。

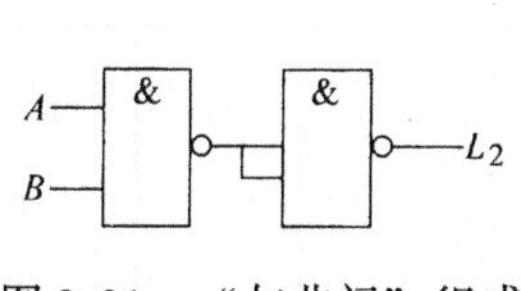

图2-31　“与非门”组成“与门”的电路图

表2-15　真值表

输　入		输　出
A	B	L_2
0	0	
0	1	
1	0	
1	1	

$L_2 =$ ________

（3）利用“与非”门组成“或”门电路　选取图2-30中的三个与非门，按图2-32接线，将与非门的两个输入端分别接至逻辑电平开关输出插口，输出端接至逻辑电平显示器的显示插口。根据真值表（见表2-16）测试该电路的逻辑功能，并写出逻辑表达式。

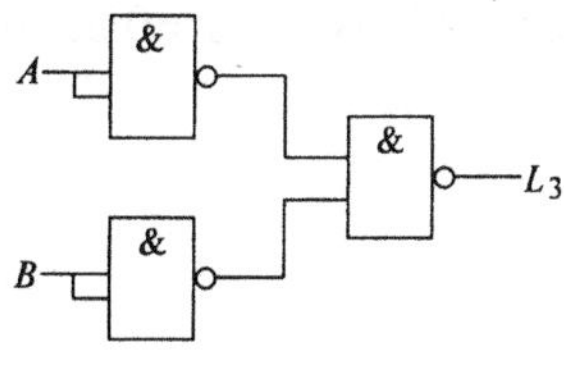

图2-32　“与非门”组成“或门”的电路图

表2-16　真值表

输　入		输　出
A	B	L_3
0	0	
0	1	
1	0	
1	1	

$L_3 =$ ________

4. 实验报告要求

1）填写并整理测试结果。

2）根据测试结果，写出各个门电路的逻辑表达式。

5. 思考题

1）试用“或非”门电路组成基本的“与”门电路。

2）试用“或非”门电路组成基本的“或”门电路。

实验 2.4　三态门逻辑功能测试及应用

1. 实验目的

掌握三态门逻辑功能测试方法和使用方法。

2. 实验设备与元器件

1）+5V 直流电源。

2）数字电子技术实验仪或实验箱。

3）集成块：74LS125（三态输出四总线缓冲门）。

3. 实验内容及步骤

（1）74LS125 逻辑功能测试　选取图 2-33 中的一个三态门，将输入端 A 及使能端 C 接逻辑电平开关输出插口，输出端 Y 接逻辑笔显示器，按表 2-17 对三态门进行测试。

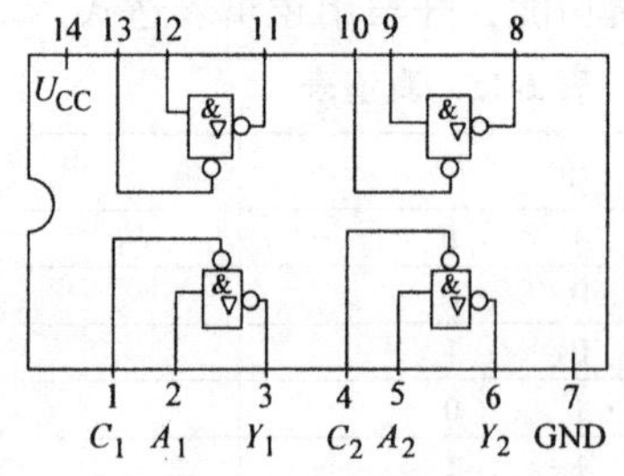

图 2-33　74LS125 引脚排列图

表 2-17　真值表

C	0	0	1	1
A	0	1	0	1
Y				

（2）用一个传输通道（总线）实现多路信息采集的功能测试　按照图 2-34 接线，其中使能端 C_1、C_2、C_3 接逻辑电平开关输出插口；输入端 A_1 接“0”，A_2 接连续脉冲，A_3 接“1”，输出 L 接逻辑电平显示器和示波器，按表 2-18 依次改变 $C_1 \sim C_3$ 的状态，观察输出端 L 的状态和波形。

注意：使能端 C_1、C_2、C_3 在任何时刻只允许有一个处于使能状态（$C=0$），而其余使能端均应处于禁止状态（$C=1$）。

4. 实验报告要求

记录、整理实验数据并对结果进行分析、讨论。

5. 思考题

在 TTL 逻辑门电路中，还有哪种门电路输出端允许并联使用？

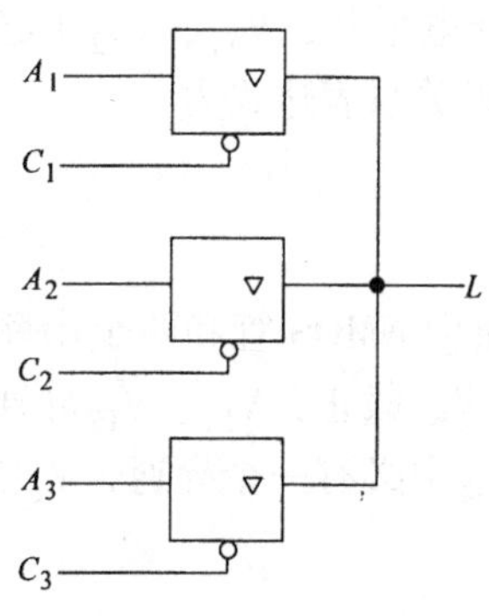

图 2-34　实现多路信息采集功能的逻辑电路图

表 2-18　L 状态表

C_1	C_2	C_3	A_1	A_2	A_3	L 波形
0	1	1	0		1	
1	0	1	0		1	
1	1	0	0		1	

2.5　CMOS 集成逻辑门电路

目前集成逻辑门电路有两大类：一类是前面介绍的 TTL 集成逻辑门电路；另一类为 CMOS 集成逻辑门电路，它是由增强型 PMOS 管和增强型 NMOS 管组成的互补对称 MOS 门电路。和 TTL 集成逻辑门电路相比，CMOS 集成逻辑门电路的突出优点是功耗低，抗干扰能力强，同时结构相对简单，便于大规模集成，因此在中、大规模数字集成电路中有着广泛的应用。

2.5.1　CMOS 反相器

1. 电路结构

CMOS 反相器的基本电路如图 2-35 所示，其中 V_N 为驱动管，又称输入管，V_P 为负载管，两管的栅极连在一起作为输入端，漏极连在一起作为输出端，其电源电压需大于 V_N 和 V_P 两管的开启电压之和，即 $U_{DD} > |U_{GS(th)N}| + |U_{GS(th)P}|$，通常 U_{DD} 取 5V，以便与 TTL 电路兼容。

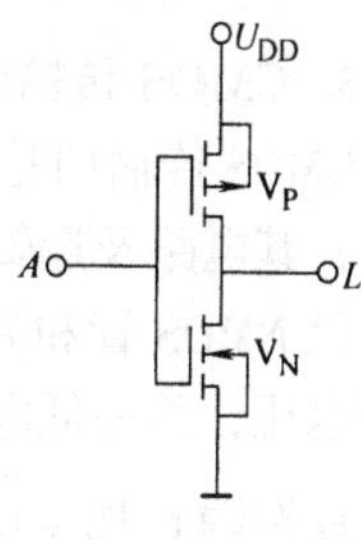

图 2-35　CMOS 反相器

2. 工作原理

当 $u_i = U_{IL} = 0$ 时，V_N 管因为 $u_{GSN} = 0 < U_{GS(th)N}$ 而截止，V_P 管因为 $u_{GSP} = |-U_{DD}| > |U_{GS(th)P}|$ 而导通，所以输出为高电平，$U_{OH} = 5V$。

当 $u_i = U_{IH} = 5V$ 时，V_N 管因为 $u_{GSN} = 5V > U_{GS(th)N}$ 而导通，而 V_P 管因为 $u_{GSP} = 0 < |U_{GS(th)P}|$ 而截止，所以输出为低电平，$U_{OL} = 0V$。

由此可见本电路具有反相器功能，故称为非门，其逻辑表达式为

$$L = \overline{A}$$

2.5.2　其他类型的 CMOS 逻辑门电路

1. 与非门

图 2-36 是一个两输入的 CMOS 与非门电路，由两个串联的增强型 NMOS 管和两个并联的增强型 PMOS 管组成。当 A、B 两个输入端均为高电平时，V_{N1}、V_{N2} 导通，V_{P1}、V_{P2} 截

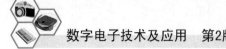

止，输出为低电平。当 A、B 两个输入端中只要有一个为低电平时，V_{N1}、V_{N2} 中必有一个截止，V_{P1}、V_{P2} 中必有一个导通，输出为高电平。电路的逻辑关系表达式为

$$L=\overline{A\cdot B}$$

2. 或非门

CMOS 或非门电路如图 2-37 所示，由两个并联的增强型 NMOS 管和两个串联的增强型 PMOS 管组成。当 A、B 两个输入端均为低电平时，V_{N1}、V_{N2} 截止，V_{P1}、V_{P2} 导通，输出为高电平；当 A、B 两个输入中有一个为高电平时，V_{N1}、V_{N2} 中必有一个导通，V_{P1}、V_{P2} 中必有一个截止，输出为低电平。电路的逻辑关系表达式为

$$L=\overline{A+B}$$

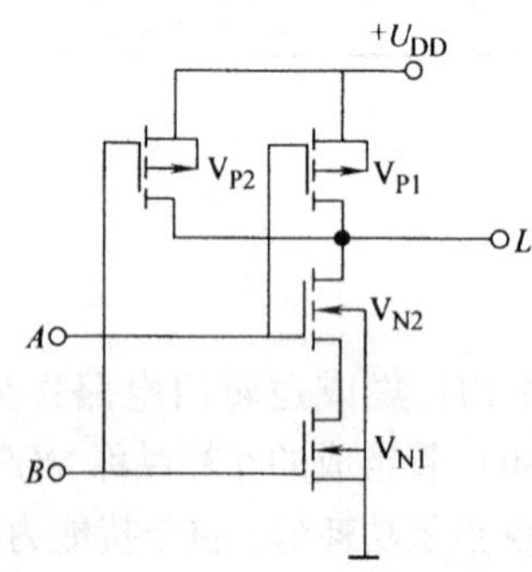

图 2-36　CMOS 与非门

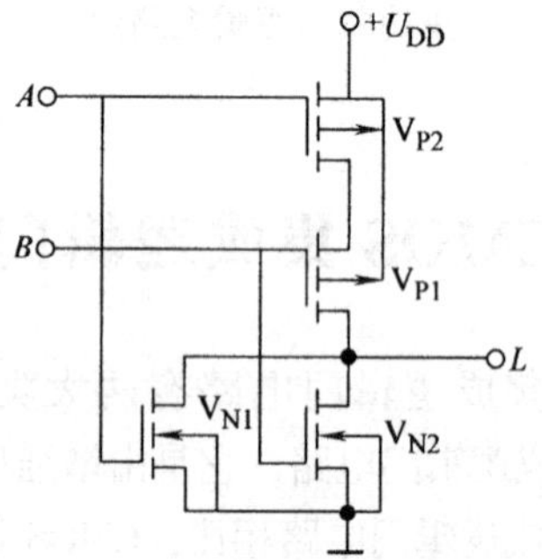

图 2-37　CMOS 或非门

3. CMOS 传输门

CMOS 传输门是一种传送信号的可控开关，由两个参数对称的 NMOS 管和 PMOS 管并联而成，其电路及逻辑符号如图 2-38 所示。

设 NMOS 管和 PMOS 管的开启电压 $U_{GS(th)N}=|U_{GS(th)P}|=U_{GS(th)}$，在控制端（栅极）加控制电压，其高低电平分别为 $+U_{DD}$ 和 0V。

控制端 C 加 $+U_{DD}$，$\overline{C}$ 加 0V 电压时，当输入信号 $0<u_i<U_{DD}-U_{GS(th)N}$ 时，V_N 管导通；当输入信号 $|U_{GS(th)P}|<u_i<U_{DD}$ 时，V_P 管导通，所以只要 $C=1$、$\overline{C}=0$，u_i 在 $0\sim U_{DD}$ 范围内连续变化时，传输门中至少有一个管子导通，相当于开关闭合，信号可以通过传输门，从输入端到输出端。

控制端 $C=0$、$\overline{C}=1$ 时，输入信号 u_i 在 $0\sim+U_{DD}$ 之间连续变化，V_P、V_N 总是截止，相当于开关断开，信号无法通过传输门。

由上述分析可见，传输门的工作状态取决于外加控制信号，当 $C=1$、$\overline{C}=0$ 时传输门导通；当 $C=0$、$\overline{C}=1$ 时传输门截止。

另外因为 MOS 管的漏极和源极可以互换，所以传输门的输入端和输出端也可以互换，因此传输门具有双向特性，也被称为双向可控开关。

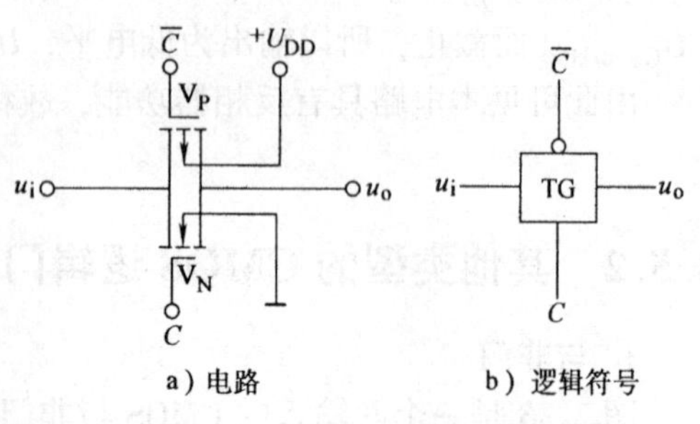

a）电路　　b）逻辑符号

图 2-38　CMOS 传输门

2.5.3 CMOS 系列数字集成电路简介

CMOS 系列数字集成电路主要有 CC4000 系列和 CC54/74HC 系列（CC54 系列为军用品，CC74HC 系列为民用品），CC4000 系列由于具有功耗低、噪声容限大等特点，已得到广泛应用，但由于其工作速度较慢，使用受到一定的限制；CC54/74HC 系列具有较高的工作速度和驱动能力，两个子系列主要参数比较见表 2-19。

表 2-19　CMOS 系列数字集成电路各子系列主要参数比较

型　号	工作电压/V	平均功耗/mW	平均传输延迟时间/ns	最高工作频率/MHz	输出电流/mA
CC4000	5	5×10^{-3}	45	5	0.51
CC54/74HC	5	3×10^{-3}	8	50	4

2.5.4 CMOS 门电路特性及使用常识

TTL 门电路的使用注意事项，一般对 CMOS 门电路也适用。但因 CMOS 门电路容易产生栅极击穿问题，所以要特别注意以下几点：

（1）避免静电损坏　因为 CMOS 管的输入阻抗较高，很容易接收静电电荷，所以存放 CMOS 门电路不能用塑料袋；组装调试时工作台应良好接地；焊接时，电烙铁壳应接地，最好用电烙铁余热快速焊接。

（2）多余输入端的处理方法　CMOS 门电路的输入阻抗高，易受外界干扰的影响，所以 CMOS 门电路的多余输入端不允许悬空。多余输入端应根据逻辑要求或接电源 U_{DD}（与非门、与门），或接地（或非门、或门），或与其他输入端连接。

（3）并联使用　同 TTL 门电路一样，凡是具有推拉式输出结构的 CMOS 门电路输出端都不能并联，但是同一种门电路输入端和输出端同时并联却可以，因为输入端是并联的，所以无论什么样的输入状态，输出状态总是一致的，不会出现因过电流而损坏电路的情况，另外这种使用方法还可以提高电路的驱动能力。

2.6 不同类型门电路的接口问题

1. TTL 门电路驱动 CMOS 门电路

当 TTL 门电路与 CMOS 门电路电源均为 +5V 时，TTL 门电路输出高电平的最小值为 2.7V，而 CMOS 门电路输入高电平应大于 3.5V，这样需要在 TTL 门电路的输出端与电源之间接上拉电阻 R，提高输出高电平的值，满足电位要求，电路如图 2-39a 所示。当 TTL 门电路与 CMOS 门电路电源值不同时，仍可以采用上拉电阻提高输出高电平的值，但 TTL 门电路必须使用 OC 门，电路如图 2-39b 所示；也可以采用专用的电平转换器来实现，如图 2-39c 所示。

2. CMOS 门电路驱动 TTL 门电路

当 CMOS 门电路和 TTL 门电路的电源电压相同时，CMOS 输出信号与 TTL 输入信号值是兼容的，但是否能直接连接，还要看驱动能力是否满足要求，所以通常采用专门设计的

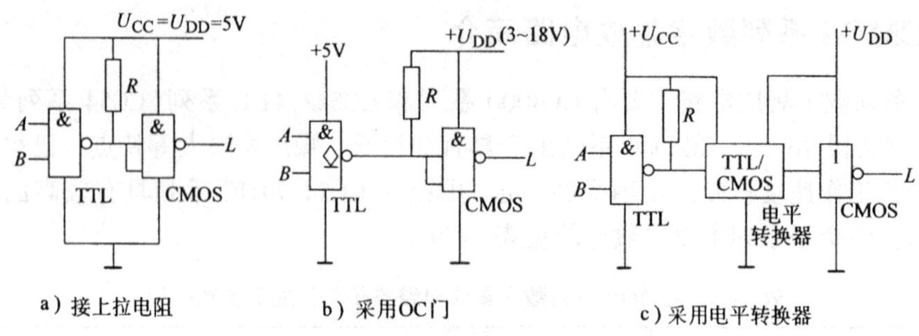

图 2-39　TTL—CMOS 电路的接口

CMOS 接口电路(如 CC4009、CC4050 等)，电路如图 2-40 所示。

2.7　逻辑门电路的应用

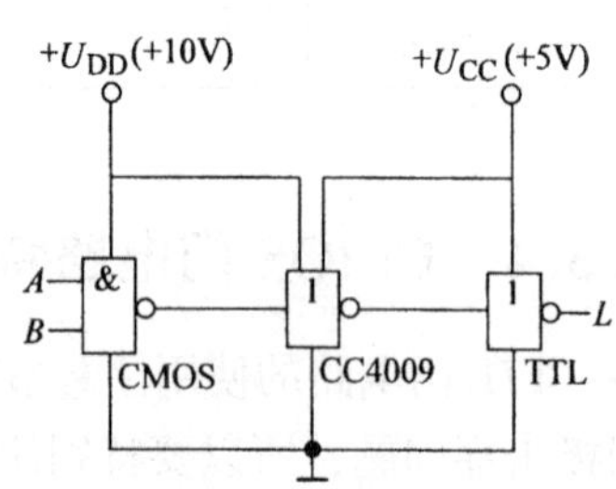

图 2-40　CMOS—TTL 电路的接口

逻辑门电路是数字电路的基本单元电路，应用基本单元电路可以组成较复杂的逻辑控制电路，在生产和生活中有着广泛的应用。如旅客列车分特快、直快和慢车三种，在同一时间里，车站只能开出一班车，即车站只能给一班列车发出对应的开车信号，设计一个能满足上述要求的逻辑电路。

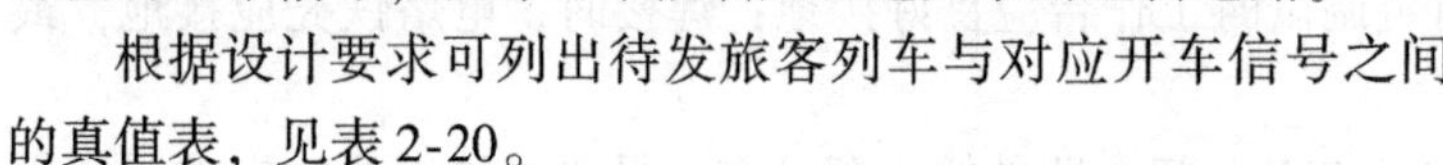

根据设计要求可列出待发旅客列车与对应开车信号之间的真值表，见表 2-20。

表 2-20　真值表

$A_{(特快)}$	$B_{(直快)}$	$C_{(慢车)}$	$L_{T(特快)}$	$L_{Z(直快)}$	$L_{M(慢车)}$
0	0	0	0	0	0
0	0	1	0	0	1
0	1	0	0	1	0
0	1	1	0	1	0
1	0	0	1	0	0
1	0	1	1	0	0
1	1	0	1	0	0
1	1	1	1	0	0

根据表 2-20 写出各输出表达式

$$L_T=A\bar{B}\bar{C}+A\bar{B}C+AB\bar{C}+ABC=A=\bar{\bar{A}}$$

$$L_Z=\bar{A}B\bar{C}+\bar{A}BC=\bar{A}B=\overline{\overline{\bar{A}B}}$$

$$L_M=\bar{A}\bar{B}C=\overline{\overline{\bar{A}\bar{B}C}}$$

根据表达式画出逻辑图，如图 2-41 所示。

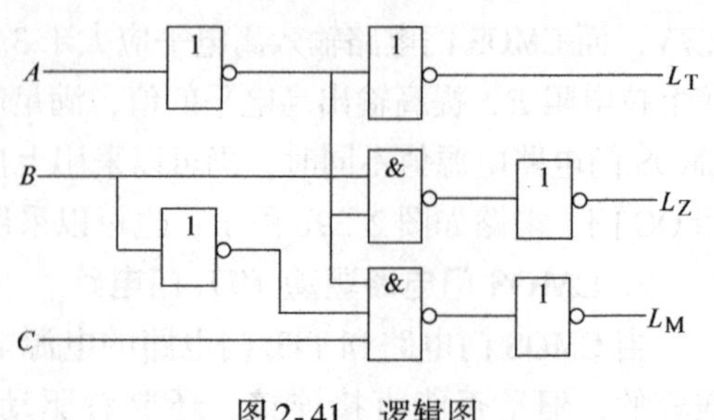

图 2-41　逻辑图

本 章 小 结

1）在数字电路中，最基本的逻辑关系有与、或、非三种，对应有与门、或门、非门三种基本逻辑门电路，利用二极管的开关特性可构成二极管与门和或门，利用晶体管的开关特性可构成非门。常用的复合逻辑门电路有与非门、或非门、与或非门和异或门等。

2）目前广泛使用的集成逻辑门电路有 TTL 型和 CMOS 型两类，重点应放在它们的输出与输入之间的逻辑关系和外部特性上，如电压传输特性等。与 TTL 集成逻辑门电路相比，CMOS 集成逻辑门电路的主要特点是功耗低，抗干扰能力强，电源电压范围宽等；主要缺点是工作速度慢，输出驱动负载能力差等。

3）集电极开路门的输出端可并联使用，可在输出端实现线与；三态门可用来实现总线结构，这时要求三态门实行分时使能。

4）在使用集成逻辑门电路时，未被使用的闲置输入端应注意正确连接。对于与非门，闲置输入端可通过上拉电阻接正电源，也可和已用输入端并联使用；对于或非门，闲置输入端可直接接地，也可和已用的输入端并联使用。

5）在实际使用 TTL 和 CMOS 数字集成电路时，除应掌握它们的正确使用方法外，还应掌握不同类型电路间的接口问题。

习 题 2

2-1　判定图 2-42 所示电路中，晶体管的工作状态。

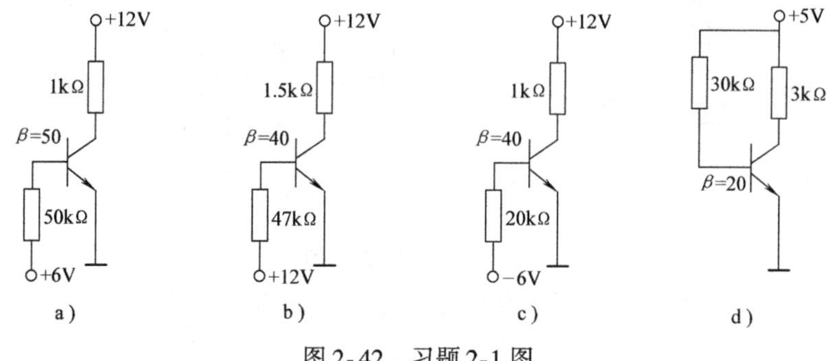

图 2-42　习题 2-1 图

2-2　两个 TTL 与非门的输出端能否连接在一起使用？为什么？

2-3　已知输入端 A、B、C 的输入波形如图 2-43 所示，试画出经过与门、或门、与非门、或非门后的输出波形。

2-4　写出图 2-44 所示逻辑电路的逻辑表达式。

2-5　已知逻辑表达式，画出逻辑图。

（1）$L = AB + CD$　　（2）$L = \overline{(A+B)(C+D)}$

2-6　某系列 TTL 与非门输出低电平 $U_{OL} = 0.5V$，输出低电平电流 $I_{OL} = 16mA$；输出高电平 $U_{OH} = 2.7V$，输出高电平电流 $I_{OH} = -1mA$；输入低电平电流 $I_{IL} = -2mA$，输入高电平电流 $I_{IH} = 50\mu A$。试求该与非门输出高电平和低电平时的扇出系数。

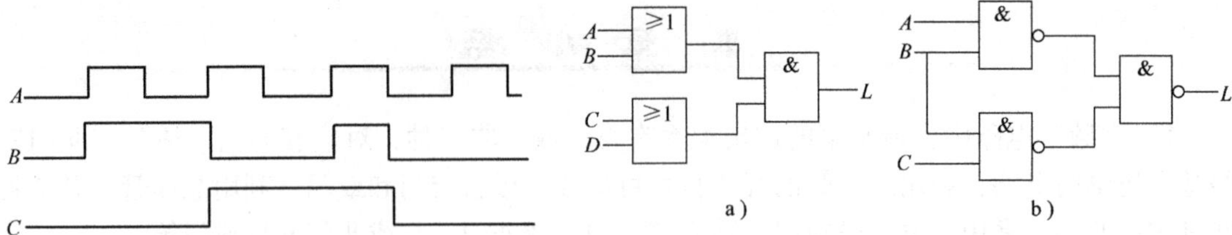

图2-43　习题2-3图　　　　图2-44　习题2-4图

2-7　试用与非门连接成与门、或门、非门，画出连接电路。

2-8　判断题：有一个六输入端的TTL或非门，在逻辑电路中使用时，有两个输入端是多余的，对多余端将做如下处理：

(1) 将多余端与使用端连接在一起。(　　)

(2) 将多余端悬空。(　　)

(3) 将多余端接地。(　　)

2-9　在图2-45所示TTL电路中，已知关门电阻 $R_{OFF}=700\Omega$，开门电阻 $R_{ON}=2.3k\Omega$，试判断哪些电路输出高电平1？哪些电路输出低电平0？

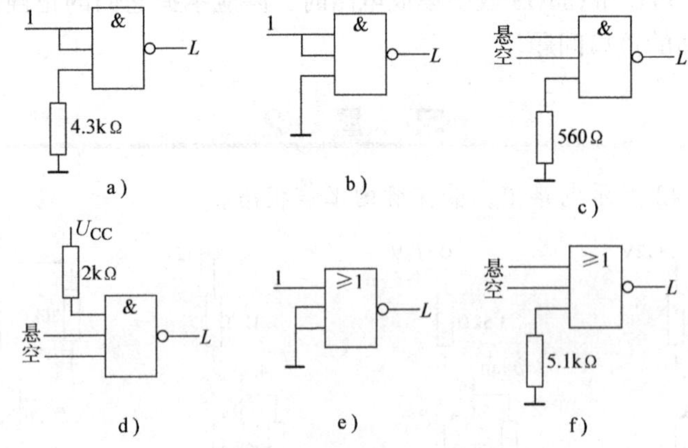

图2-45　习题2-9图

2-10　判断图2-46所示TTL门电路输出与输入之间的逻辑关系哪些是正确的？哪些是

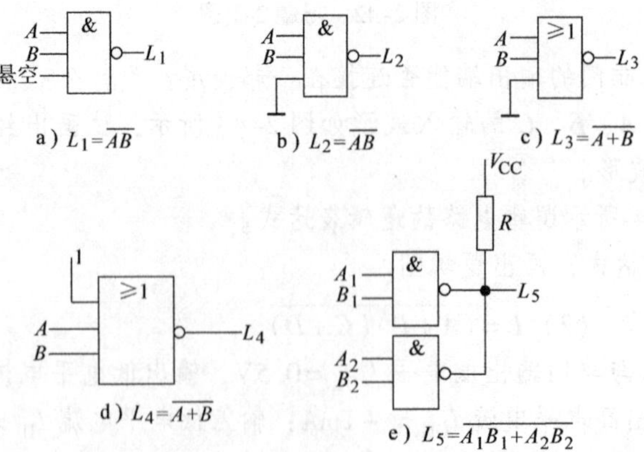

图2-46　习题2-10图

错误的？并将接法错误的电路进行改正。

2-11　图2-47所示CMOS门电路中，要求实现规定的逻辑功能时，其连接有无错误？如有错误请改正。

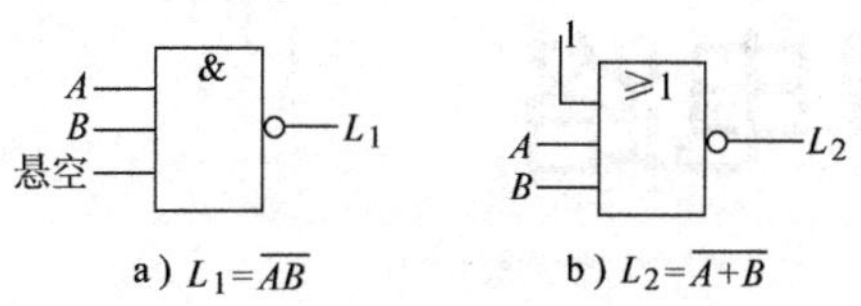

图2-47　习题2-11图

2-12　在图2-48a所示的TTL门电路中，已知A、B、C波形如图2-48b所示，试画出输出端L的波形。

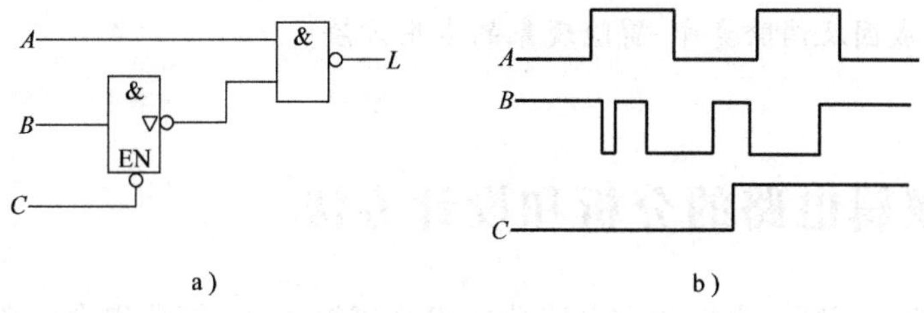

图2-48　习题2-12图

第3章 组合逻辑电路

内容提要：

本章主要介绍组合逻辑电路的分析和设计方法；编码器、译码器、数据选择器、加法器和数值比较器等电路的逻辑功能及应用；中规模集成组合逻辑电路的工作原理和使用方法；竞争–冒险现象的成因及消除竞争–冒险现象的常用方法。

3.1 组合逻辑电路的分析和设计方法

根据逻辑功能的不同，常把数字电路分成组合逻辑电路（简称组合电路）和时序逻辑电路（简称时序电路）两大类。

任一时刻电路的输出状态仅决定于该时刻各个输入信号的取值组合的电路，称为组合逻辑电路。在组合逻辑电路中，输入信号作用以前电路所处的状态对输出信号没有影响。

图3-1　组合逻辑电路示意图

图3-1所示是一个多输入端和多输出端的组合逻辑电路示意图，其中 $I_0, I_1, \cdots, I_{n-1}$ 为输入逻辑变量，$Y_0, Y_1, \cdots, Y_{m-1}$ 为输出逻辑变量，根据组合逻辑电路逻辑功能上的特点，输入和输出之间的函数关系可表示为

$$Y_i = f_i(I_0, I_1, \cdots, I_{m-1})(i=0,1,2,\cdots,m-1)$$

组合逻辑电路具有如下特点：

1）输出、输入之间无反馈延迟通路。

2）电路中不含记忆元件。

3.1.1 组合逻辑电路的分析方法

所谓组合逻辑电路的分析方法，就是根据给定的逻辑电路图，确定其逻辑功能，即求出描述该电路逻辑功能的函数表达式或者真值表的过程。组合逻辑电路通常采用的分析步骤为：

1）根据给定的逻辑电路图，写出逻辑函数表达式。

2）化简逻辑函数表达式。

3）根据最简逻辑函数表达式列出真值表，分析电路的逻辑功能。

例 3-1　试说明图 3-2 所示组合逻辑电路的功能。

解： 1）写出输出端的逻辑函数表达式。

$$Y=\overline{\overline{AB}\ \overline{BC}\ \overline{AC}}$$

2）化简逻辑函数表达式。

$$Y=AB+BC+CA$$

3）列出真值表，见表 3-1。

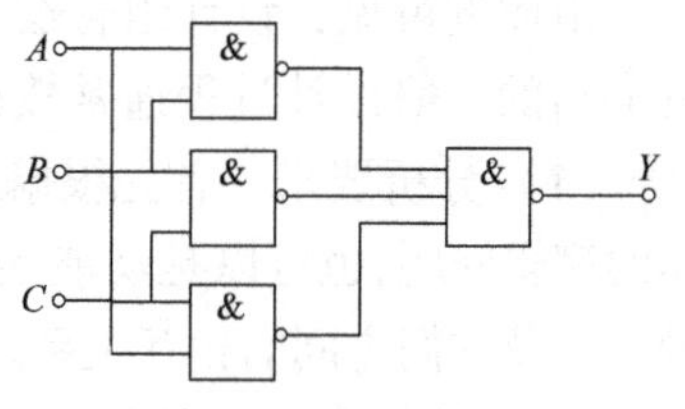

图 3-2　例 3-1 电路

表 3-1　图 3-2 所示电路的逻辑真值表

A	B	C	Y	A	B	C	Y
0	0	0	0	1	0	0	0
0	0	1	0	1	0	1	1
0	1	0	0	1	1	0	1
0	1	1	1	1	1	1	1

4）由表 3-1 可知，当输入 A、B、C 中有 2 个或 3 个为 1 时，输出 Y 为 1，否则输出 Y 为 0。所以该电路实际上是一种 3 人表决用逻辑电路：只要有 2 票或 3 票同意，表决就通过。

3.1.2　组合逻辑电路的设计方法

为了讨论组合逻辑电路的设计方法，我们先来看一个实际的逻辑问题。

例 3-2　用与非门设计一个举重裁判表决电路。设举重比赛有 3 个裁判，一名主裁判和两个副裁判。杠铃完全举上的裁决由每一名裁判按下自己面前的按钮来确定。只有当两名或两名以上裁判判定成功，并且其中有一名为主裁判时，表明成功的灯才亮。

解： 设主裁判为变量 A，副裁判分别为 B 和 C，表示成功与否的灯为 Y；并设 A、B、C 判断成功时为 1，不成功时为 0；结果成功时 Y 为 1，失败时 Y 为 0。

1）根据题目所表明的逻辑关系和上述假设，列出逻辑真值表，见表 3-2。

表 3-2　例 3-2 的逻辑真值表

A	B	C	Y	A	B	C	Y
0	0	0	0	1	0	0	0
0	0	1	0	1	0	1	1
0	1	0	0	1	1	0	1
0	1	1	0	1	1	1	1

2）根据真值表写出逻辑函数表达式。

$$Y=m_5+m_6+m_7=A\overline{B}C+AB\overline{C}+ABC$$

3）根据要求将上式化简并变换为与非形式。

$$Y=\overline{\overline{AB}\cdot\overline{AC}}$$

4）根据逻辑函数表达式画出逻辑图，就得到所要求的表决电路，如图 3-3 所示。

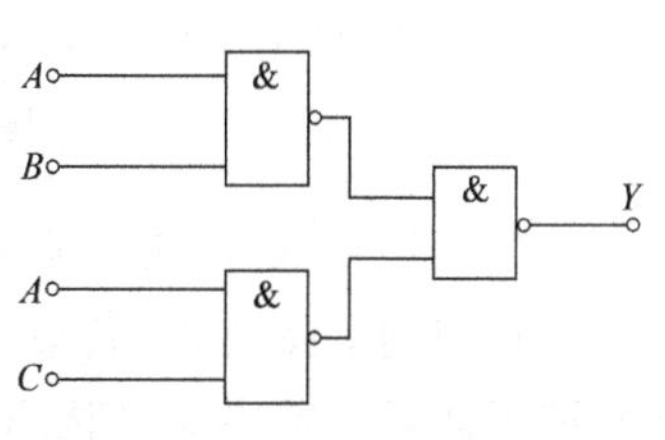

图 3-3　例 3-2 举重裁判表决电路

由此例可见，设计组合逻辑电路，就是从给定的逻辑要求出发，求出逻辑电路。组合逻辑电路的一般设计过程通常按以下四个基本步骤进行：

（1）分析要求　首先根据给定的设计要求(设计要求可以是一段文字说明,或者是一个具体的逻辑问题,也可以是功能表等)，分析其逻辑关系，确定哪些是输入变量，哪些是输出变量，以及它们之间的相互关系。并对输入变量和输出变量的状态用逻辑 0、1 进行状态赋值。

（2）列真值表　根据上述分析和赋值情况，将输入变量的所有取值组合和与之相对应的输出函数值列表，即得真值表。**注意**：不会出现或不允许出现的输入变量取值组合可以不列出，如果列出，那么可在相应的输出函数值处记上“×”号，化简时可作约束项处理。

（3）化简　用卡诺图法或公式法进行化简，得到最简逻辑函数表达式。

（4）画逻辑图　根据化简后的逻辑函数表达式画出逻辑电路图。如果对采用的门电路类型有要求，那么可适当变换表达式的形式，如与非、或非及与或非表达式等，然后用相应的门电路构成逻辑图。

实验 3.1　组合逻辑电路的设计

1. 实验目的

1）熟悉数字电路实验箱的结构、基本功能和使用方法。

2）掌握常用的 TTL 门电路的逻辑功能。

3）掌握组合逻辑电路的设计方法。

4）掌握用小规模芯片(SSI)实现组合逻辑电路的方法。

2. 实验设备与元器件

1）数字电路实验箱 一台。

2）74LS00 两片(四二输入与非门)。

3）74LS04 一片(六反相器)。

4）74LS20 三片(双四输入与非门)。

3. 实验内容及要求

（1）测试 TTL 门电路的逻辑功能　74LS00、74LS04、74LS20 引脚如图 3-4 所示。

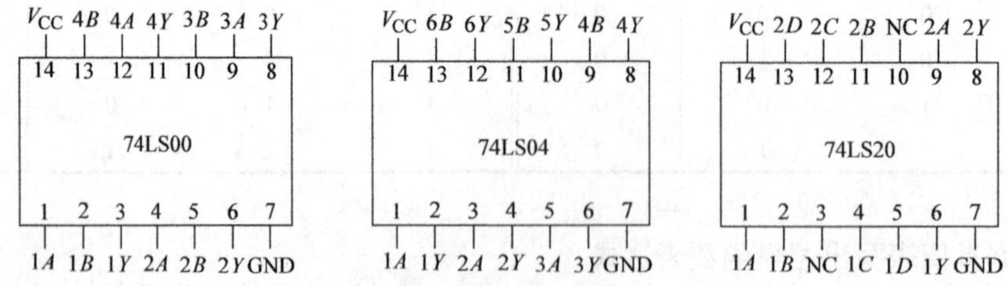

图 3-4　74LS00、74LS04、74LS20 引脚图

1）测试 74LS00(四二输入与非门)的逻辑功能。将 74LS00 固定在数字电路实验箱面板上，注意识别 1 脚位置(若集成块正面放置且缺口向左,则左下角为 1 脚)，将输入端接逻辑电平输出插口，输出端接状态显示灯，按表 3-3 所示的要求输入高、低电平信号，测出相应的输出逻辑电平并填入表中，然后验证其逻辑功能。

表 3-3 74LS00 逻辑功能测试表

1A	1B	1Y	2A	2B	2Y	3A	3B	3Y	4A	4B	4Y
0	0		0	0		0	0		0	0	
0	1		0	1		0	1		0	1	
1	0		1	0		1	0		1	0	
1	1		1	1		1	1		1	1	

2）测试 74LS04（六反相器）的逻辑功能。将 74LS04 固定在数字电路实验箱面板上，将输入端接逻辑电平输出插口，输出端接状态显示灯，按表 3-4 所示的要求输入高、低电平信号，测出相应的输出逻辑电平填入表中，并验证其逻辑功能。

表 3-4 74LS04 逻辑功能测试表

1A	1Y	2A	2Y	3A	3Y	4A	4Y	5A	5Y	6A	6Y
0		0		0		0		0		0	
1		1		1		1		1		1	

3）测试 74LS20（双四输入与非门）的逻辑功能。将 74LS20 固定在数字电路实验箱面板上，将输入端接逻辑电平输出插口，输出端接状态显示灯，按表 3-5 所示的要求输入高、低电平信号，测出相应的输出逻辑电平填入表中，并验证其逻辑功能。

表 3-5 74LS20 逻辑功能测试表

1A	1B	1C	1D	1Y	2A	2B	2C	2D	2Y
0	0	0	0		0	0	0	0	
0	0	0	1		0	0	0	1	
0	0	1	0		0	0	1	0	
0	0	1	1		0	0	1	1	
0	1	0	0		0	1	0	0	
0	1	0	1		0	1	0	1	
0	1	1	0		0	1	1	0	
0	1	1	1		0	1	1	1	
1	0	0	0		1	0	0	0	
1	0	0	1		1	0	0	1	
1	0	1	0		1	0	1	0	
1	0	1	1		1	0	1	1	
1	1	0	0		1	1	0	0	
1	1	0	1		1	1	0	1	
1	1	1	0		1	1	1	0	
1	1	1	1		1	1	1	1	

(2) 用TTL与非门和反相器实现"用三个开关控制一个灯的电路" 要求改变任一开关状态都能控制灯由亮到灭或由灭到亮。试用双四输入与非门74LS20和六反相器74LS04及开关实现并测试其功能。

1）根据任务要求，填写表3-6所示的真值表。

2）由真值表写出逻辑函数表达式(与非-与非式)。

3）根据表达式画出逻辑图。

4）将集成块固定在数字电路实验箱面板上，注意识别1脚位置，查引脚图，分清集成块的输入、输出端以及接地、电源端。按设计的电路图正确接线，确认无误后按逻辑电路的要求输入高、低电平信号，测出相应的输出逻辑电平，并验证逻辑功能。

表3-6 用三个开关控制一个灯的电路真值表

输入			输出	输入			输出
A	B	C	Y	A	B	C	Y
0	0	0		1	0	0	
0	0	1		1	0	1	
0	1	0		1	1	0	
0	1	1		1	1	1	

4. 实验报告要求

1）熟悉集成门电路的外引线排列。

2）自行设计电路，画出接线图(用指定器件设计)。

3）设计测试逻辑功能方案，并整理测试结果。

3.2 编码器与译码器

编码器与译码器是数字系统中常用的器件，在数字系统中，常常需要将某一信息变换为特定的代码，有时又需要在一定的条件下将代码翻译出来作为控制信号，这分别由编码器和译码器来实现。下面分别来讨论这两种逻辑电路。

3.2.1 编码器

广义上讲，编码就是用文字、数码或者符号表示特定的对象。例如，为街道命名，给学生编学号等都是编码。具有编码功能的逻辑电路称为编码器。

例3-3 键控8421BCD码编码器。

解： 设 $S_0 \sim S_9$ 十个按键代表输入的十个十进制数符号0~9，输入为低电平有效，即某一按键按下，对应的输入信号为0。输出对应的8421码为4位码，所以有四个输出端 A、B、C、D。另有GS为控制使能标志，当按下 $S_0 \sim S_9$ 任意一个键时，GS=1，表示有信号输入；当 $S_0 \sim S_9$ 均没按下时，GS=0，表示没有信号输入，此时的输出代码0000为无效代码。表3-7给出了键控8421BCD码编码器的真值表。

表 3-7　键控 8421BCD 码编码器的真值表

输入										输出				
S_9	S_8	S_7	S_6	S_5	S_4	S_3	S_2	S_1	S_0	A	B	C	D	GS
1	1	1	1	1	1	1	1	1	1	0	0	0	0	0
1	1	1	1	1	1	1	1	1	0	0	0	0	0	1
1	1	1	1	1	1	1	1	0	1	0	0	0	1	1
1	1	1	1	1	1	1	0	1	1	0	0	1	0	1
1	1	1	1	1	1	0	1	1	1	0	0	1	1	1
1	1	1	1	1	0	1	1	1	1	0	1	0	0	1
1	1	1	1	0	1	1	1	1	1	0	1	0	1	1
1	1	1	0	1	1	1	1	1	1	0	1	1	0	1
1	1	0	1	1	1	1	1	1	1	0	1	1	1	1
1	0	1	1	1	1	1	1	1	1	1	0	0	0	1
0	1	1	1	1	1	1	1	1	1	1	0	0	1	1

由真值表写出各输出的逻辑函数表达式为

$$A=\overline{S_8}+\overline{S_9}=\overline{S_8S_9}$$

$$B=\overline{S_4}+\overline{S_5}+\overline{S_6}+\overline{S_7}=\overline{S_4S_5S_6S_7}$$

$$C=\overline{S_2}+\overline{S_3}+\overline{S_6}+\overline{S_7}=\overline{S_2S_3S_6S_7}$$

$$D=\overline{S_1}+\overline{S_3}+\overline{S_5}+\overline{S_7}+\overline{S_9}=\overline{S_1S_3S_5S_7S_9}$$

画出逻辑图，如图 3-5 所示。

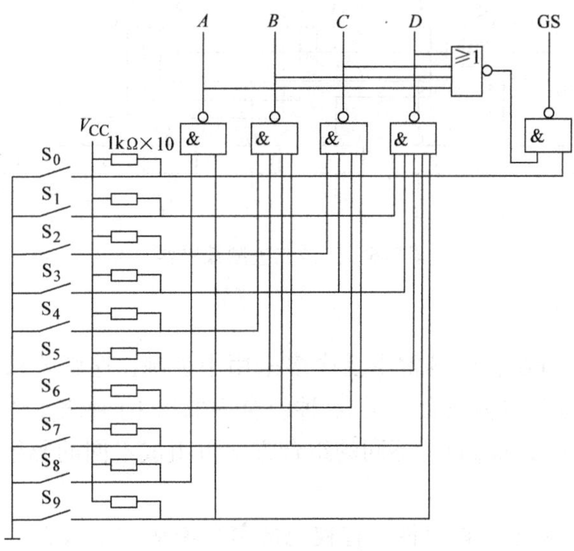

图 3-5　键控 8421BCD 码编码器

1. 二进制编码器

自然二进制编码是按数的自然顺序进行编码的二进制码。n 位自然二进制码各位的权值

分别为 $2^0, 2^1, 2^2, \cdots, 2^{n-1}$，每个码字代表一个信息，共有 2^n 个信息。用 n 位二进制码对 2^n 个信息进行编码的电路就是二进制编码。由于二进制编码在电路上实现起来最容易，因此它是目前数字领域中使用最多的一类编码。

现以三位二进制编码器为例，分析编码器的工作原理。三位二进制编码器有 8 个输入端 3 个输出端，所以常称为 8 线-3 线编码器，其真值表见表 3-8，输入为高电平有效。

表 3-8　8 线-3 线编码器真值表

输入								输出		
I_0	I_1	I_2	I_3	I_4	I_5	I_6	I_7	A_2	A_1	A_0
1	0	0	0	0	0	0	0	0	0	0
0	1	0	0	0	0	0	0	0	0	1
0	0	1	0	0	0	0	0	0	1	0
0	0	0	1	0	0	0	0	0	1	1
0	0	0	0	1	0	0	0	1	0	0
0	0	0	0	0	1	0	0	1	0	1
0	0	0	0	0	0	1	0	1	1	0
0	0	0	0	0	0	0	1	1	1	1

由真值表写出各输出的逻辑函数表达式为

$$A_2 = \overline{\overline{I_4}\,\overline{I_5}\,\overline{I_6}\,\overline{I_7}} \qquad A_1 = \overline{\overline{I_2}\,\overline{I_3}\,\overline{I_6}\,\overline{I_7}} \qquad A_0 = \overline{\overline{I_1}\,\overline{I_3}\,\overline{I_5}\,\overline{I_7}}$$

用门电路实现三位二进制编码器的逻辑电路如图 3-6 所示。

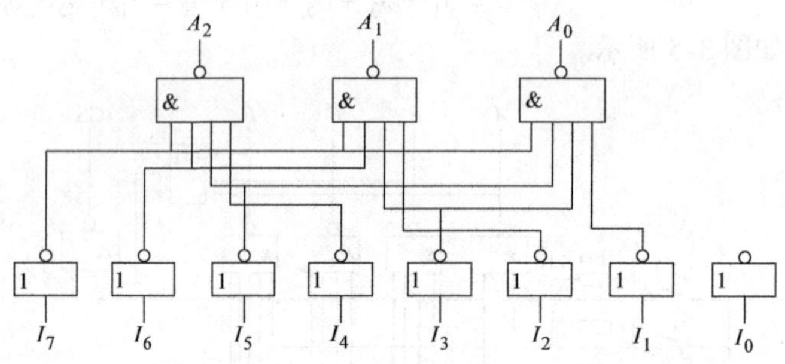

图 3-6　三位二进制编码器

2. 二-十进制编码

数字设备多采用二进制，而日常生活中多采用十进制，这就要求对这两种进制进行转换。四位二进制数有 16 种取值组合，从 16 种组合中取出 10 种表示十进制数 0 ~ 9 的编码，叫 BCD 码(Binary Coded Decimal)。不同的组合方法可组成不同的码组，在此仅介绍几种常用的码组。

BCD 码分为有权码和无权码两种。有权码的每位有固定的权值，而无权码的每位没有固定的权值。表 3-9 列出的 BCD 码中，8421BCD 码、2421BCD 码和 5421BCD 码(后两种 BCD 码的编码方案不是唯一的,表 3-9 中只列出了其中两种)是有权码，而余 3 码、余 3 循环码为无权码。

表 3-9 常用 BCD 码

十进制数	8421BCD 码	2421BCD 码(A)	2421BCD 码(B)	5421BCD 码(A)	5421BCD 码(B)	余 3 码	余 3 循环码
0	0000	0000	0000	0000	0000	0011	0010
1	0001	0001	0001	0001	0001	0100	0110
2	0010	0010	0010	0010	0010	0101	0111
3	0011	0011	0011	0011	0011	0110	0101
4	0100	0100	0100	0100	0100	0111	0100
5	0101	0101	1011	0101	1000	1000	1100
6	0110	0110	1100	0110	1001	1001	1101
7	0111	0111	1101	0111	1010	1010	1111
8	1000	1110	1110	1011	1011	1011	1110
9	1001	1111	1111	1100	1100	1100	1010

3. 优先编码器

优先编码器——允许同时输入两个或两个以上的编码信号，编码器对所有的输入信号规定了优先级别，当多个输入信号同时出现时，只对其中优先级别最高的一个进行编码，而对级别较低的不响应。

74LS148 是一种常用的 8 线-3 线优先编码器。其真值表见表 3-10，其中 $I_0 \sim I_7$ 为编码输入端，低电平有效；$A_0 \sim A_2$ 为编码输出端，也为低电平有效，即反码输出。其他功能如下：

1）EI 为使能输入端，低电平有效。

2）优先顺序为 $I_7 \to I_0$，即 I_7 的优先级最高，然后是 $I_6, I_5, \cdots, I_0$。

3）GS 为编码器的工作标志，低电平有效。

4）EO 为使能输出端，高电平有效。

表 3-10 74LS148 优先编码器的真值表

输入									输出				
EI	I_0	I_1	I_2	I_3	I_4	I_5	I_6	I_7	A_2	A_1	A_0	GS	EO
1	×	×	×	×	×	×	×	×	1	1	1	1	1
0	1	1	1	1	1	1	1	1	1	1	1	1	0
0	×	×	×	×	×	×	×	0	0	0	0	0	1
0	×	×	×	×	×	×	0	1	0	0	1	0	1
0	×	×	×	×	×	0	1	1	0	1	0	0	1
0	×	×	×	×	0	1	1	1	0	1	1	0	1
0	×	×	×	0	1	1	1	1	1	0	0	0	1
0	×	×	0	1	1	1	1	1	1	0	1	0	1
0	×	0	1	1	1	1	1	1	1	1	0	0	1
0	0	1	1	1	1	1	1	1	1	1	1	0	1

其逻辑图和逻辑符号如图 3-7 所示。

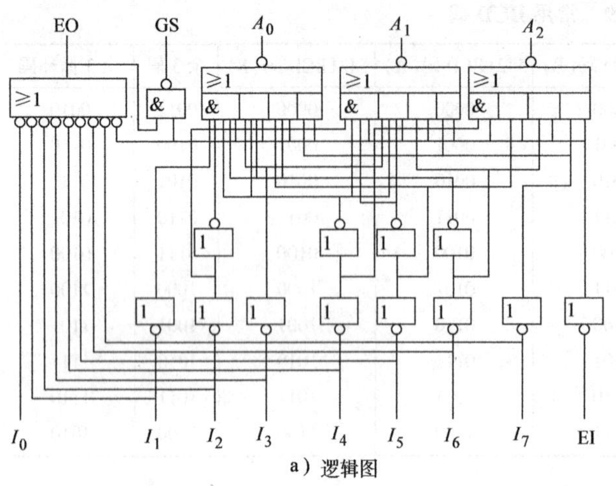

a）逻辑图

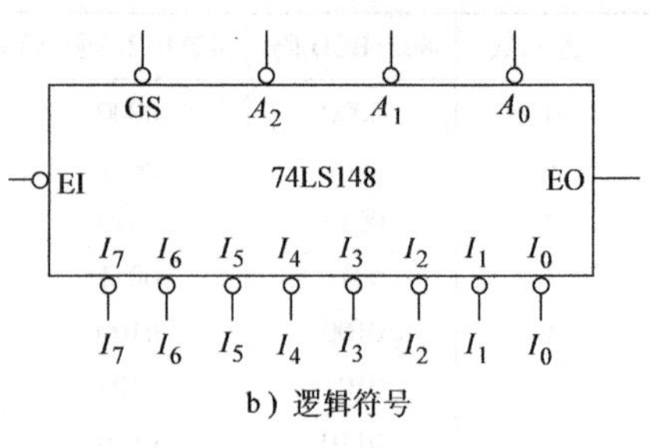

b）逻辑符号

图 3-7　74LS148 优先编码器

4. 集成编码器

集成编码器产品很多，常用的集成编码器见表 3-11。

表 3-11　常用集成编码器

型　号	功　能
74148 74LS148 74HC148	8 线-3 线优先编码器
74LS147 741S147 74HC147	10 线-4 线优先编码器(BCD 码输出)
74LS348	8 线-线优先编码器(三态输出)

3.2.2　译码器

译码器的逻辑功能是将每个输入的二进制代码译成对应的高、低电平信号输出，因此，译码是编码的逆过程。常用的译码器有二进制译码器、二-十进制译码器和显示译码器。

1. 二进制译码器

假设译码器有 n 个输入信号和 N 个输出信号，如果 $N=2^n$，那么该译码器就称为全译码器，常见的全译码器有 2 线-4 线译码器、3 线-8 线译码器和 4 线-16 线译码器等；如果 $N<2^n$，那么称为部分译码器，如二-十进制译码器(也称作 4 线-10 线译码器)等。

下面以 2 线-4 线译码器为例说明译码器的工作原理和电路结构。2 线-4 线译码器的功能表见表 3-12。

表 3-12　2 线-4 线译码器的功能表

输　入			输　出			
EI	A	B	Y_0	Y_1	Y_2	Y_3
1	×	×	1	1	1	1
0	0	0	0	1	1	1
0	0	1	1	0	1	1
0	1	0	1	1	0	1
0	1	1	1	1	1	0

其中，EI 为使能端，A、B 为输入端，$Y_0 \sim Y_4$为输出端。

由表 3-12 可写出各输出逻辑函数表达式：

$$Y_0 = \overline{\overline{EI}\,\overline{A}\,\overline{B}} \quad Y_1 = \overline{\overline{EI}\,\overline{A}B} \quad Y_2 = \overline{\overline{EI}A\overline{B}} \quad Y_3 = \overline{\overline{EI}AB}$$

用门电路实现 2 线-4 线译码器的逻辑电路如图 3-8 所示。

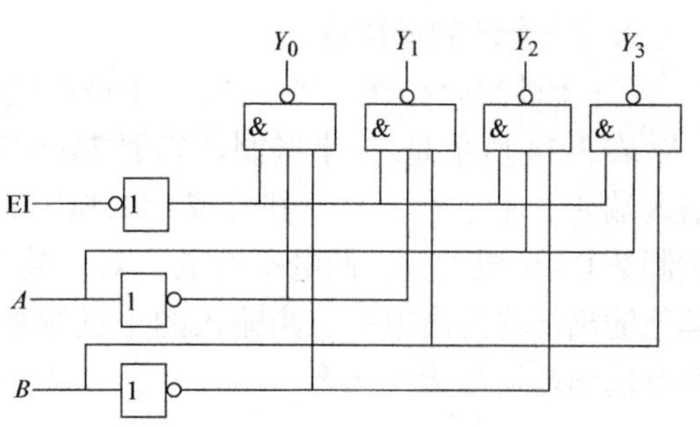

图 3-8　2 线-4 线译码器

74LS138 是典型的二进制译码器，其逻辑图和逻辑符号如图 3-9 所示。它有三个输入端 A_2、A_1、A_0，八个输出端 $Y_0 \sim Y_7$，所以常称为 3 线–8 线译码器，属于全译码器。输出为低电平有效，G_1、G_{2A}和 G_{2B}为使能输入端。3 线–8 线译码器 74LS138 的真值表见表 3-13。

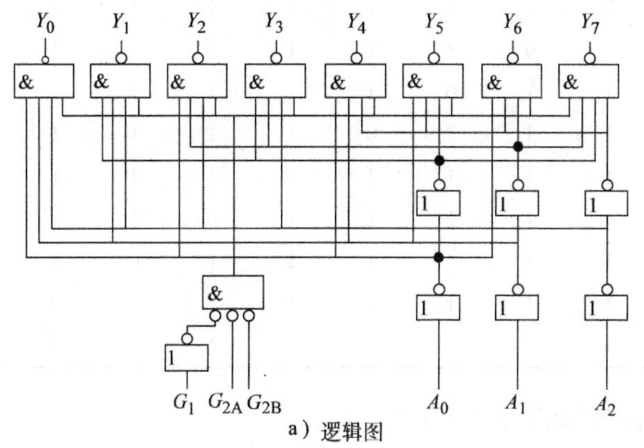

a）逻辑图

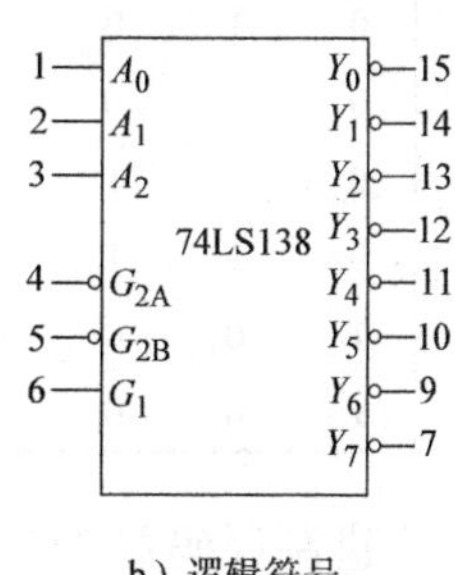

b）逻辑符号

图 3-9　74LS138 二进制译码器

表 3-13　3 线–8 线译码器 74LS138 的真值表

输入						输出							
G_1	G_{2A}	G_{2B}	A_2	A_1	A_0	Y_0	Y_1	Y_2	Y_3	Y_4	Y_5	Y_6	Y_7
×	1	×	×	×	×	1	1	1	1	1	1	1	1
×	×	1	×	×	×	1	1	1	1	1	1	1	1
0	×	×	×	×	×	1	1	1	1	1	1	1	1
1	0	0	0	0	0	0	1	1	1	1	1	1	1
1	0	0	0	0	1	1	0	1	1	1	1	1	1
1	0	0	0	1	0	1	1	0	1	1	1	1	1
1	0	0	0	1	1	1	1	1	0	1	1	1	1
1	0	0	1	0	0	1	1	1	1	0	1	1	1
1	0	0	1	0	1	1	1	1	1	1	0	1	1
1	0	0	1	1	0	1	1	1	1	1	1	0	1
1	0	0	1	1	1	1	1	1	1	1	1	1	0

2. 二-十进制译码器

二-十进制译码器是将4位二-十进制代码翻译成1位十进制数的电路。

表3-14所示是二-十进制译码器74LS42的功能表。由该表可见，74LS42译码器有4个输入端A_3、A_2、A_1、A_0，并且按8421BCD编码输入数据；有十个输出端$Y_0\sim Y_9$，分别与十进制数0～9相对应，低电平有效。对于某个8421BCD码的输入，相应的输出端为低电平，其他输出端均为高电平。当输入的十进制数为10～15所对应的二进制码(1010～1111)时，所有输出端均为无效状态。

表3-14　74LS42译码器功能表

十进制数	输入				输出									
	A_3	A_2	A_1	A_0	Y_0	Y_1	Y_2	Y_3	Y_4	Y_5	Y_6	Y_7	Y_8	Y_9
0	0	0	0	0	0	1	1	1	1	1	1	1	1	1
1	0	0	0	1	1	0	1	1	1	1	1	1	1	1
2	0	0	1	0	1	1	0	1	1	1	1	1	1	1
3	0	0	1	1	1	1	1	0	1	1	1	1	1	1
4	0	1	0	0	1	1	1	1	0	1	1	1	1	1
5	0	1	0	1	1	1	1	1	1	0	1	1	1	1
6	0	1	1	0	1	1	1	1	1	1	0	1	1	1
7	0	1	1	1	1	1	1	1	1	1	1	0	1	1
8	1	0	0	0	1	1	1	1	1	1	1	1	0	1
9	1	0	0	1	1	1	1	1	1	1	1	1	1	0

二-十进制译码器74LS42的逻辑符号如图3-10所示。

3. 显示译码器

为了能以十进制数码直观地显示数字系统的运行数据，目前广泛使用了由发光二极管构成的七段字符显示器，或称为七段数码管。

(1) 七段字符显示器的原理　七段字符显示器就是将七个发光二极管(加小数点为八个)按一定的方式排列起来，七段a、b、c、d、e、f、g(小数点DP)各对应一个发光二极管，利用不同发光段的组合，显示不同的阿拉伯数字，如图3-11所示。

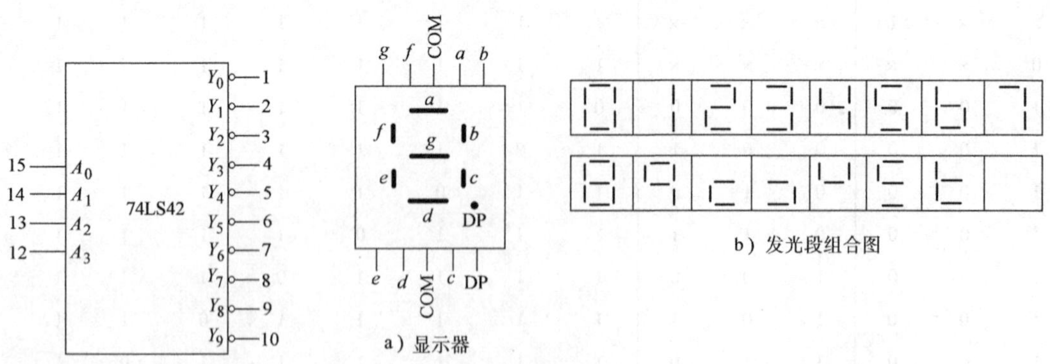

图3-10　74LS42的逻辑符号

图3-11　七段字符显示器及发光段组合图

按内部接法不同，七段字符显示器分为共阳极接法和共阴极接法，如图 3-12 所示。

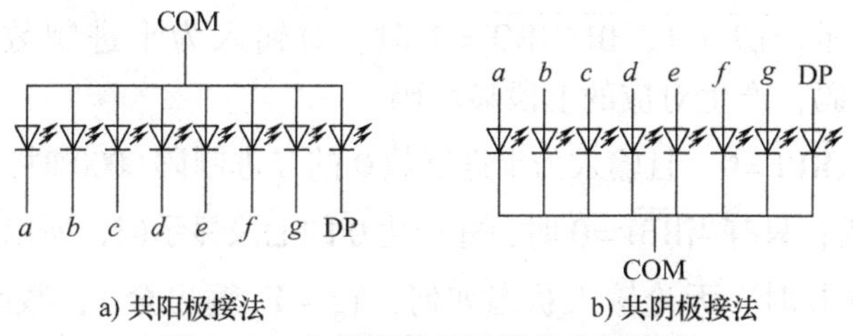

a) 共阳极接法　　b) 共阴极接法

图 3-12　七段字符显示器的内部接法

七段字符显示器的优点是工作电压较低(1.5～3V)、体积小、寿命长、亮度高、响应速度快和工作可靠性高；缺点是工作电流大，每个字段的工作电流约为 10mA 左右。

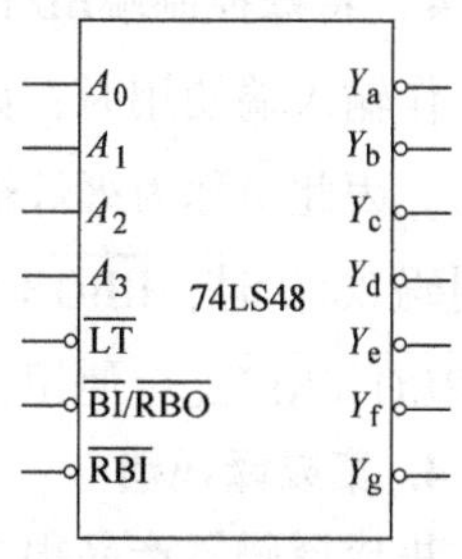

图 3-13　七段显示译码器 74LS48 的逻辑符号

(2) 七段显示译码器 74LS48　七段字符显示器可以用 TTL 和 CMOS 集成电路直接驱动，为此，就需要使用显示译码器将 BCD 码译成数码所需要的驱动信号，以便使数码管用十进制数字显示出 BCD 码所表示的数值。

七段显示译码器 74LS48 是一种与共阴极数字显示器配合使用的集成译码器，其逻辑符号如图 3-13 所示。它的功能是将输入的 4 位二进制代码转换成显示器所需要的七个段信号 $a \sim g$。

表 3-15 为 74LS48 的逻辑功能表，$Y_a \sim Y_g$ 为译码输出端（分别对应 $a \sim g$）。另外，它还有三个控制端：试灯输入端$\overline{LT}$、灭零输入端$\overline{RBI}$和特殊控制端$\overline{BI}/\overline{RBO}$。

表 3-15　七段显示译码器 74LS48 的逻辑功能表

功能（输入）	输入						输入/输出	输出						
	$\overline{LT}$	$\overline{RBI}$	A_3	A_2	A_1	A_0	$\overline{BI}/\overline{RBO}$	Y_a	Y_b	Y_c	Y_d	Y_e	Y_f	Y_g
0	1	1	0	0	0	0	1	1	1	1	1	1	1	0
1	1	×	0	0	0	1	1	0	1	1	0	0	0	0
2	1	×	0	0	1	0	1	1	1	0	1	1	0	1
3	1	×	0	0	1	1	1	1	1	1	1	0	0	1
4	1	×	0	1	0	0	1	0	1	1	0	0	1	1
5	1	×	0	1	0	1	1	1	0	1	1	0	1	1
6	1	×	0	1	1	0	1	0	0	1	1	1	1	1
7	1	×	0	1	1	1	1	1	1	1	0	0	0	0
8	1	×	1	0	0	0	1	1	1	1	1	1	1	1
9	1	×	1	0	0	1	1	1	1	1	0	0	1	1
10	1	×	1	0	1	0	1	0	0	0	1	1	0	1
11	1	×	1	0	1	1	1	0	0	1	1	0	0	1
12	1	×	1	1	0	0	1	0	1	0	0	0	1	1
13	1	×	1	1	0	1	1	1	0	0	1	0	1	1
14	1	×	1	1	1	0	1	0	0	0	1	1	1	1
15	1	×	1	1	1	1	1	0	0	0	0	0	0	0
灭灯	×	×	×	×	×	×	0	0	0	0	0	0	0	0
灭零	1	0	0	0	0	0	0	0	0	0	0	0	0	0
试灯	0	×	×	×	×	×	1	1	1	1	1	1	1	1

七段显示译码器74LS48的功能为：

1）正常译码显示。$\overline{LT}=1$，$\overline{BI}/\overline{RBO}=1$时，对输入为十进制数1～15的二进制码(0001～1111)进行译码，产生对应的七段显示码。

2）灭零。当输入$\overline{RBI}=0$，且输入为十进制数0的二进制码0000时，译码器的$Y_a \sim Y_g$输出全0，使显示器全灭；只有当$\overline{RBI}=0$时，才产生0的七段显示码，所以$\overline{RBI}$称为灭零输入端。

3）试灯。当$\overline{LT}=0$时，无论输入状态如何，$Y_a \sim Y_g$输出全1，数码管七段全亮。由此可以检测显示器七个发光段的好坏，所以$\overline{LT}$称为试灯输入端。

4）特殊控制端$\overline{BI}/\overline{RBO}$可以作输入端，也可以作输出端。

作输入端使用时，如果$\overline{BI}=0$，那么不管其他输入端为何值，$Y_a \sim Y_g$输出全0，显示器全灭。因此$\overline{BI}$称为灭灯输入端。作输出端使用时，受控于$\overline{RBI}$。当$\overline{RBI}=0$，且输入为0的二进制码0000时，$\overline{RBO}=0$，用以指示该片处于灭零状态。所以，$\overline{RBO}$又称为灭零输出端。将$\overline{BI}/\overline{RBO}$和$\overline{RBI}$配合使用，可以实现多位数显示时的“无效0消隐”功能。

4. 集成译码器

集成译码器产品很多，常用的集成译码器见表3-16。

表3-16　常用集成译码器

型　　号	功　　能
7442 /74L42 /74LS42/ 74HC42/ 74C42	BCD－十进制译码器
7443 / 74L43	余3码－十进制译码器
74HC131/74S137 / 74LS137 /74HC137	3线－8线译码器(带地址锁存)
74145 / 74LS145 / 74HC145	BCD－十进制译码器/驱动器(OC)
74154/74L154/74LS154/74HC154/74C154	4线－16线译码器/多路分配器
74156 / 74LS156 / 74HC156	双2线－4线译码器/多路分配器(OC)
7446/74L46/7447/74L47/74LS47/74249	BCD－七段译码器/驱动器(OC)

3.2.3　编码器与译码器应用实例

1. 编码器的应用

(1) 编码器的扩展　集成编码器的输入/输出端的数目都是一定的，利用编码器的使能输入端EI、使能输出端EO和优先编码工作标志GS，可以扩展编码器的输入输出端。

图3-14所示为用两片74LS148优先编码器串行扩展实现的16线－4线优先编码器。它共有16个编码输入端，用$X_0 \sim X_{15}$表示；有4个编码输出端，用$Y_0 \sim Y_3$表示。片1为低位片，其输入端$I_0 \sim I_7$作为总输入端$X_0 \sim X_7$；片2为高位片，其输入端$I_0 \sim I_7$作为总输入端$X_8 \sim X_{15}$。两片的输出端A_0、A_1、A_2分别相与后作为总输出端Y_0、Y_1、Y_2，片2的GS端作为总输出端Y_3。片1的使能输出端EO作为电路总的使能输出端；片2的使能输入端EI作为电路总的使能输入端，在本电路中接0，处于允许编码状态。片2的使能输出端EO接片1的使能输入端EI，控制片1工作。两片的工作标志GS相与后作为总的工作标志GS。

16线－4线优先编码器的工作原理为：当片2的输入端没有信号输入，即$X_8 \sim X_{15}$全为1

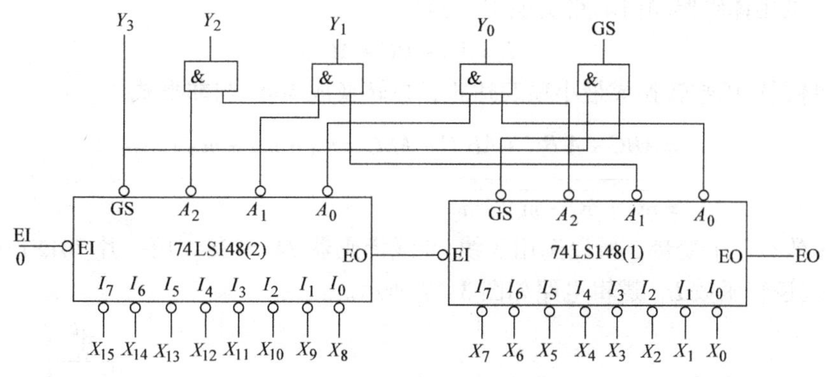

图 3-14 16 线-4 线优先编码器

时，$GS_2=1$（即 $Y_3=1$），$EO_2=0$（即 $EI_1=0$），片 1 处于允许编码状态。若设此时 $X_5=0$，则片 1 的输出 $A_2A_1A_0=010$，由于片 2 的输出 $A_2A_1A_0=111$，所以总输出 $Y_3Y_2Y_1Y_0=1010$。

当片 2 的输入端有信号输入时，$EO_2=1$（即 $EI_1=1$），片 1 处于禁止编码状态。若设此时 $X_{12}=0$（即片 2 的 $I_4=0$），则片 2 的输出 $A_2A_1A_0=011$，且 $GS_2=0$。由于片 1 的输出 $A_2A_1A_0=111$，所以总输出 $Y_3Y_2Y_1Y_0=0011$。

（2）组成 8421BCD 编码器　图 3-15 所示是用 74LS148 和门电路组成的 8421BCD 编码器，输入仍为低电平有效，输出为 8421BCD 码。工作原理为：当 I_9、I_8 无输入（即 I_9、I_8 均为高电平）时，与非门 D_4 的输出 $Y_3=0$，同时使 74LS148 的 $EI=0$，允许 74LS148 工作，74LS148 对输入 $I_0 \sim I_7$ 进行编码。比如若 $I_5=0$，则 $A_2A_1A_0=010$，经门 D_1、D_2、D_3 处理后，$Y_2Y_1Y_0=101$，所以总输出 $Y_3Y_2Y_1Y_0=0101$。这正好是 5 的 8421BCD 码。当 I_9 或 I_8 有输入（低电平）时，与非门 D_4 的输出 $Y_3=1$，同时使 74LS148 的 $EI=1$，禁止 74LS148 工作，使 $A_2A_1A_0=111$。若此时 $I_9=0$，则总输出 $Y_3Y_2Y_1Y_0=1001$；若 $I_8=0$，则总输出 $Y_3Y_2Y_1Y_0=1000$，这正好是 9 和 8 的 8421BCD 码。

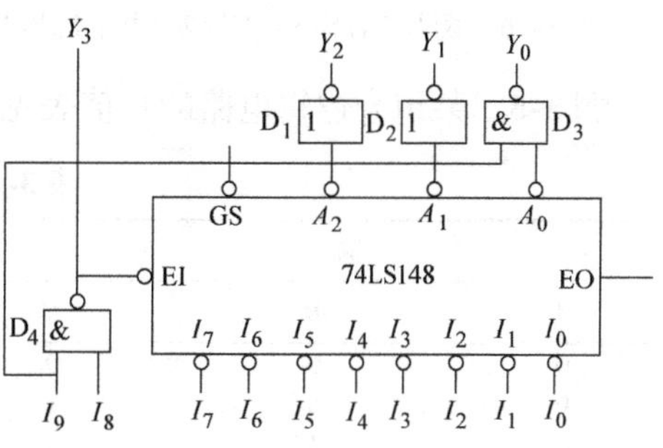

图 3-15 74LS148 组成 8421BCD 编码器

2. 译码器的应用

译码器的应用范围很广，除了能驱动显示器外，还能实现存储系统的地址译码和指令译码，实现逻辑函数功能，作多路分配器以及控制灯光等。下面介绍译码器的几种典型应用。

（1）译码器的扩展　利用译码器的使能端可以方便地扩展译码器的容量。图 3-16 所示是用两片 74LS138 扩展实现的 4 线-16 线译码器。

其工作原理为：当 $E=1$ 时，两个译码器都禁止工作，输出全 1。当 $E=0$ 时，译码器工作。这时，如果 $A_3=0$，那么高位片禁止，低位片工作，输出 $Y_0 \sim Y_7$ 由输入二进制代码 $A_2A_1A_0$ 决定；如果 $A_3=1$，那么低位片禁止，高位片工作，输出 $Y_8 \sim Y_{15}$ 由输入二进制代码 $A_2A_1A_0$ 决定，从而实现了 4 线-16 线译码器的功能。

（2）用译码器实现组合逻辑电路　由于译码器的每个输出端分别与一个最小项相对应，因此辅以适当的门电路，便可实现任何组合逻辑函数。

例 3-4　试用译码器和门电路实现逻辑函数

$$L = AB + BC + AC$$

解： 1) 将逻辑函数转换成最小项表达式，再转换成与非-与非形式。

$$L = \overline{A}BC + A\overline{B}C + AB\overline{C} + ABC = m_3 + m_5 + m_6 + m_7$$
$$= \overline{\overline{m_3} \cdot \overline{m_5} \cdot \overline{m_6} \cdot \overline{m_7}}$$

2）该函数有三个变量，所以选用 3 线-8 线译码器 74LS138。用一片 74LS138 和一个与非门就可实现逻辑函数 L，逻辑电路如图 3-17 所示。

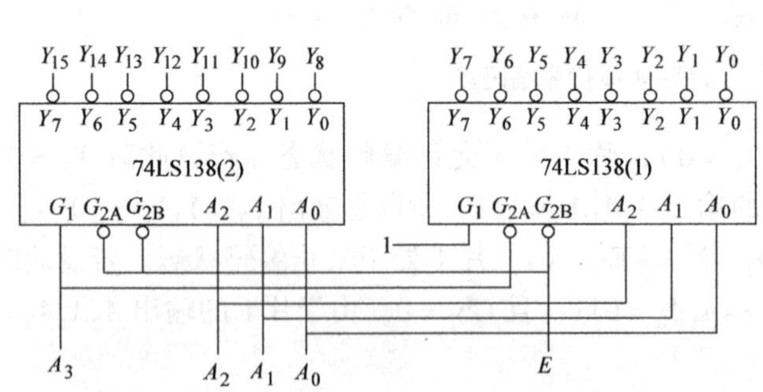

图 3-16　两片 74LS138 扩展实现的 4 线-16 线译码器

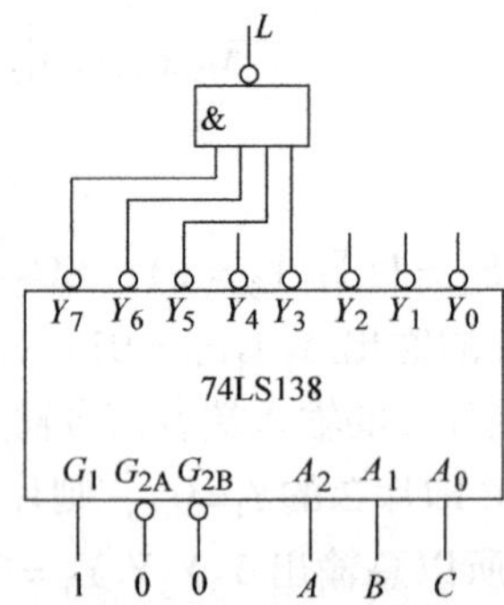

图 3-17　例 3-4 逻辑电路图

例 3-5　某组合逻辑电路的真值表见表 3-17，试用译码器和门电路设计该逻辑电路。

表 3-17　例 3-5 真值表

输　入			输　出		
A	B	C	L	F	G
0	0	0	0	0	1
0	0	1	1	0	0
0	1	0	1	0	1
0	1	1	0	1	0
1	0	0	1	0	1
1	0	1	0	1	0
1	1	0	0	1	1
1	1	1	1	0	0

解： 1）写出各输出的最小项表达式，再转换成与非-与非形式。

$$L = \overline{A}\,\overline{B}C + \overline{A}B\overline{C} + A\overline{B}\,\overline{C} + ABC = m_1 + m_2 + m_4 + m_7 = \overline{\overline{m_1} \cdot \overline{m_2} \cdot \overline{m_4} \cdot \overline{m_7}}$$

$$F = \overline{A}BC + A\overline{B}C + AB\overline{C} = m_3 + m_5 + m_6 = \overline{\overline{m_3} \cdot \overline{m_5} \cdot \overline{m_6}}$$

$$G = \overline{A}\,\overline{B}\,\overline{C} + \overline{A}B\overline{C} + A\overline{B}\,\overline{C} + AB\overline{C} = m_0 + m_2 + m_4 + m_6 = \overline{\overline{m_0} \cdot \overline{m_2} \cdot \overline{m_4} \cdot \overline{m_6}}$$

2）选用 3 线-8 线译码器 74LS138。设 $A = A_2$、$B = A_1$、$C = A_0$。将 L、F、G 的逻辑表达式与 74LS138 的输出表达式相比较，有：

$$L = \overline{Y_1 \cdot Y_2 \cdot Y_4 \cdot Y_7}$$
$$F = \overline{Y_3 \cdot Y_5 \cdot Y_6}$$
$$G = \overline{Y_0 \cdot Y_2 \cdot Y_4 \cdot Y_6}$$

用一片 74LS138 加三个与非门就可实现该组合逻辑电路，逻辑电路如图 3-18 所示。

可见，用译码器实现多输出逻辑函数时，优点更明显。

（3）用译码器构成数据分配器或时钟脉冲分配器　数据分配器也称为多路分配器，它可以按地址的要求将 1 路输入数据分配到多输出通道中的某一个特定输出通道。由于译码器可以兼作分配器使用，所以厂家并不单独生产分配器组件，而是将译码器改接成分配器，下面举例说明。

将带使能端的 3 线-8 线译码器 74LS138 改作 8 路数据分配器的逻辑电路图如图 3-19a 所示。译码器的使能端作为分配器的数据输入端，译码器的输入端作为分配器的地址码输入端，译码器的输出端作为分配器的输出端。这样分配器就会根据所输入的地址码将输入数据分配到地址码所指定的输出通道。

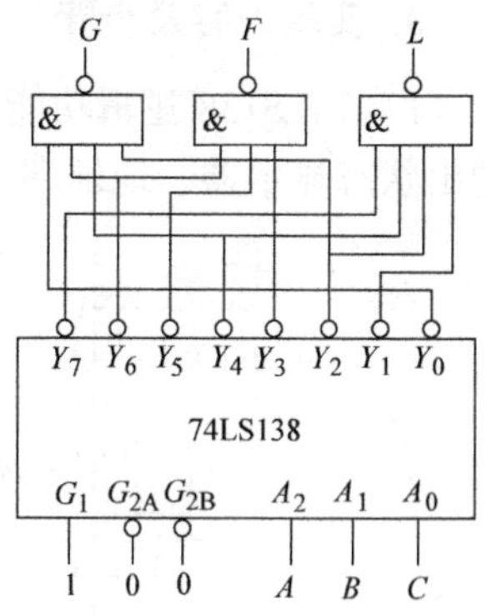

图 3-18　例 3-5 逻辑电路图

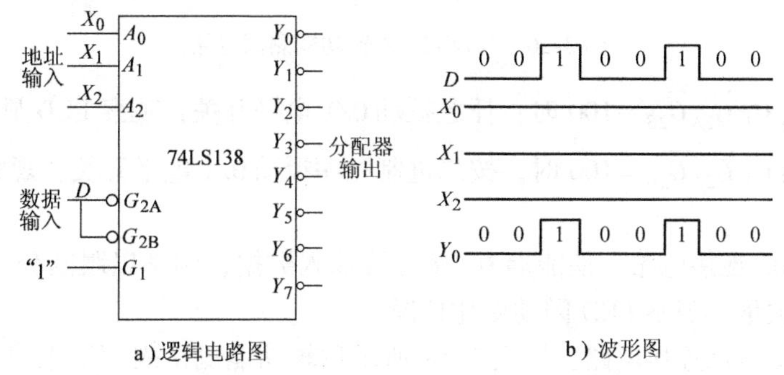

图 3-19　74LS138 改作 8 路数据分配器

例如，要将输入信号序列 00100100 分配到 Y_0 通道输出，只要使地址码 $X_2X_1X_0=000$，输入信号从 D 端输入，Y_0 端即可得到和输入信号相同的信号序列，其波形如图 3-19b 所示。此时，其余输出端均为高电平。若要将输入信号分配到 Y_1 通道输出，则只需将地址码变为 001 即可。依此类推，只要改变地址码，就可以把输入信号分配到任何一个输出通道输出。74LS138 作分配器时，按图 3-19a 的接法可得到数据的原码输出。若将数据加到 G_{2A} 端，而 G_{2B}、G_1 接相应的电平，则输出端得到数据的反码输出。

在图 3-19a 所示的逻辑电路图中，若 D 输入的是时钟脉冲，则分配器可将该时钟脉冲分配到 $Y_0\sim Y_7$ 的某一个输出端，从而构成时钟脉冲分配器。

实验 3.2　74LS138 译码器的逻辑功能测试及应用

1. 实验目的

1）掌握二进制译码器的逻辑功能。

2）芯片使能端的功能、用法。

3）掌握用中规模芯片（MSI）实现逻辑功能的方法。

2. 实验设备与元器件

1）数字电路实验台。

2）74LS138 两片（3 线-8 线译码器）。

3）74LS20 一片（双四输入与非门）。

3. 实验内容及步骤

1）74LS138 逻辑功能测试。按图 3-20a 所示连接电路，将 74LS138 输出 $\overline{Y}_7 \sim \overline{Y}_0$ 接 LED 输出状态显示器，地址端 $A_2A_1A_0$ 接 0/1 电平开关，使能端接固定电平（V_{CC}或地）。

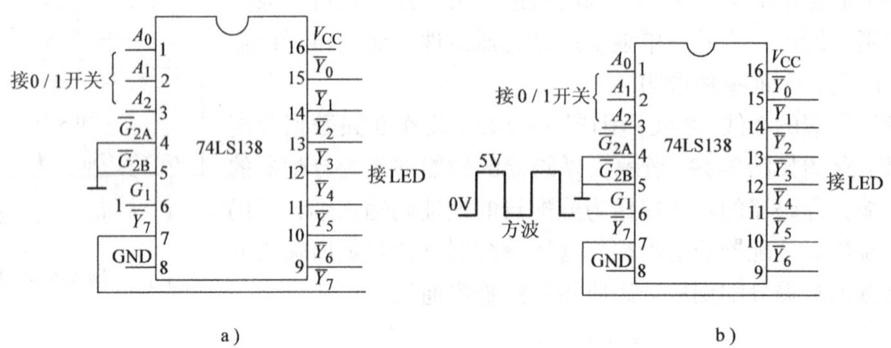

图 3-20　74LS138 逻辑功能测试电路

① 当使能端 $G_1\ \overline{G}_{2A}\overline{G}_{2B} \neq 100$ 时，任意扳动 0/1 电平开关，观察 LED 显示状态并记录。

② 当使能端 $G_1\ \overline{G}_{2A}\overline{G}_{2B} = 100$ 时，按二进制顺序扳动 0/1 电平开关，观察 LED 显示状态并记录。

2）按图 3-20b 连接电路，使能端 G_1 接方波输入数据，频率以眼睛分辨出 LED 闪动为准。改变地址开关量，观察 LED 闪动变化情况。

3）按图 3-21 所示连接电路，按表 3-18 所示逻辑功能测试表测试电路的逻辑功能，并写出逻辑函数表达式。

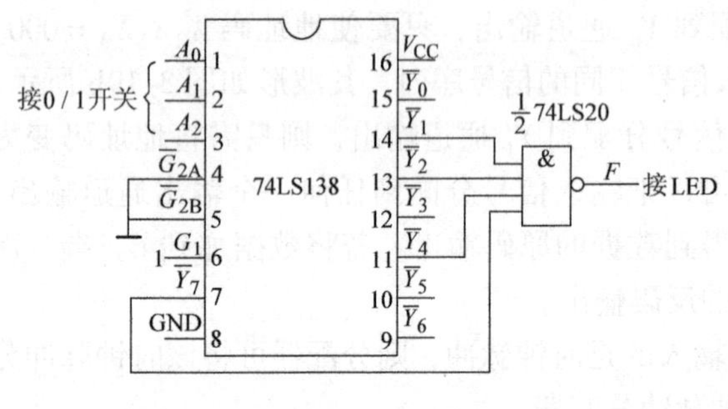

图 3-21　74LS138 实现逻辑功能电路

表 3-18　逻辑功能测试表

A_2	A_1	A_0	F
0	0	0	
0	0	1	
0	1	0	
0	1	1	
1	0	0	
1	0	1	
1	1	0	
1	1	1	

4. 实验报告要求

1）总结 74LS138 的逻辑功能。

2）思考如何用 3 线-8 线译码器 74LS138 实现三人表决电路，设计电路并测试其功能。

3.3　数据选择器与数据分配器

在数字信号的传输过程中，经常需要选择其中的一路信号进行传输，就要用到数据选择器。数据分配器是数据选择器的逆过程，根据地址信号的要求，将一路数据分配到指定输出通道中去。

3.3.1 数据选择器

数据选择器——根据地址选择码从多路输入数据中选择一路，送到输出端。它的作用与图 3-22 所示的单刀多掷开关相似。

常用的数据选择器有 4 选 1、8 选 1 和 16 选 1 等多种类型。下面以 4 选 1 为例介绍数据选择器的功能逻辑、工作原理及应用。

4 选 1 数据选择器的逻辑图和逻辑符号如图 3-23 所示。其中，A_1、A_0 为控制数据准确传送的地址输入信号，$D_0 \sim D_3$ 为供选择的电路并行输入信号，G 为选通端或使能端，低电平有效。

当 $\overline{G}=1$ 时，选择器不工作，禁止数据输入；$\overline{G}=0$ 时，选择器正常工作，允许数据输入。

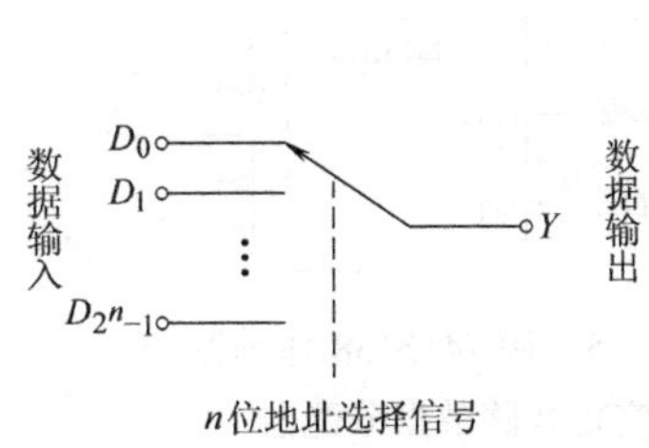

图 3-22 数据选择器示意图

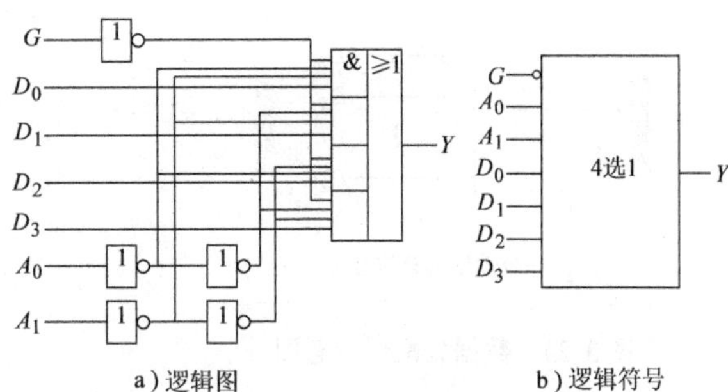

图 3-23 4 选 1 数据选择器

由图 3-23a 所示逻辑图可写出 4 选 1 数据选择器的输出逻辑函数表达式。

$$Y=(\overline{A_1}\,\overline{A_0}D_0+\overline{A_1}A_0D_1+A_1\overline{A_0}D_2+A_1A_0D_3)\cdot\overline{G}$$

由逻辑函数表达式可列出表 3-19 所示的功能表。

表 3-19 4 选 1 数据选择器功能表

输入							输出
G	A_1	A_0	D_3	D_2	D_1	D_0	Y
1	×	×	×	×	×	×	0
0	0	0	×	×	×	0	0
			×	×	×	1	1
	0	1	×	×	0	×	0
			×	×	1	×	1
	1	0	×	0	×	×	0
			×	1	×	×	1
	1	1	0	×	×	×	0
			1	×	×	×	1

3.3.2　数据分配器

数据分配器——将一路输入数据根据地址选择码分配给多路数据输出中的某一路输出。它的作用与图 3-24 所示的单刀多掷开关相似。

由于译码器和数据分配器的功能非常接近，所以译码器一个很重要的应用就是构成数据分配器。也正因为如此，市场上没有集成数据分配器产品，只有集成译码器产品。当需要数据分配器时，可以用译码器改装。

根据输出端个数的不同，数据分配器可分为 4 路分配器、8 路分配器等。数据分配器实际上是译码器的特殊应用。图 3-25 所示是用 74LS138 译码器实现 8 路数据分配器的逻辑原理图，其中译码器的 G_1 作为使能端，G_{2B}接低电平，G_{2A}作为数据端，输入 $A_0 \sim A_2$ 作为地址端，从 $Y_0 \sim Y_7$ 分别得到相应的输出。

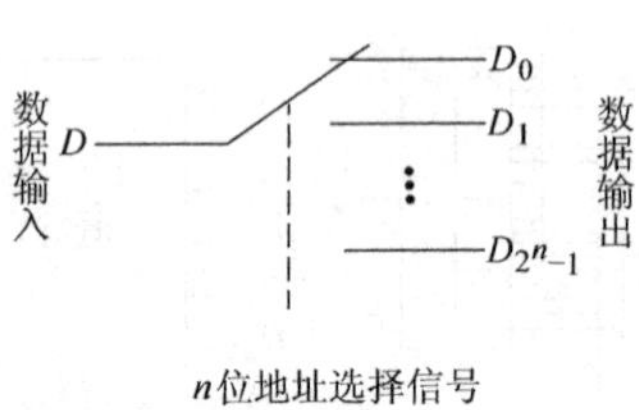

图 3-24　数据分配器示意图

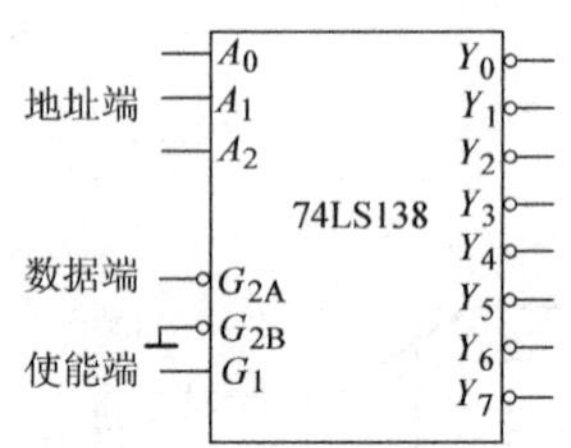

图 3-25　用 74LS138 译码器实现 8 路数据分配器

3.3.3　数据选择器应用实例

(1)数据选择器的通道扩展　作为一种集成器件，最大规模的数据选择器是 16 选 1。如果需要更大规模的数据选择器，那么可通过通道扩展来实现。

74LS151 是一种典型的集成 8 选 1 数据选择器，74LS151 的逻辑符号如图 3-26 所示。它有 8 个数据输入端 $D_0 \sim D_7$，3 个地址输入端 A_2、A_1、A_0，2 个互补输出端 Y 和 $\overline{Y}$，1 个使能输入端 G，使能端$\overline{G}$为低电平有效。

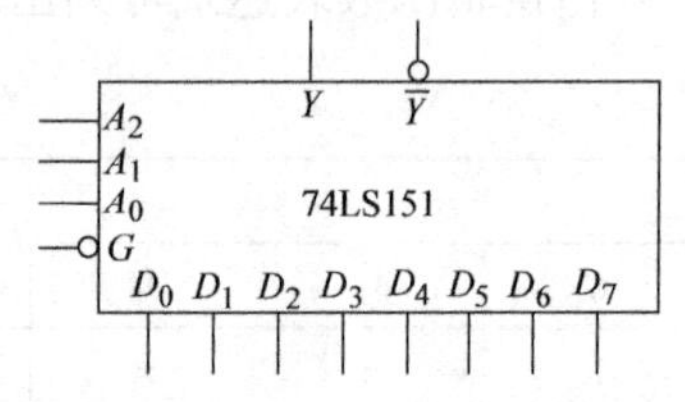

图 3-26　74LS151 逻辑符号

用两片 74LS151 和 3 个门电路实现的 16 选 1 数据选择器的逻辑图如图 3-27 所示。16 选 1 数据选择器的地址输入端有 4 位，最高位 A_3 的输入可以由两片 8 选 1 数据选择器的使能端接非门来实现，低三位地址输入端由两片 74LS151 的地址输入端相连而成。当 $A_3=0$ 时，由图 3-27 知，低位片 1 工作，根据地址控制信号 $A_3A_2A_1A_0$ 选择数据 $D_0 \sim D_7$ 输出；当 $A_3=1$ 时，高位片 2 工作，根据 $A_3A_2A_1A_0$ 选择 $D_8 \sim D_{15}$输出。

(2) 实现组合逻辑函数

例 3-6　试用数据选择器实现逻辑函数：

$$L = AB + BC + AC$$

解： 若数据选择器为 8 选 1 数据选择器，则：

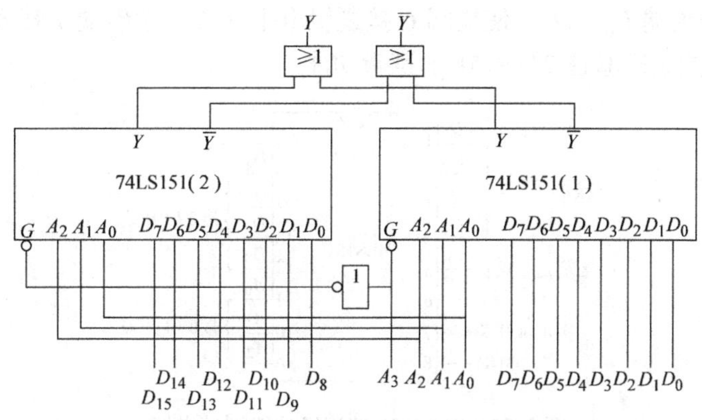

图 3-27　用两片 74LS151 组成的 16 选 1 数据选择器的逻辑图

1）由于函数 L 有 3 个输入信号 A、B、C，而 8 选 1 数据选择器有 3 个地址输入端 A_2、A_1、A_0，所以将 A、B、C 接到地址输入端，并令 $A=A_2$，$B=A_1$，$C=A_0$。

2）将输入变量接至数据选择器的地址输入端，输出变量接至数据选择器的输出端，即 $L=Y$。L 取值为 1 的最小项所对应的数据输入端接 1，L 取值为 0 的最小项所对应的数据输入端接 0。即 $D_3=D_5=D_6=D_7=1$，$D_0=D_1=D_2=D_4=0$。

3）画出连线图如图 3-28a 所示。

若数据选择器为 4 选 1 数据选择器，则：

4 选 1 数据选择器有两个地址输入端 A_1 和 A_0，将 A、B 接到地址输入端，并令 $A=A_1$，$B=A_0$。将 C 加到适当的数据输入端。画出连线图如图 3-28b 所示。

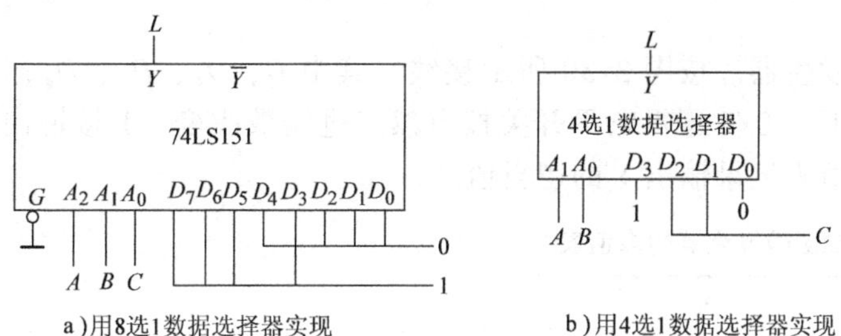

a）用8选1数据选择器实现　　b）用4选1数据选择器实现

图 3-28　例 3-6 逻辑图

实验 3.3　74LS151 数据选择器的逻辑功能测试及应用

1. 实验目的

1）了解数据选择器（多路开关 MUX）的逻辑功能及常用集成数据选择器。

2）掌握数据选择器的应用方法。

2. 实验设备与元器件

1）数字电路实验箱。

2）74LS151 一片（8 选 1 数据选择器）。

3. 实验内容及步骤

1）数据选择器 74LS151 逻辑功能测试。按图 3-29 所示连接电路。根据要求连线，地址

端 A_2、A_1、A_0、数据端 $D_0 \sim D_7$、使能端 $\overline{G}$ 接逻辑电平开关，输出端 Y 接发光二极管，按表3-20所示逻辑功能测试表验证 74LS151 的逻辑功能。

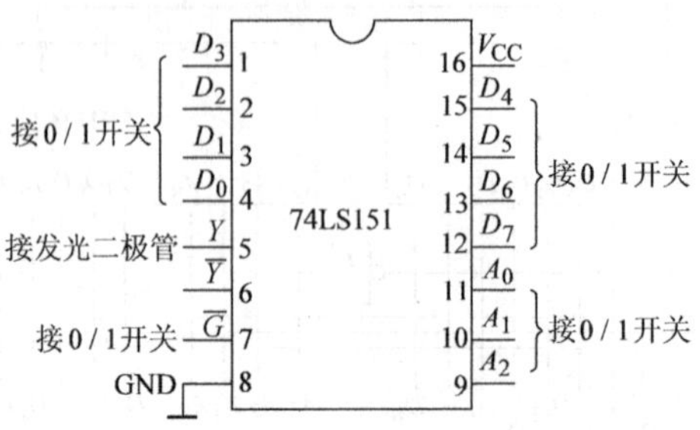

图 3-29　74LS151 的逻辑功能测试电路

表 3-20　74LS151 的逻辑功能测试表

选通	地址输入			数据输入								输出	
$\overline{G}$	A_2	A_1	A_0	D_0	D_1	D_2	D_3	D_4	D_5	D_6	D_7	Y	$\overline{Y}$
1	×	×	×	×	×	×	×	×	×	×	×		
0	0	0	0	$\boldsymbol{D_0}$	×	×	×	×	×	×	×		
	0	0	1	×	$\boldsymbol{D_1}$	×	×	×	×	×	×		
	0	1	0	×	×	$\boldsymbol{D_2}$	×	×	×	×	×		
	0	1	1	×	×	×	$\boldsymbol{D_3}$	×	×	×	×		
	1	0	0	×	×	×	×	$\boldsymbol{D_4}$	×	×	×		
	1	0	1	×	×	×	×	×	$\boldsymbol{D_5}$	×	×		
	1	1	0	×	×	×	×	×	×	$\boldsymbol{D_6}$	×		
	1	1	1	×	×	×	×	×	×	×	$\boldsymbol{D_7}$		

2）逻辑函数发生器。按图 3-30 所示接线，其中 $\overline{G}$、D_1、D_2、D_4、D_7 接“0”，D_0、D_3、D_5、D_6 接“1”，0/1 逻辑电平开关按自然二进制数改变，Y 接输出状态显示器，按表 3-21 所示的真值表记录输出 Y 的逻辑值。

表 3-21　逻辑函数发生器的真值表

A_2	A_1	A_0	Y
0	0	0	
0	0	1	
0	1	0	
0	1	1	
1	0	0	
1	0	1	
1	1	0	
1	1	1	

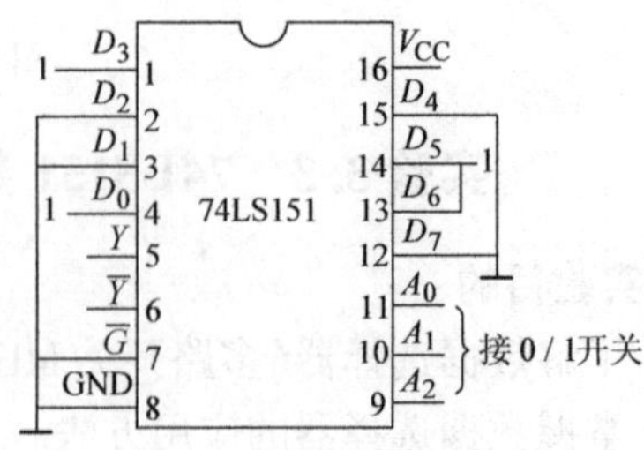

图 3-30　74LS151 构成的逻辑函数发生器

3）用数据选择器 74LS151 设计三输入表决电路，要求写出设计过程、画出接线图并验证逻辑功能。

4. 实验报告要求

1）整理实验数据。

2）总结 74LS151 的逻辑功能。

3.4　算术运算电路和数值比较器

3.4.1　加法器

1. 半加器

半加器是只考虑两个加数本身，而不考虑来自低位进位的逻辑电路。

半加器的真值表见表 3-22。表中的 A 和 B 分别表示被加数和加数输入，S 为本位和输出，C 为向相邻高位的进位输出。

表 3-22　半加器的真值表

输　入		输　出	
被加数 A	加数 B	和数 S	进位数 C
0	0	0	0
0	1	1	0
1	0	1	0
1	1	0	1

由真值表可直接写出输出逻辑函数表达式：

$$S=\overline{A}B+A\overline{B}=A\oplus B$$

$$C=AB$$

用一个异或门和一个与门组成的半加器的逻辑图和逻辑符号如图 3-31 所示。

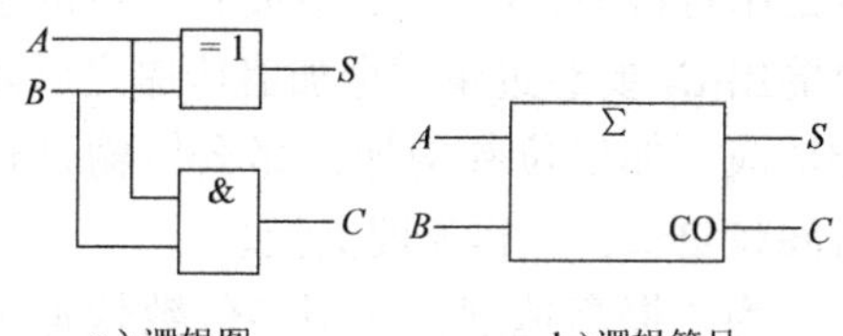

a）逻辑图　　b）逻辑符号

图 3-31　半加器

2. 全加器

在进行多位数加法运算时，除最低位外，其他各位都需要考虑低位送来的进位，全加器就具有这种功能。全加器的真值表见表 3-23。表中的 A_i 和 B_i 分别表示被加数和加数输入，C_{i-1} 表示来自相邻低位的进位输入，S_i 为本位和输出，C_i 为向相邻高位的进位输出。

表 3-23　全加器的真值表

输　入			输　出	
A_i	B_i	C_{i-1}	S_i	C_i
0	0	0	0	0
0	0	1	1	0
0	1	0	1	0
0	1	1	0	1
1	0	0	1	0
1	0	1	0	1
1	1	0	0	1
1	1	1	1	1

由真值表直接写出 S_i 和 C_i 的输出逻辑函数表达式，再经代数法化简和转换得：

$$
\begin{aligned}
S_i &= \overline{A}_i\,\overline{B}_i C_{i-1} + \overline{A}_i B_i\,\overline{C}_{i-1} + A_i\,\overline{B}_i\overline{C}_{i-1} + A_iB_iC_{i-1} \\
&= \overline{(A_i \oplus B_i)}C_{i-1} + (A_i \oplus B_i)\overline{C}_{i-1} = A_i \oplus B_i \oplus C_{i-1} \\
C_i &= \overline{A}_iB_iC_{i-1} + A_i\,\overline{B}_iC_{i-1} + A_iB_i\,\overline{C}_{i-1} + A_iB_iC_{i-1} \\
&= A_iB_i + (A_i \oplus B_i)C_{i-1}
\end{aligned}
$$

全加器的逻辑图和逻辑符号如图 3-32 所示。

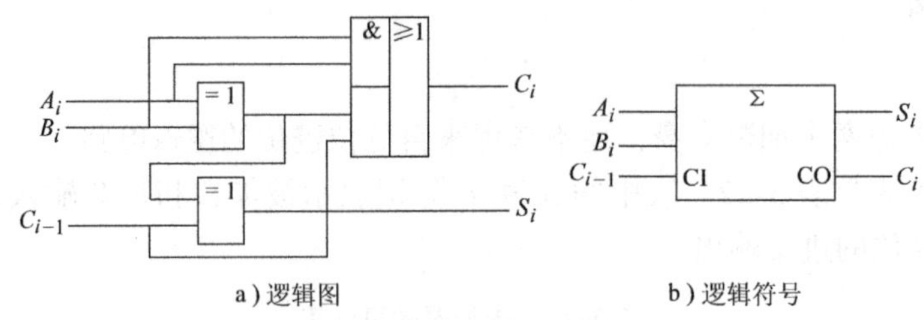

a) 逻辑图　　b) 逻辑符号

图 3-32　全加器

3. 多位数加法器

要进行多位数相加，最简单的方法是将多个全加器进行级联，称为串行进位加法器。图 3-33 所示是 4 位串行进位加法器，从图中可见，两个 4 位相加数 $A_3A_2A_1A_0$ 和 $B_3B_2B_1B_0$ 的各位同时送到相应全加器的输入端，进位数串行传送。全加器的个数等于相加数的位数，最低位全加器的 C_{i-1} 端应接 0。

串行进位加法器的优点是电路比较简单，缺点是速度比较慢。因为进位信号是串行传递，图 3-33 中最后一位的进位输出 C_3 要经过 4 位全加器传递之后才能形成。如果位数增加，那么传输延迟时间将更长，工作速度更慢。

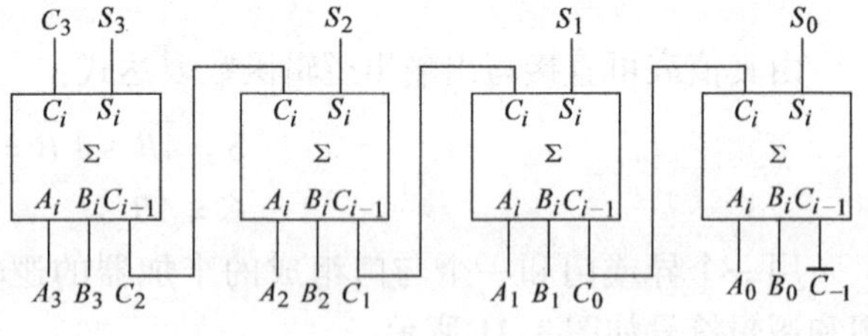

图 3-33　4 位串行进位加法器

为了提高速度，采用多位数快速进位(又称超前进位)的加法器。所谓快速进位，是指在加法运算过程中，各级进位信号同时送到各位全加器的进位输入端。现在的集成加法器，大多采用这种方法。

4. 快速进位集成 4 位加法器 74283

74283 是一种典型的快速进位集成 4 位加法器。首先介绍快速进位的概念及实现快速进位的思路。

重新写出全加器 S_i 和 C_i 的输出逻辑函数表达式：

$$
\begin{aligned}
S_i &= A_i \oplus B_i \oplus C_{i-1} \\
C_i &= A_iB_i + (A_i \oplus B_i)C_{i-1}
\end{aligned}
$$

由进位信号 C_i 的表达式可见：

当 $A_i = B_i = 1$ 时，$A_iB_i = 1$，得 $C_i = 1$，即产生进位。所以定义 $G_i = A_iB_i$，G_i 称为产生变量。

当 $A_i \oplus B_i = 1$ 时，$A_iB_i = 0$，得 $C_i = C_{i-1}$，即低位的进位信号能传送到高位的进位输出端。所以定义 $P_i = A_i \oplus B_i$，P_i 称为传输变量。

G_i 和 P_i 都只与被加数 A_i 和加数 B_i 有关，而与进位信号无关。各位进位信号的逻辑函

数表达式如下：

$$C_0 = G_0 + P_0 C_{-1}$$

$$C_1 = G_1 + P_1 C_0 = G_1 + P_1 G_0 + P_1 P_0 C_{-1}$$

$$C_2 = G_2 + P_2 C_1 = G_2 + P_2 G_1 + P_2 P_1 G_0 + P_2 P_1 P_0 C_{-1}$$

$$C_3 = G_3 + P_3 C_2 = G_3 + P_3 G_2 + P_3 P_2 G_1 + P_3 P_2 P_1 G_0 + P_3 P_2 P_1 P_0 C_{-1}$$

由各位进位信号的逻辑函数表达式可以看出：各位的进位信号都只与 G_i、P_i 和 C_{-1} 有关，而 C_{-1} 是向最低位的进位信号，其值为0，所以各位的进位信号都只与被加数 A_i 和加数 B_i 有关，它们是可以并行产生的，从而可实现快速进位。

根据以上思路构成的快速进位集成 4 位加法器 74283 的逻辑图和引脚图如图 3-34 所示。

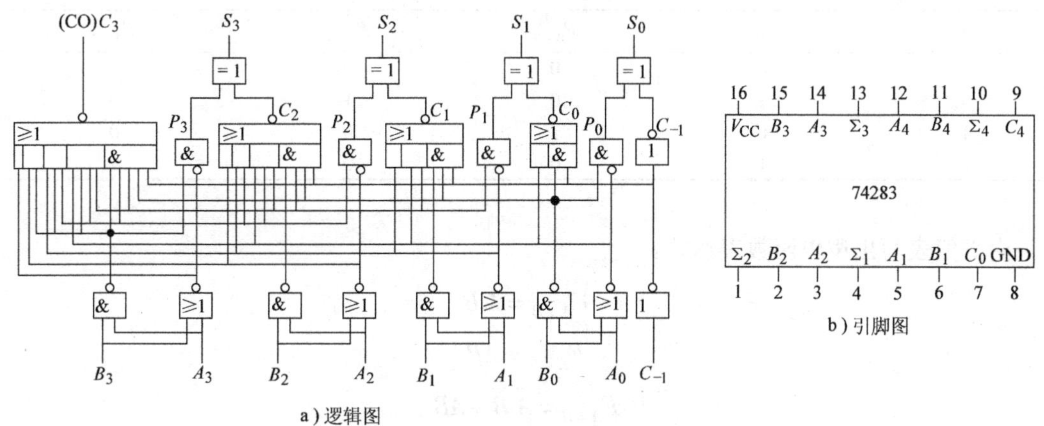

图 3-34　快速进位集成 4 位加法器 74283

5. 集成加法器的应用

（1）加法器级联实现多位二进制数的加法运算　一片 74283 只能进行 4 位二进制数的加法运算，将多片 74283 进行级联，就可扩展加法运算的位数。用两片 74283 组成的 8 位二进制数加法运算电路图如图 3-35 所示。

（2）用 74283 实现余 3 码到 8421BCD 码的转换　由表 3-9 可知，对同一个十进制数，余 3 码比 8421BCD 码多 3。因此实现余 3 码到 8421BCD 码的变换，只需从余 3 码中减去 3（即 0011）即可。利用二进制补码的概念，很容易实现上述减法。由于 0011 的补码为 1101，减 0011 与加 1101 等效。所以，从 74283 的 $A_3 \sim A_0$ 输入余 3 码的四位代码，$B_3 \sim B_0$ 接固定代码 1101，就能实现相应的转换，其逻辑电路图如图 3-36 所示。

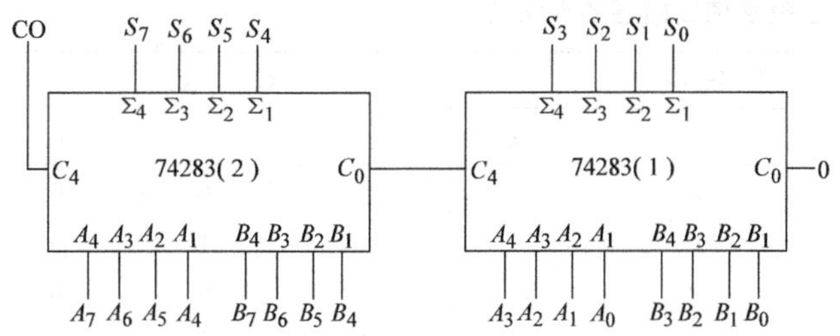

图 3-35　两片 74283 组成的 8 位二进制数加法运算电路图

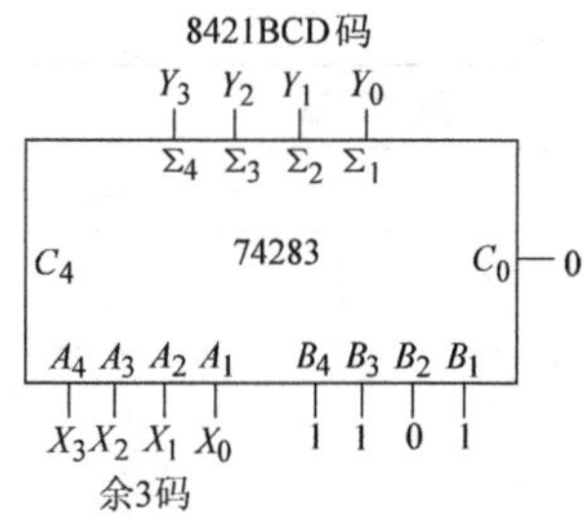

图 3-36　余 3 码转换成 8421 BCD 码的电路图

3.4.2　数值比较器

数值比较器是对两个位数相同的二进制整数进行数值比较并判定其大小关系的逻辑电路。

1. 1 位数值比较器

1 位数值比较器的功能是比较两个 1 位二进制数 A 和 B 的大小，比较结果有三种情况，即：$A>B$、$A<B$、$A=B$。其真值表见表 3-24。

表 3-24　1 位数值比较器的真值表

输　入		输　出		
A	B	$F_{A>B}$	$F_{A<B}$	$F_{A=B}$
0	0	0	0	1
0	1	0	1	0
1	0	1	0	0
1	1	0	0	1

由真值表写出逻辑函数表达式：

$$F_{A>B}=A\overline{B}$$

$$F_{A<B}=\overline{A}B$$

$$F_{A=B}=\overline{A}\,\overline{B}+AB$$

由以上逻辑函数表达式可画出逻辑图如图 3-37 所示。

2. 考虑低位比较结果的多位比较器

1 位数值比较器只能对两个 1 位二进制数进行比较，而实用的比较器一般是多位的，而且考虑低位的比较结果。下面以 2 位为例讨论这种数值比较器的结构及工作原理。

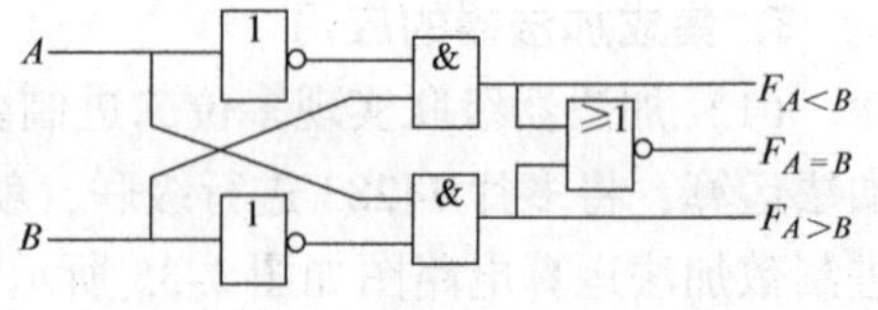

图 3-37　1 位数值比较器的逻辑图

2 位数值比较器的真值表见表 3-25。其中 A_1、B_1、A_0、B_0 为数值输入端；$I_{A>B}$、$I_{A<B}$、$I_{A=B}$ 为级联输入端，它是为了实现 2 位以上数码比较时，输入低位片比较结果而设置的；$F_{A>B}$、$F_{A<B}$、$F_{A=B}$ 为本位片三种不同比较结果输出端。

表 3-25　2 位数值比较器的真值表

数值输入		级联输入			输　出		
A_1　B_1	A_0　B_0	$I_{A>B}$	$I_{A<B}$	$I_{A=B}$	$F_{A>B}$	$F_{A<B}$	$F_{A=B}$
$A_1>B_1$	×　×	×	×	×	1	0	0
$A_1<B_1$	×　×	×	×	×	0	1	0
$A_1=B_1$	$A_0>B_0$	×	×	×	1	0	0
$A_1=B_1$	$A_0<B_0$	×	×	×	0	1	0
$A_1=B_1$	$A_0=B_0$	1	0	0	1	0	0
$A_1=B_1$	$A_0=B_0$	0	1	0	0	1	0
$A_1=B_1$	$A_0=B_0$	0	0	1	0	0	1

由此可写出如下逻辑函数表达式：

$$F_{A>B}=(A_1>B_1)+(A_1=B_1)\cdot(A_0>B_0)+(A_1=B_1)\cdot(A_0=B_0)\cdot I_{A>B}$$

$$F_{A<B}=(A_1<B_1)+(A_1=B_1)\cdot(A_0<B_0)+(A_1=B_1)\cdot(A_0=B_0)\cdot I_{A<B}$$

$$F_{A=B}=(A_1=B_1)\cdot(A_0=B_0)\cdot I_{A=B}$$

根据表达式画出 2 位数值比较器的逻辑图如图 3-38 所示。图中用了两个 1 位数值比较器，分别比较(A_1、B_1)和(A_0、B_0)，并将比较结果作为中间变量，这样逻辑关系比较明确。

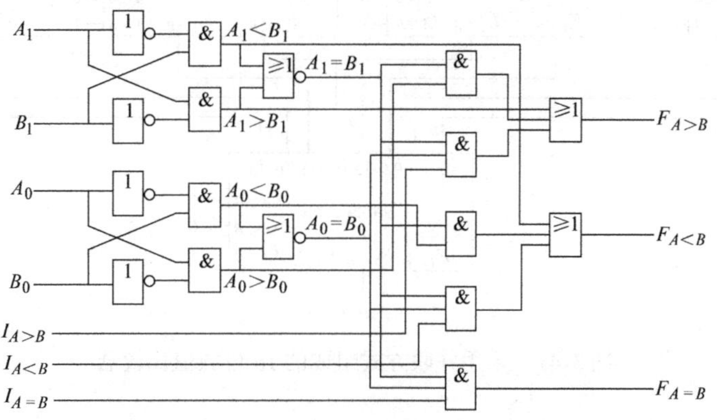

图 3-38　2 位数值比较器的逻辑图

3. 集成数值比较器及其应用

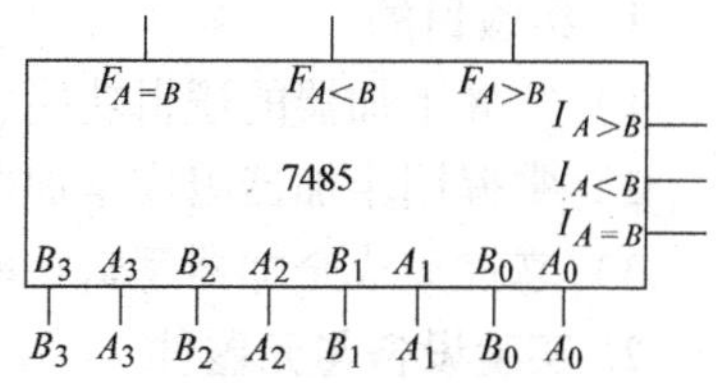

图 3-39　7485 的逻辑符号

（1）集成数值比较器 7485　7485 是典型的集成 4 位二进制数值比较器。其电路原理与图 3-38 所示的 2 位数值比较器完全相同，逻辑符号如图 3-39 所示。

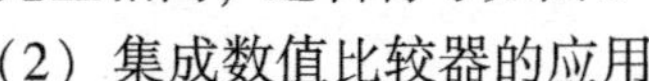

（2）集成数值比较器的应用

1）集成数值比较器串联扩展方式。图 3-40 所示为采用串联方式用 2 片 7485 组成的 8 位数值比较器。

原则上讲，按照上述级联方式可以扩展成任何位数的二进制数值比较器。但是，由于这种级联方式中比较结果是逐级进位的，工作速度较慢。级联芯片数越多，传递时间越长，工作速度越慢。因此，当扩展位数较多时，常采用并联方式。

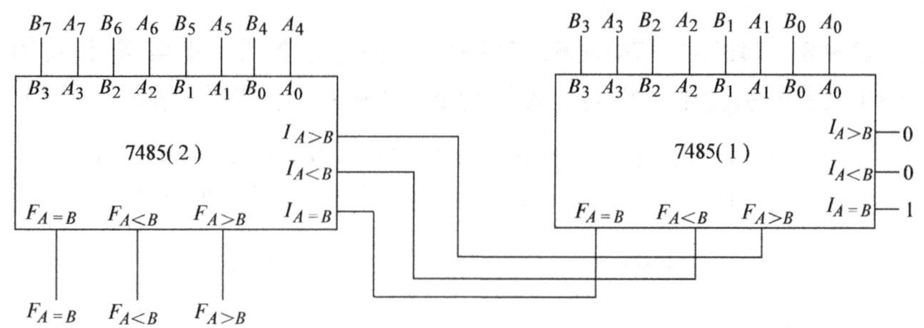

图 3-40　采用串联方式组成的 8 位数值比较器

2）集成数值比较器并联扩展方式。图 3-41 所示为采用并联方式用 5 片 7485 组成的 16 位二进制数值比较器。将 16 位按高低位次序分成 4 组，每组用 1 片 7485 进行比较，各组的

比较是并行的。将每组的比较结果再经 1 片 7485 进行比较后得出比较结果。这样总的传递时间为 2 倍的 1 片 7485 的延迟时间。若用串联扩展方式，则需要 4 倍的 1 片 7485 的延迟时间。

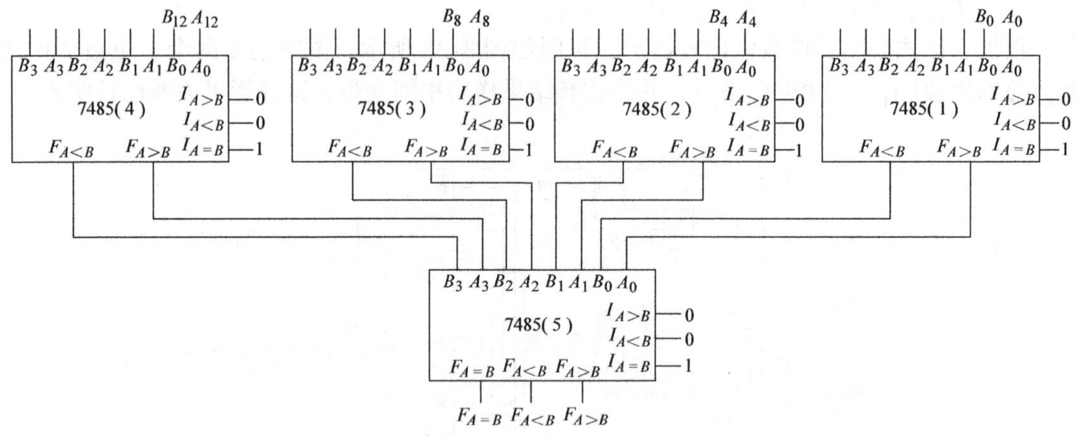

图 3-41　采用并联方式组成的 16 位数值比较器

实验 3.4　半加器与全加器电路设计与测试

1. 实验目的

1）掌握半加器的逻辑功能、电路组成及测试方法。

2）掌握用半加器组成全加器的方法。

3）掌握集成全加器逻辑功能测试方法。

2. 实验设备与元器件

1）数字实验箱一台。

2）74LS08(四二输入与门)。

3）74LS32(四二输入或门)。

4）74LS86(四二输入异或门)。

5）74LS183(双全加器)。

3. 实验内容

1）熟悉 74LS08、74LS32、74LS86、74LS183 的引脚排列。本实验中采用的 74LS08、74LS32、74LS86 三者的引脚排列相同，故只给出 74LS08 的引脚图，如图 3-42 所示。

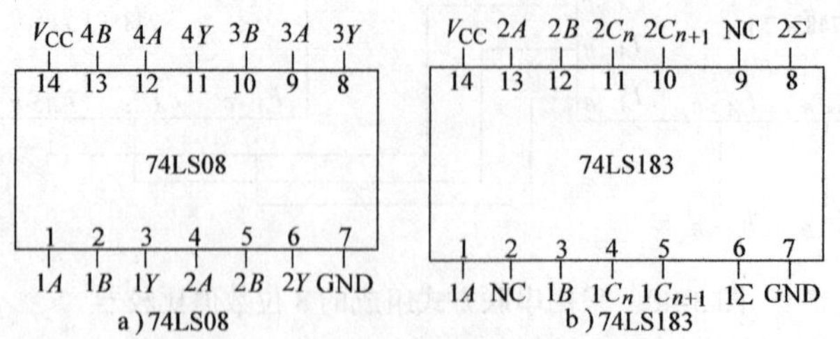

图 3-42　74LS08、74LS183 的引脚图

2）用74LS08、74LS86构成半加器的逻辑图如图3-43所示，按电路图正确接线，确认无误后按逻辑电路的要求改变输入端状态，按表3-26所列的半加器的逻辑功能测试表测试，并将测试结果填入表3-26中。

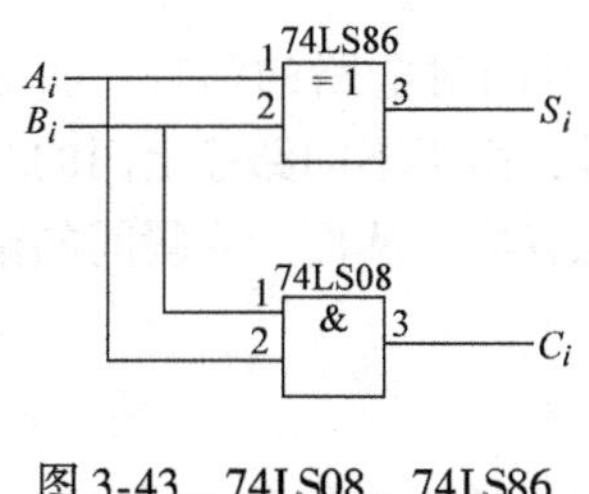

图3-43　74LS08、74LS86构成的半加器

表3-26　半加器的逻辑功能测试表

输　入		理论输出		实验输出	
A_i(被加数)	B_i(加数)	S_i(和)	C_i(进位)	S_i(和)	C_i(进位)
0	0				
0	1				
1	0				
1	1				

3）用74LS08、74LS86、74LS32构成全加器的逻辑图如图3-44所示，按电路图正确接线，确认无误后按逻辑电路的要求改变输入端状态，按表3-27所列的全加器的逻辑功能测试表测试，并将测试结果填入表3-27中。

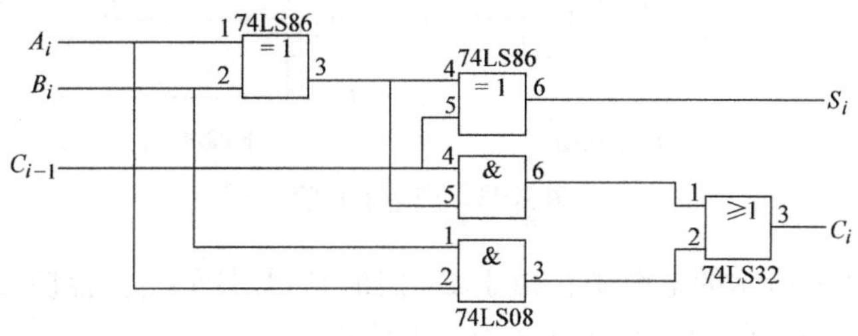

图3-44　74LS08、74LS86、74LS32构成的全加器

表3-27　全加器的逻辑功能测试表

输　入			实验输出		74LS183输出	
A_i(被加数)	B_i(加数)	C_{i-1}(进位)	S_i(和)	C_i(进位)	S_i(和)	C_i(进位)
0	0	0				
0	0	1				
0	1	0				
0	1	1				
1	0	0				
1	0	1				
1	1	0				
1	1	1				

4）集成全加器74LS183逻辑功能测试：按电路图正确接线，确认无误后按逻辑电路的要求输入端接逻辑开关，输出端接电平指示器，测试全加器的逻辑功能，并将测试结果填入表3-27中。

4. 实验报告要求

1）整理半加器、全加器的实验结果，总结逻辑功能。

2）对用74LS08、74LS86及74LS32构成的全加器与集成全加器74LS183进行功能比较。

3.5　组合逻辑电路中的竞争冒险现象

前面在分析和设计组合逻辑电路时，都没有考虑门电路延迟时间对电路的影响。实际上，当一个输入信号经过多条路径传送后又重新汇合到某个门上时，由于不同路径上门的级数不同，或者门电路延迟时间的差异，导致到达汇合点的时间有先有后，从而产生瞬间的错误输出，这一现象称为竞争冒险。

1. 产生竞争冒险的原因

在图3-45a所示的电路中，逻辑表达式为$L=A\overline{A}$，理想情况下，输出应恒等于0。但是由于D_1门的延迟时间t_{pd}，$\overline{A}$下降沿到达D_2门的时间比A信号上升沿晚1个t_{pd}，因此，使D_2输出端出现了一个正向窄脉冲，如图3-45b所示，通常称之为“1冒险”。

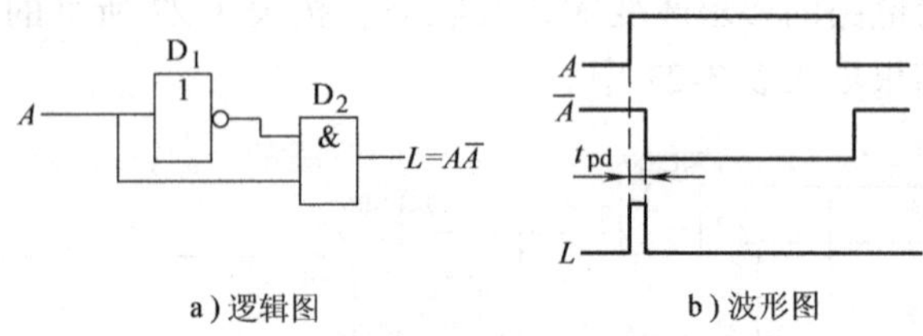

图3-45　产生1冒险

同理，在图3-46a所示的电路中，由于D_1门的延迟时间t_{pd}，会使D_2输出端出现一个负向窄脉冲，如图3-46b所示，通常称之为“0冒险”。

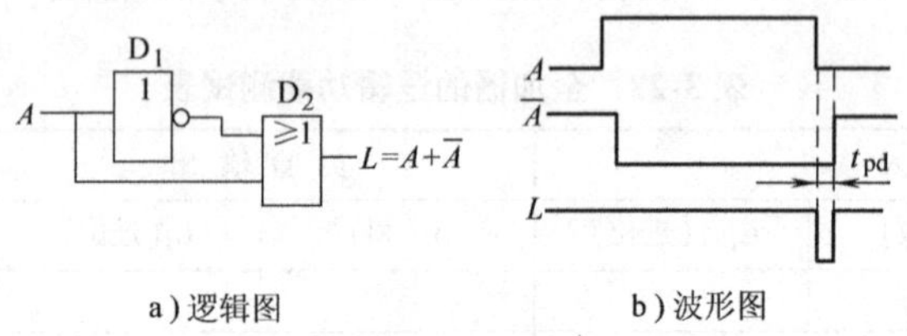

图3-46　产生0冒险

“0冒险”和“1冒险”统称冒险，是一种干扰脉冲，有可能引起后级电路的错误动作。产生冒险的原因是一个门(如D_2)的两个互补输入信号分别经过两条路径传输，由于延迟时间不同，所以到达的时间不同，这种现象称为竞争。

2. 竞争冒险的判断方法

可采用代数法来判断一个组合逻辑电路是否存在冒险，方法如下。

写出组合逻辑电路的逻辑函数表达式，当某些逻辑变量取特定值(0或1)时，若表达式能转换为

$L=A\overline{A}$　　则存在1冒险；

$L=A+\overline{A}$　　则存在0冒险。

例3-7　判断图3-47a所示电路是否存在冒险。如有，指出冒险类型，并画出输出波形。

解：写出逻辑函数表达式：$L = A\overline{C} + BC$

若输入变量 $A = B = 1$，则有 $L = C + \overline{C}$，因此，该电路存在0冒险。下面画出 $A = B = 1$ 时 L 的波形。在稳态下，无论 C 取何值，L 恒为1；但当 C 变化时，由于信号的各传输路径的延迟时间不同，将会出现如图3-47b所示的负向窄脉冲，即0冒险。

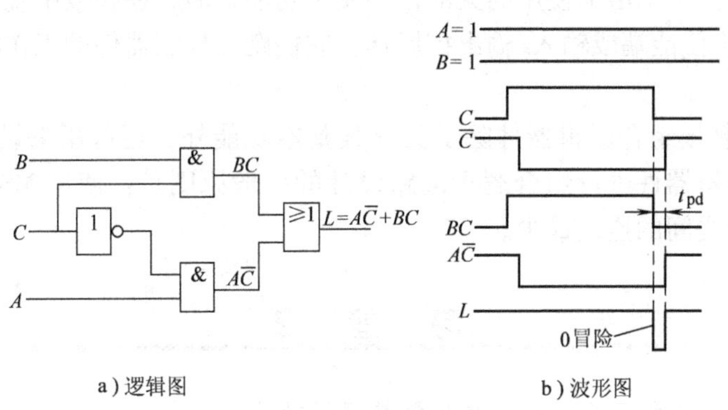

a）逻辑图　　b）波形图

图3-47　例3-7图

例3-8　判断逻辑函数 $L = (A + B)(\overline{B} + C)$ 是否存在冒险。

解：若令 $A = C = 0$，则有 $L = B\overline{B}$，因此，该电路存在1冒险。

3. 消除竞争冒险的方法

当组合逻辑电路存在冒险现象时，可以采取以下方法来消除冒险现象。

（1）增加冗余项　在例3-7的电路中，存在冒险现象。若在其逻辑函数表达式中增加乘积项 AB，使其变为 $L = A\overline{C} + BC + AB$，则原来产生冒险的条件 $A = B = 1$ 时，$L = 1$，不会产生冒险。这个逻辑函数增加了乘积项 AB 后，已不是“最简”，故将这种乘积项称为冗余项。

（2）变换逻辑函数表达式，消去互补变量　例3-8的逻辑函数表达式 $L = (A + B)(\overline{B} + C)$ 存在冒险现象。若将其变换为 $L = A\overline{B} + AC + BC$，则原来产生冒险的条件 $A = C = 0$ 时，$L = 0$，不会产生冒险。

（3）增加选通信号　在电路中增加一个选通脉冲，接到可能产生冒险的门电路的输入端。当输入信号转换完成，进入稳态后，才引入选通脉冲，将门打开。这样，输出就不会出现冒险脉冲。

（4）增加输出滤波电容　由于竞争冒险产生的干扰脉冲的宽度一般都很窄，在可能产生冒险的门电路输出端并接一个滤波电容(一般为4～20pF)，利用电容两端的电压不能突变的特性，使输出波形上升沿和下降沿都变得比较缓慢，从而起到消除冒险现象的作用。

本章小结

1）组合逻辑电路的特点是：电路任一时刻的输出状态只决定于该时刻各输入状态的组合，而与电路的原状态无关。组合逻辑电路由门电路组合而成，电路中没有记忆单元，没有反馈通路。

2）组合逻辑电路的分析步骤为：写出各输出端的逻辑函数表达式→化简和变换逻辑函

数表达式→列出真值表→确定功能。

3）组合逻辑电路的设计步骤为：根据设计要求列出真值表→写出逻辑函数表达式(或填写卡诺图)→逻辑化简和变换→画出逻辑图。

4）常用的中规模组合逻辑器件包括编码器、译码器、数据选择器、数据比较器、加法器和数值比较器等。为了增加使用的灵活性和便于功能扩展，在多数中规模组合逻辑器件中都设置了输入/输出使能端或输入/输出扩展端，它们既可控制器件的工作状态，又便于构成较复杂的逻辑系统。

5）常用的中规模组合逻辑器件除了具有其基本功能外，还可用来设计组合逻辑电路。应用中规模组合逻辑器件进行组合逻辑电路设计的一般原则是：使用 MSI 芯片的个数和品种型号最少，芯片之间的连线最少。

习　题　3

3-1　化简图 3-48 所示的电路，并分析其逻辑功能。

3-2　试分析图 3-49 所示组合逻辑电路的逻辑功能，并写出逻辑函数表达式。

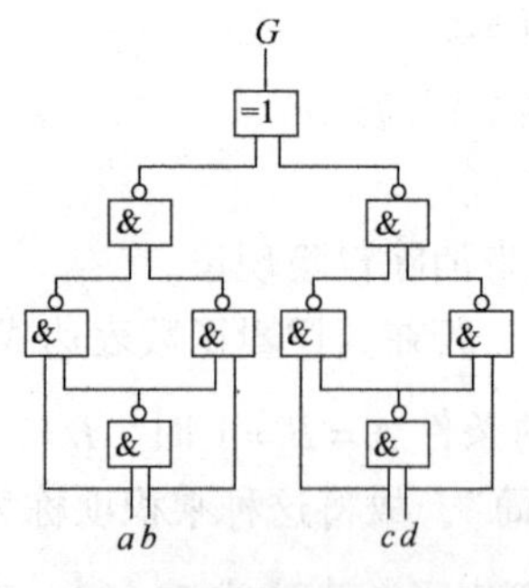

图 3-48　习题 3-1 图

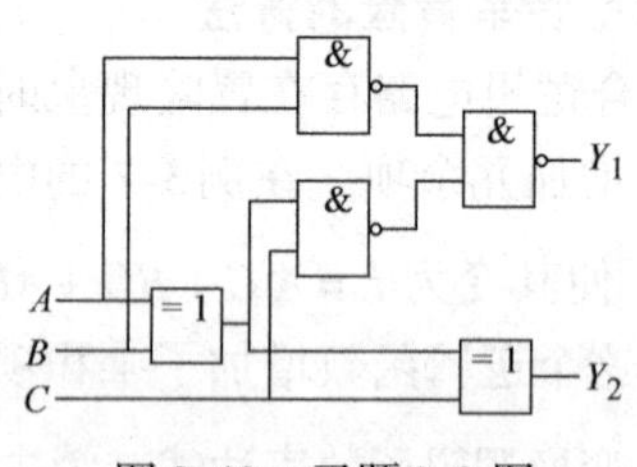

图 3-49　习题 3-2 图

3-3　分析图 3-50 所示电路的逻辑功能。

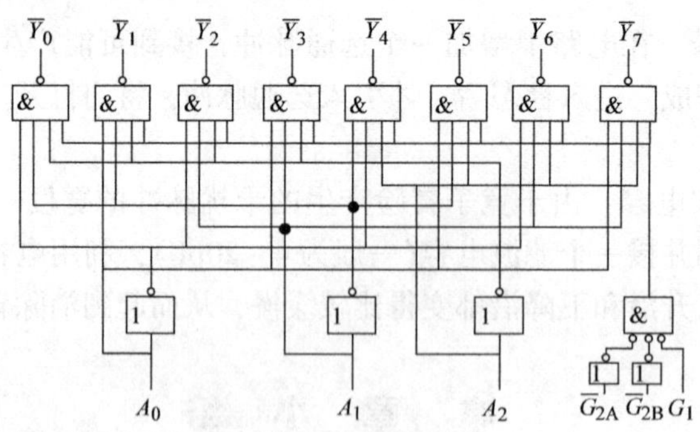

图 3-50　习题 3-3 图

3-4　设计一多数表决电路。要求 A、B、C 三人中只要有半数以上同意，表决就能通过。但 A 还具有否决权，即只要 A 不同意，即使多数人同意也不能通过(要求用最少的与非门实现)。

3-5　分别用与非门设计能实现下列功能的组合逻辑电路。

（1）三变量判奇电路

（2）四变量多数表决电路

（3）三变量一致电路(变量取值相同时输出为1,否则输出为0)

3-6　试用3线-8线译码器74LS138和门电路实现下列函数，并画出连线图。

（1）$Y_1 = AB + ABC$

（2）$Y_2 = B + C$

（3）$Y_3 = AB + AB$

3-7　某产品有A、B、C、D四项质量指标。规定：A必须满足要求，其他三项中只要有任意两项满足要求，产品算合格，否则为不合格。试设计组合逻辑电路以实现上述功能。

3-8　图3-51所示电路为双4选1数据选择器构成的组合逻辑电路，输入变量为A、B、C，输出函数为Z_1、Z_2，分析电路功能，试写出输出Z_1、Z_2的逻辑表达式。

3-9　8路数据选择器74LS151构成的电路如图3-52所示，A_2、A_1、A_0为数据输入端，根据图中对$D_0 \sim D_7$的设置，写出该电路所实现函数Y的表达式。

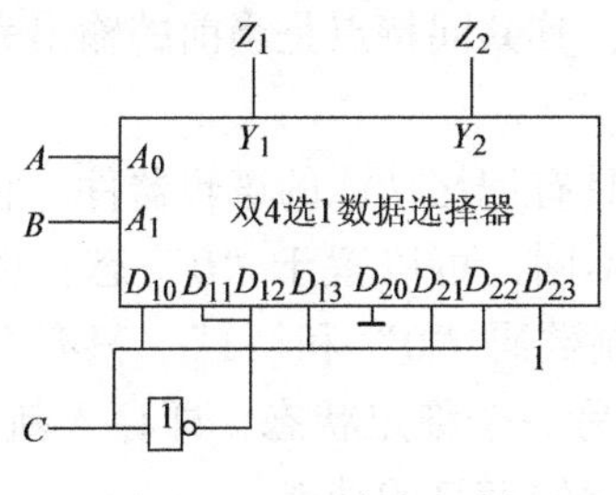

图3-51　习题3-8图

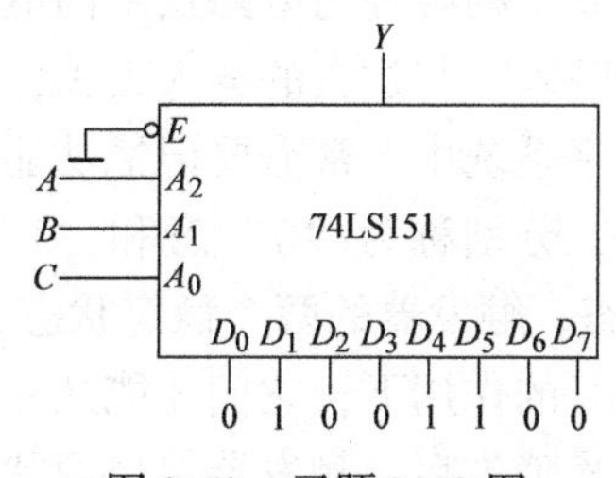

图3-52　习题3-9图

3-10　用4个全加器FA_0、FA_1、FA_2、FA_3组成的组合逻辑电路如图3-53所示，试分析该电路的功能。

3-11　试用4位数值比较器和必要的门电路设计一个判别电路。输入为一组8421BCD码$ABCD$，当$ABCD \geqslant 0101$时，判别电路输出为1，否则输出为0(此判别电路即所谓的四舍五入电路)。

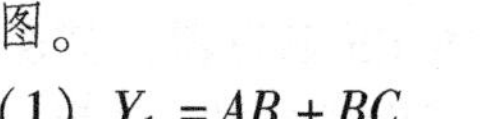

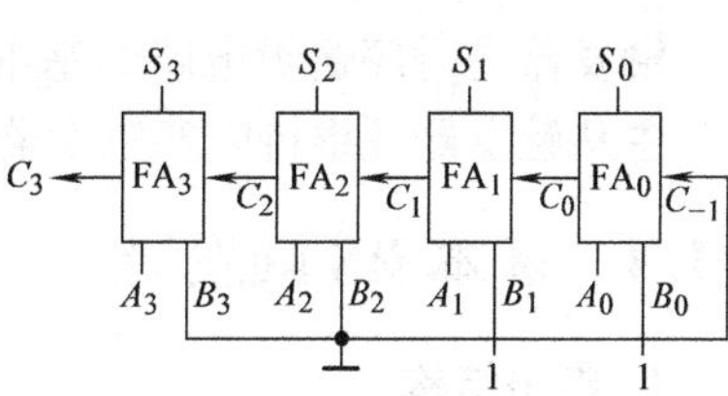

图3-53　习题3-10图

3-12　用4选1数据选择器实现下列函数，并画出接线图。

（1）$Y_1 = AB + BC$

（2）$Y_2 = B + AC$

（3）$Y_3(A,B,C) = \sum m(0,3,4,6)$

第4章 集成触发器

内容提要：

本章主要介绍基本 RS 触发器、同步 RS 触发器、主从 RS 触发器、主从 JK 触发器、边沿 JK 触发器、D 触发器和 T 触发器的逻辑功能；描述触发器逻辑功能的方法；触发器逻辑功能的转换等。

前面介绍的各种门电路及由门电路组成的组合电路，其共同特点是当前的输出完全取决于当前的输入，与过去的输入无关，它们没有记忆功能。

在数字系统中，常需要记忆功能。触发器就是一种具有记忆功能的逻辑器件，它有两个稳定状态，分别称为“0”态和“1”态。根据输入的不同，可以置于“0”态，也可以置于“1”态。触发器的两个稳定状态，可分别表示二进制数码“0”和“1”。只有在一定外界触发信号的作用下，它们才能从一个稳定状态翻转到另一个稳定状态，即存入新的数码。在输入信号消失后，触发器保持原状态不变，即它具有存储信息的功能。

4.1 触发器的基本电路

触发器是时序逻辑电路的基本单元。触发器种类很多，按电路的结构分为基本 RS 触发器、主从触发器及维持阻塞触发器等；按逻辑功能的差异分为 RS、JK、D 和 T 触发器等。

4.1.1 基本 RS 触发器

1. 电路结构

把两个与非门 D_1、D_2 的输入、输出端交叉连接，即可构成基本 RS 触发器，其逻辑电路和逻辑符号如图 4-1 所示。它有两个输入端 R、S(非号“ - ”表示低电平有效) 和两个输出端 Q、$\overline{Q}$。

2. 工作原理

触发器有两个稳定状态。Q^n 为触发器的原状态（现态），即触发信号输入前的状态；Q^{n+1} 为触发器的新状态（次态），即触发信号输入后的状态。

由图 4-1a 可知：

1）当 $\overline{R}=1$、$\overline{S}=0$ 时，无论 Q^n 为何种状态，$Q^{n+1}=1$。

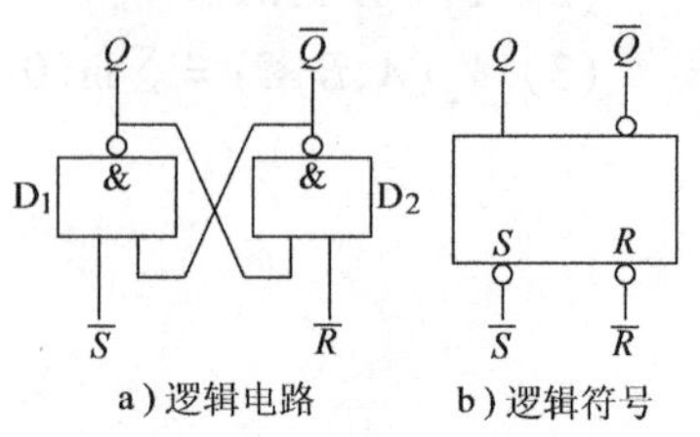

a）逻辑电路　b）逻辑符号

图 4-1　两个与非门组成的基本 RS 触发器

2）当 $\overline{R}=0$、$\overline{S}=1$ 时，无论 Q^n 为何种状态，$Q^{n+1}=0$。

如上所述，当触发器的两个输入端加入不同的逻辑电平时，它的两个输出端 Q 和 $\overline{Q}$ 有两种互补的稳定状态。当 $Q=1$、$\overline{Q}=0$ 时，称触发器处于“1”态，反之触发器处于“0”态。$\overline{R}=1$、$\overline{S}=0$ 时，使触发器置1，或称置位。因置位的决定条件是 $\overline{S}=0$，故称 $\overline{S}$ 端为置1端或置位端。$\overline{R}=0$、$\overline{S}=1$ 时，使触发器置0，或称复位。同理，称 $\overline{R}$ 端为置0端或复位端。若触发器原来为“1”态，欲使之变为“0”态，则必须令 $\overline{R}$ 端的电平由1变0，$\overline{S}$ 端的电平由0变1。这里所加的输入信号(低电平)称为触发信号，由它们导致的转换过程称为翻转。由于置0或置1都是触发信号低电平有效，因此，逻辑符号中 $\overline{S}$ 端和 $\overline{R}$ 端都画有小圆圈。

3）当 $\overline{R}=\overline{S}=1$ 时，触发器状态保持不变。

当输入端都加高电平时，触发器保持原状态不变。若原来是“0”态，则保持“0”态；若原来是“1”态，则保持“1”态。

4）当 $\overline{R}=\overline{S}=0$ 时，触发器状态不确定。

在此条件下，两个与非门的输出端 Q 和 $\overline{Q}$ 全为1，此状态破坏了 Q 与 $\overline{Q}$ 间的逻辑互补性，对于触发器来说是一种不正常状态，此后若两个输入信号都同时为1，由于两个与非门的延迟时间无法确定，触发器的状态不能确定是1还是0，因此称这种情况为不定状态，这种情况应当避免。从另外一个角度来说，正因为 $\overline{R}$ 端和 $\overline{S}$ 端完成置0、置1都是低电平有效，所以二者不能同时为0。

3. 功能描述

对触发器的功能描述可以采用状态转移真值表、特征方程、状态转换图以及波形图来描述。

（1）状态转移真值表　状态转移真值表是用表格的形式描述触发器在输入信号作用下，触发器的下一个稳定状态(次态)与触发器的原稳定状态(现态)和输入信号状态之间的关系。基本RS触发器的状态转移真值表见表4-1。

表4-1　基本RS触发器的状态转移真值表

R	S	Q^n	Q^{n+1}	逻辑功能
0	0	0	0	保持
		1	1	
0	1	0	1	置1
		1	1	
1	0	0	0	置0
		1	0	
1	1	0	×	不定
		1	×	

注意：后面真值表中的“×”表示任意状态，“ϕ”表示不定状态，“↓”表示高电平到低电平跳变，“↑”表示低电平到高电平跳变。在后面的真值表中出现时含义相同，不再解释。

（2）特征方程　特征方程是以逻辑函数表达式的形式来描述触发器的次态与现态和输入信号状态之间的关系。根据上述状态转移真值表，通过图4-2所示的卡诺图化简可得状态方程为

$$\begin{cases} Q^{n+1} = S + \overline{R}Q^n \\ SR = 0(\text{约束条件}) \end{cases}$$

（3）状态转换图　状态转换图是以图形的方式描述触发器的状态变化对输入信号的要求。图4-3所示是基本RS触发器的状态转换图。图中两个圆圈代表触发器的两个状态；箭头表示在触发器的输入信号作用下状态转移的方向；箭头线上标注的触发信号的取值表示状态转移的条件。

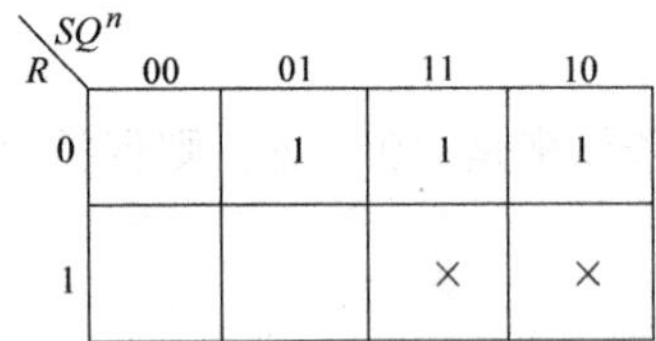

图4-2　基本RS触发器的卡诺图

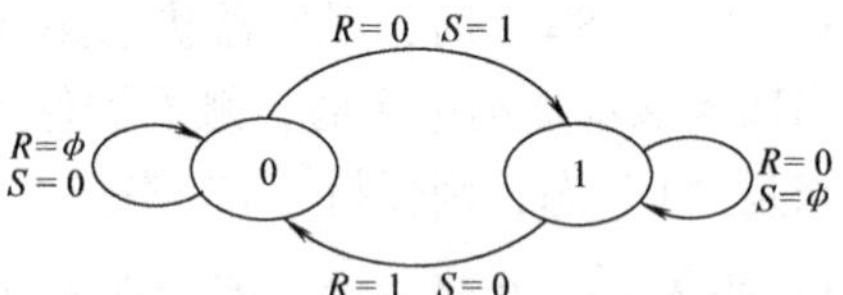

图4-3　基本RS触发器的状态转移图

（4）波形图(时序图)　波形图是以波形的形式描述触发器的状态与输入信号状态及时钟脉冲之间的关系，它是描述时序逻辑电路工作情况的一种基本方法。画波形图时，对应一个时刻，时刻以前为 Q^n，时刻以后为 Q^{n+1}，故波形图上只标 Q 与 $\overline{Q}$，因其有不定状态，所以 Q 与 $\overline{Q}$ 应同时画出。画波形图时应根据功能表来确定各个时间段 Q 与 $\overline{Q}$ 的状态。根据 $\overline{S}$、$\overline{R}$ 的波形可画出基本RS触发器的波形图，如图4-4所示。

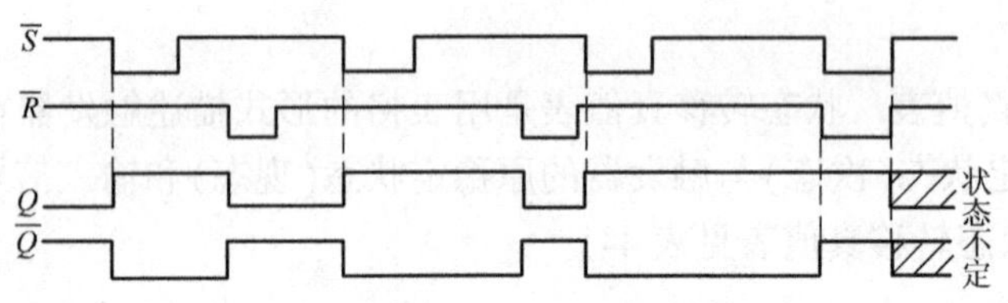

图4-4　基本RS触发器的波形图

4. 脉冲特性

（1）输入信号宽度　设触发器的初始状态为 $Q=0$、$\overline{Q}=1$，若 $\overline{R}=1$ 不变，$\overline{S}$ 由1变为0，则当 $\overline{S}$ 的下降沿到达后，经过门 D_1 的传输延迟时间 t_{pd}，Q 端变为高电平。这个高电平加到门 D_2 的输入端，再经过门 D_2 的传输延迟时间 t_{pd}，使 $\overline{Q}$ 变为低电平。当 $\overline{Q}$ 的低电平反馈到门 D_1 的输入端以后，即使 $\overline{S}=0$ 的信号消失(即 $\overline{S}$ 回到高电平)，触发器被置成 $Q=1$，状态也将保持下去。可见，为保证触发器可靠地翻转，必须等到 $\overline{Q}=0$ 的状态反馈到 D_1 的输入端以后，$\overline{S}=0$ 的信号才可以取消。因此，$\overline{S}$ 输入的低电平信号宽度 t_w 应满足 $t_w \geqslant 2t_{pd}$。同理，如果从 $\overline{R}$ 端输入置0信号，那么其宽度也必须大于等于 $2t_{pd}$。

（2）传输延迟时间　从输入信号到达起，到触发器输出端的新状态稳定建立起来为止，

所经过的这段时间称为触发器的传输延迟时间。从上面的分析已经可以看出，输出端从低电平变为高电平的传输延迟时间 t_{PLH} 和从高电平变为低电平的传输延迟时间 t_{PHL} 是不相等的，它们分别为

$$t_{PLH} = t_{pd} \qquad t_{PHL} = 2t_{pd}$$

5. 基本 RS 触发器的应用举例

例 4-1　运用基本 RS 触发器消除机械开关振动引起的干扰。

解：机械开关接通时，由于振动会使电压或电流波形产生“毛刺”，如图 4-5 所示。在电子电路中，一般不允许出现这种现象，因为这种干扰信号会导致电路工作故障。

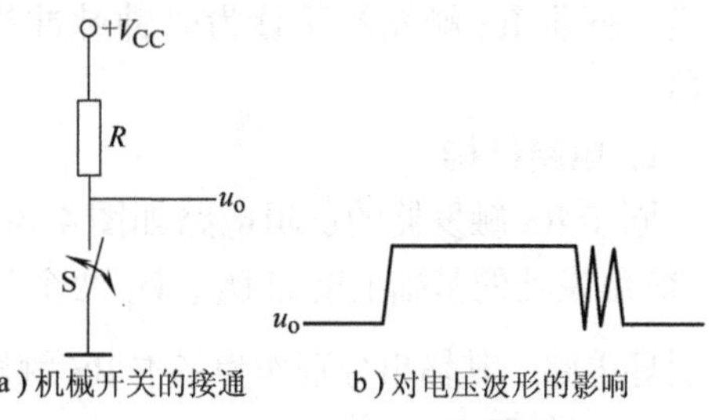

a）机械开关的接通　　b）对电压波形的影响

图 4-5　机械开关的工作情况

利用基本 RS 触发器的记忆功能可以消除上述机械开关振动所产生的影响，机械开关与触发器的连接方法如图 4-6a 所示。设单刀双掷开关原来与 B 点接通，这时触发器的状态为 0。当开关由 B 拨向 A 时，其中有一短暂的浮空时间，这时触发器的$\overline{R}$、$\overline{S}$均为 1，Q 仍为 0。开关与 A 接触时，A 点的电位由于振动而产生“毛刺”。但是，首先是 B 点已经成为高电平，A 点一旦出现低电平，触发器的状态翻转为 1，即使 A 点再出现高电平，也不会再改变触发器的状态，所以 Q 端的电压波形不会出现“毛刺”，如图 4-6b 所示。

此外，还可以用两个或非门的输入、输出端交叉连接构成基本 RS 触发器，其逻辑电路和逻辑符号如图 4-7 所示。这种触发器的触发信号是高电平有效，因此在逻辑符号的 S 端和 R 端没有小圆圈。

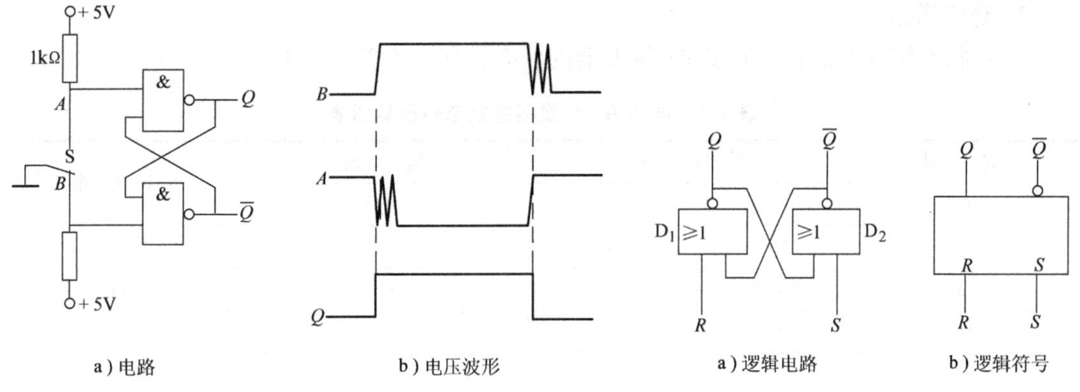

a）电路　　b）电压波形　　a）逻辑电路　　b）逻辑符号

图 4-6　利用基本 RS 触发器消除机械开关振动的影响　　图 4-7　两个或非门组成的基本 RS 触发器

综上所述，对基本 RS 触发器归纳为以下几点：

1）基本 RS 触发器具有置位、复位和保持(记忆)功能。

2）由与非门组成的基本 RS 触发器的触发信号是低电平有效，属于电平触发方式。

3）基本 RS 触发器存在约束条件($RS = 0$)；由于两个与非门的延迟时间无法确定，当$\overline{R} = \overline{S} = 0$时，将使下一状态无法确定。

4）当输入信号发生变化时，输出即刻就会发生相应的变化，即抗干扰性能较差。

4.1.2　同步 RS 触发器

前面介绍的基本 RS 触发器的触发翻转过程直接由输入信号控制，而实际上，常常要求系统中的各触发器在规定的时刻按各自输入信号所决定的状态同步触发翻转，这个时刻可由外加的时钟脉冲 CP 来决定。同步 RS 触发器又称为时钟脉冲控制的 RS 触发器。

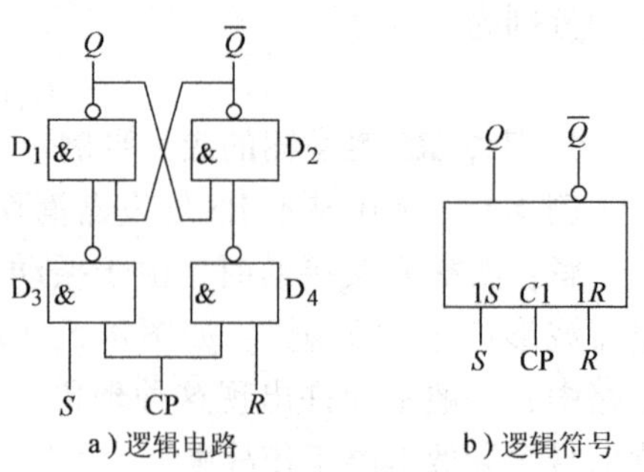

图 4-8　同步 RS 触发器

1. 电路结构

同步 RS 触发器的逻辑电路如图 4-8a 所示，在基本 RS 触发器的基础上增加 D_3、D_4 两个与非门构成触发引导电路，其输出分别作为基本 RS 触发器的 $\overline{R}$ 端和 $\overline{S}$ 端，图 4-8b 所示为其逻辑符号。

2. 工作原理

由图 4-8a 可知，D_3 和 D_4 同时受 CP 信号控制。当 CP 为 0 时，D_3 和 D_4 被封锁，两个与非门同时输出高电平，触发器保持原状态不变，R、S 不会影响触发器的状态；当 CP 为 1 时，D_3 和 D_4 打开，将 R、S 端的信号传送到基本 RS 触发器的输入端，触发器触发翻转。因此，可以得到以下结论：

① 当 CP = 0 时，D_3 的输出 Q_3 和 D_4 的输出 Q_4 都为 1，触发器保持原状态不变。

② 当 CP = 1 时，若 $R=0$、$S=1$，则 $Q_3=0$、$Q_4=1$，则触发器置 1；若 $R=1$、$S=0$，则 $Q_3=1$、$Q_4=0$，则触发器置 0；若 $R=S=0$，则 $Q_3=Q_4=1$，则触发器状态保持不变；若 $R=S=1$，则 $Q_3=Q_4=0$，则触发器状态不定。

3. 功能描述

（1）状态转移真值表　同步 RS 触发器的状态转移真值表见表 4-2。

表 4-2　同步 RS 触发器的状态转移真值表

时　钟	输　　入		输　出	逻 辑 功 能
CP	R	S	Q^{n+1}	
0	×	×	Q^n	保持
1	0	0	Q^n	保持
1	0	1	1	置 1
1	1	0	0	置 0
1	1	1	×	不定

（2）特征方程　根据状态转移真值表及卡诺图化简，可得到如下特征方程：

$$\begin{cases} Q^{n+1} = S + \overline{R}Q^n \\ SR = 0\text{（约束条件）} \end{cases}$$

（3）波形图　在 CP、R、S 信号的作用下，同步 RS 触发器的波形图如图 4-9 所示。图中假设同步 RS 触发器的初始状态为“0”态。

综上所述，对同步 RS 触发器归纳为以下几点：

1）同步 RS 触发器具有置位、复位和保持（记忆）功能。

2）同步 RS 触发器的触发信号是高电平有效，属于电平触发方式。

3）同步 RS 触发器存在约束条件，即当 $R=S=1$ 时将导致下一状态的不确定。

4）触发器的触发翻转被控制在一个时间间隔内，在此间隔以外的时间，其状态保持不变，抗干扰性有所提高。

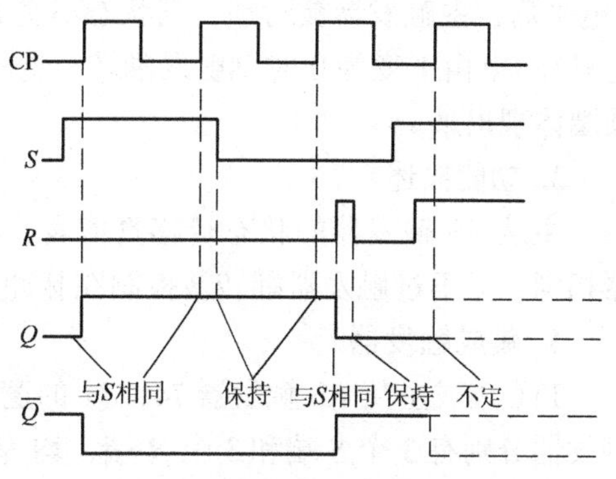

图 4-9　同步 RS 触发器的波形图

同步 RS 触发器解决了对触发器进行定时控制的问题，但在实际应用中，仍存在许多问题。其一，输入信号存在约束条件，R、S 不能同时为 1；其二，在 CP = 1 期间 R、S 的变化将引起触发器状态的变化，因此触发器的触发翻转只能控制在 CP = 1 时间间隔内，而不能控制在一个特定的时刻。下面将介绍触发器状态翻转能被控制在某一时刻进行的触发器。

4.2　主从触发器

4.2.1　主从 RS 触发器

主从 RS 触发器由两级触发器构成，其中一级接收输入信号，其状态直接由输入信号决定，称为主触发器；还有一级的输入与主触发器的输出连接，其状态由主触发器的状态决定，称为从触发器。

1. 电路结构

主从 RS 触发器由两个同步 RS 触发器组成，由 D_5、D_6、D_7、D_8 四个与非门组成主触发器，D_1、D_2、D_3、D_4 四个与非门组成从触发器，反相器使这两个触发器加上互补时钟脉冲。逻辑电路和逻辑符号如图 4-10 所示。

2. 工作原理

当 CP = 1 时，主触发器的输入门 D_7 和 D_8 打开，主触发器根据 R、S 的状态触发翻转；而对于从触发器，CP 经非门反相后加于它的输入门为逻辑 0 电平，D_3 和 D_4 封锁，其状态不受主触发器输出的影响，所以触发器的状态保持不变。

当 CP 由 1 变为 0 后，情况则相反，D_7 和 D_8 被封锁，输入信号 R、S 不影响主触发器的状态；而这时从触发器的 D_3 和 D_4 则打开，从触发器可以触发翻转。

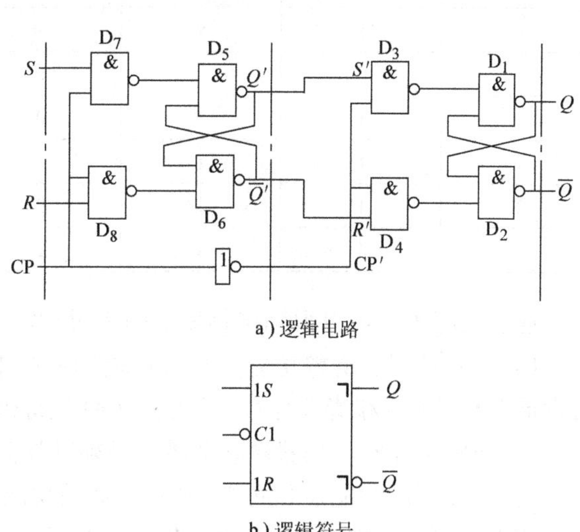

图 4-10　由两个同步 RS 触发器组成的主从 RS 触发器

从触发器的翻转是在 CP 由 1 变为 0 时刻（CP 的下降沿）发生的，CP 一旦达到

0 电平后，主触发器被封锁，其状态不受 R、S 的影响，故从触发器的状态不可能改变，即它只在 CP 由 1 变为 0 时刻触发翻转。这一层意思由图 4-10b 所示的逻辑符号框图左边的小圆圈体现出来。

3. 功能描述

主从 RS 触发器的状态转移真值表、状态转换图、特征方程及约束条件与同步 RS 触发器相同，只不过触发器翻转被控制在脉冲 CP 的下降沿，在作波形图时应加以区分。

4. 集成触发器

TTL 集成主从 RS 触发器 74LS71 的逻辑符号如图 4-11 所示，图 4-12 所示为其引脚图。触发器分别有 3 个 S 端和 3 个 R 端，均为与逻辑关系，即 $1R=R_1R_2R_3$、$1S=S_1S_2S_3$。使用中如有多余的输入端，要将它们接至高电平。触发器带有清零端(置 0)R_D 和预置端(置 1)S_D，它们的有效电平为低电平。74LS71 的逻辑功能表见表 4-3。

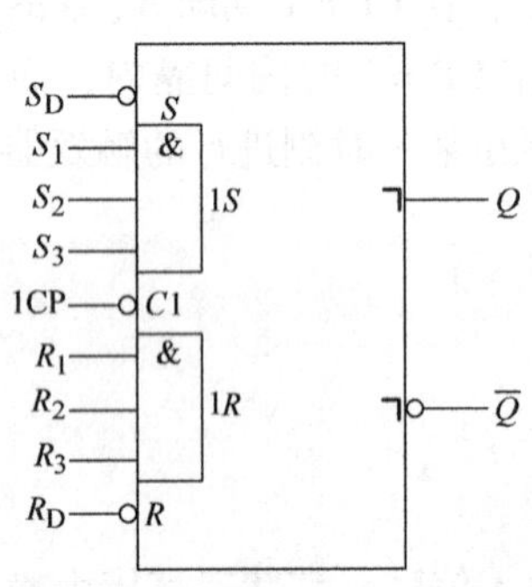

图 4-11 集成主从 RS 触发器 74LS71 的逻辑符号

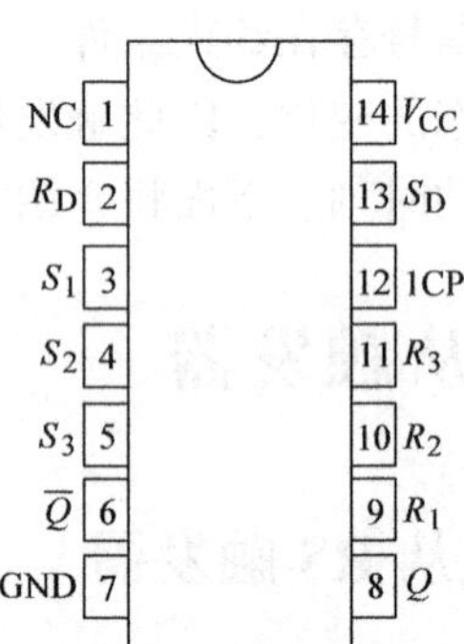

图 4-12 集成主从 RS 触发器 74LS71 的引脚图

表 4-3 集成主从 RS 触发器 74LS71 的逻辑功能表

输入					输出	
预置 S_D	清零 R_D	时钟 CP	1S	1R	Q	$\overline{Q}$
0	1	×	×	×	1	0
1	0	×	×	×	0	1
1	1	↓	0	0	Q^n	$\overline{Q^n}$
1	1	↓	1	0	1	0
1	1	↓	0	1	0	1
1	1	↓	1	1	ϕ	ϕ

通过功能表，可以得到该触发器的逻辑功能：

1）具有预置、清零功能。当预置端加低电平、清零端加高电平时，触发器置 1，反之触发器置 0。预置和清零与 CP 无关，这种方式称为直接预置和直接清零。

2）正常工作时，预置端和清零端必须都加高电平，且要输入时钟脉冲。

3）触发器的功能表和同步 RS 触发器的功能表一致。

综上所述，对主从 RS 触发器归纳为以下几点：

1）主从 RS 触发器具有置位、复位和保持(记忆)功能。

2）由两个受互补时钟脉冲控制的主触发器和从触发器组成，二者轮流工作，主触发器的状态决定从触发器的状态，属于脉冲触发方式，触发翻转只在时钟脉冲的下降沿发生。

3）主从 RS 触发器存在约束条件，即当 $R=S=1$ 时将导致下一状态的不确定。

4.2.2　主从 JK 触发器

1. 电路结构

主从 JK 触发器是在主从 RS 触发器的基础上加上适当连线构成的。主从 RS 触发器的 Q 端接至 R，$\overline{Q}$ 端接至 S，并增加 J、K 输入端，就构成主从 JK 触发器。主从 JK 触发器的逻辑电路如图 4-13 所示，逻辑符号如图 4-14 所示。

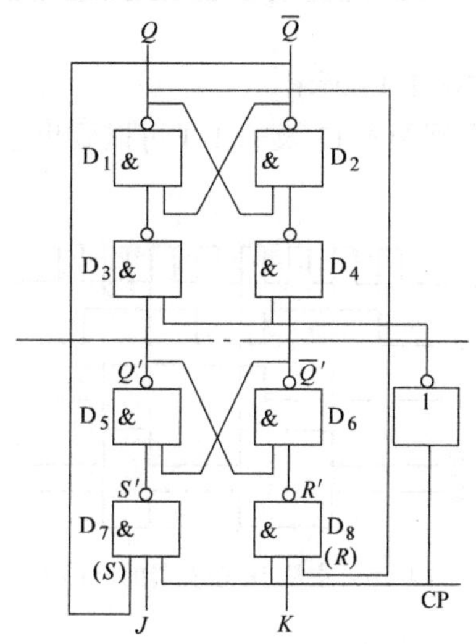

图 4-13　主从 JK 触发器的逻辑电路

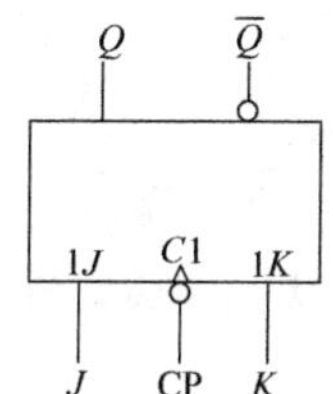

图 4-14　主从 JK 触发器的逻辑符号

2. 工作原理

当 CP=1 时，从触发器被封锁，状态保持不变。主触发器分别接受 J、K 信号，并分别与 Q、$\overline{Q}$ 的状态相与，共同决定主触发器的输出状态；当 CP 下降沿到来时，从触发器按主触发器的输出状态改变状态；当 CP=0 时，主触发器被封锁，主触发器和从触发器都将保持原态不变。

由图 4-13 所示电路可得到 $S=J\overline{Q}^n$、$R=KQ^n$。代入主从 RS 触发器的特征方程得到：

$$Q^{n+1}=J\overline{Q}^n+\overline{K}Q^n$$

当 $J=1$、$K=0$ 时，$Q^{n+1}=1$；　　当 $J=0$、$K=1$ 时，$Q^{n+1}=0$；

当 $J=K=0$ 时，$Q^{n+1}=Q^n$；　　当 $J=K=1$ 时，$Q^{n+1}=\overline{Q}^n$。

由上述分析可以看出，主从 JK 触发器不存在约束条件。在 $J=K=1$ 时，每输入一个时钟脉冲，触发器翻转一次。触发器的这种工作状态称为计数状态，由触发器翻转的次数可以计算出输入时钟脉冲的个数。

3. 功能描述

（1）特征方程　　$Q^{n+1}=J\overline{Q}^n+\overline{K}Q^n$

（2）状态转移真值表　主从 JK 触发器的状态转移真值表见表 4-4。

表 4-4　主从 JK 触发器的状态转移真值表

J	K	Q^n	Q^{n+1}		说　明
0	0	0	0	Q^n	保持
0	0	1	1		
0	1	0	0	0	置 0
0	1	1	0		
1	0	0	1	1	置 1
1	0	1	1		
1	1	0	1	$\overline{Q}^n$	翻转
1	1	1	0		

（3）状态转换图　主从 JK 触发器的状态转换图如图 4-15 所示。

（4）波形图　若已知 CP、J、K 信号的波形，则根据图 4-13 及表 4-4 可以画出主从 JK 触发器输出端的波形，如图 4-16 所示。

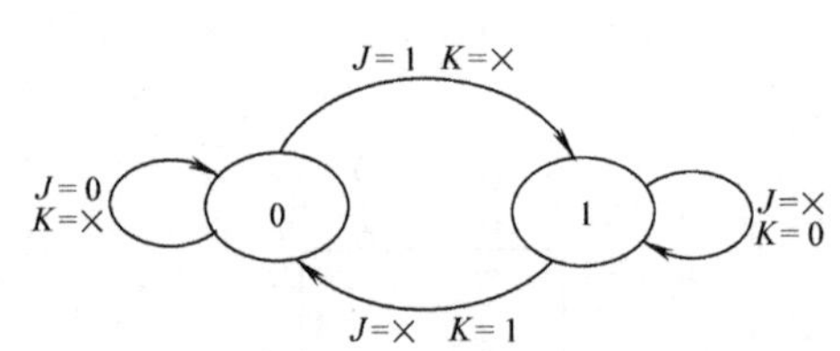

图 4-15　主从 JK 触发器的状态转换图

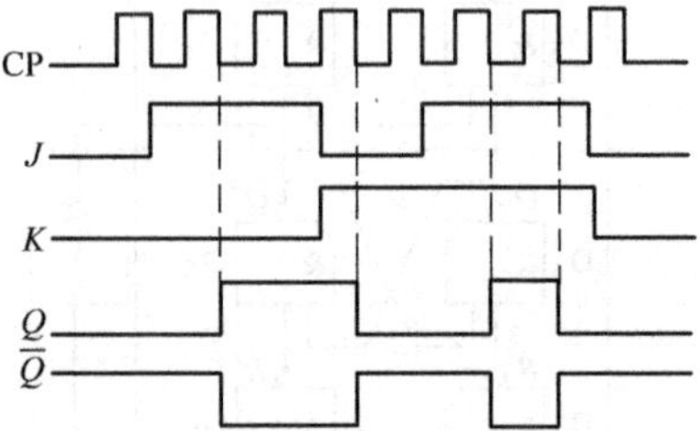

图 4-16　主从 JK 触发器的波形图

4. 举例

例 4-2　设主从 JK 触发器的时钟脉冲 CP 和 J、K 信号的波形如图 4-17 所示，画出输出端 Q 的波形(设触发器的初始状态为0)。

解：根据表 4-4 及图 4-13 可画出 Q 端的波形，如图 4-17 所示。由图可看出，在第 1、2 个 CP 脉冲作用期间，J、K 均为 1，每输入一个脉冲，Q 端的状态就改变一次，这时 Q 端的方波频率是时钟脉冲频率的二分之一。若以 CP 端为输入，Q 端为输出，则该触发器就可作为二分频电路，两个这样的触发器串联就可获得四分频电路，其余依此类推。

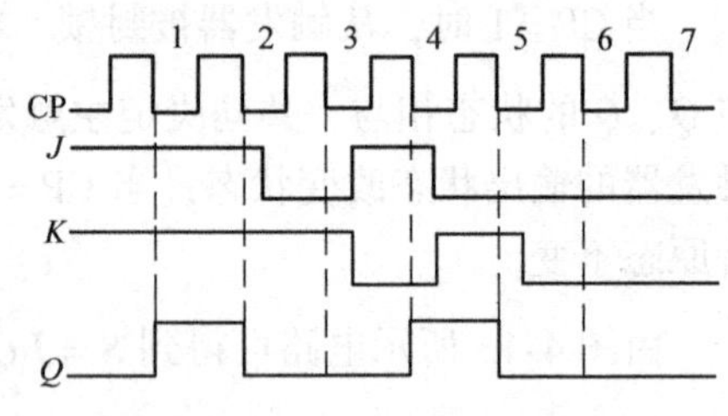

图 4-17　例 4-2 的波形图

5. 脉冲工作特性

建立时间：是指输入信号应先于 CP 信号到达的时间，用 t_{set} 表示。J、K 信号只要不迟于 CP 信号到达即可，因此有 $t_{set} \geqslant 0$。

保持时间：为保证触发器可靠翻转，输入信号需要保持一定的时间。保持时间用 t_H 表示。若要求 CP = 1 期间 J、K 的状态保持不变，而 CP = 1 的时间为 t_{WH}，则应满足：$t_H \geqslant t_{WH}$。

传输延迟时间：若将从 CP 下降沿开始到输出端新状态稳定建立起来的这段时间定义为

传输时间，则有 $t_{PLH}=3t_{pd}$，$t_{PHL}=4t_{pd}$。

最高时钟频率：时钟信号的最小周期为 $T_{c(min)}\geqslant 6t_{pd}$，最高时钟频率 $f_{c(max)}\leqslant 1/6t_{pd}$。

综上所述，对主从 JK 触发器归纳为以下几点：

1）主从 JK 触发器具有置位、复位、保持(记忆)和计数功能。

2）主从 JK 触发器属于脉冲触发方式，触发翻转只在时钟脉冲的下降沿发生。

3）不存在约束条件，但存在一次翻转现象。

产生一次翻转的原因是在 CP = 1 期间，主触发器一直在接收数据，但主触发器在某些条件下($Q=0$、CP = 1 期间 J 端出现上升沿干扰或 $Q=1$、CP = 1 期间 K 端出现上升沿干扰)，不能完全随输入信号的变化而发生相应的变化，以致影响从触发器状态与输入信号状态的不对应。

4.3　边沿触发器

采用主从触发器可以克服同步触发器的空翻现象，但主从触发器存在一次翻转现象，这就降低了其抗干扰能力。边沿触发器仅在时钟 CP 的上升沿或下降沿时刻才对输入信号响应，这样大大提高了触发器的抗干扰能力。边沿触发器有 CP 上升沿(前沿)触发和 CP 下降沿(后沿)触发两种形式。

4.3.1　边沿 JK 触发器

1. 电路结构

边沿 JK 触发器采用与或非电路结构，属于下降沿触发，其逻辑电路和逻辑符号如图4-18所示。

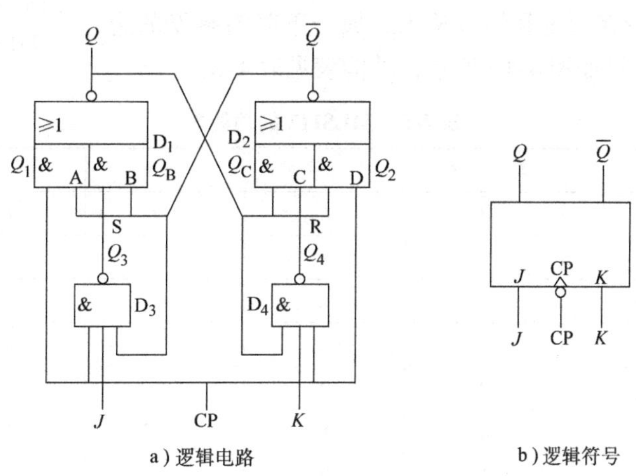

a) 逻辑电路　　　　b) 逻辑符号

图 4-18　下降沿 JK 触发器

2. 工作原理

与非门 D_3、D_4 的平均延迟时间比与或非门 D_1、D_2 构成的基本触发器的平均延迟时间要长。D_A、D_D 门的输出分别是 Q_1 和 Q_2。

CP = 0 时，D_3、D_4 门及 D_A、D_D 门被封锁，$Q_3=Q_4=1$，$Q_1=Q_2=0$，触发器输出状态保持不变。

CP 由 0 变 1 时，由于与非门 D_3、D_4 的平均延迟时间比与或非门 D_1、D_2 构成的基本触发器的平均延迟时间要长，D_A、D_D 门先打开，此时 $Q_3=Q_4=1$，CP = 1，所以 Q 依然不变，触发器不翻转，为接受输入信号做准备。

CP = 1 时，虽然 D_3、D_4 门及 D_A、D_D 门均被打开，但由于

$Q_1=\overline{Q}^n$，$Q_2=Q^n$

$$Q_B=\overline{Q}^n\cdot Q_3=\overline{Q}^n\cdot\overline{J\overline{Q}^n}=\overline{J}\cdot\overline{Q}^n$$

$$Q_C=Q^nQ_4=Q^n\cdot\overline{KQ^n}=\overline{K}Q^n$$

$$Q^{n+1}=\overline{Q_1+Q_B}=\overline{\overline{Q}^n+\overline{J}\,\overline{Q}^n}=Q^n$$

$$\overline{Q}^{n+1}=\overline{Q_2+Q_C}=\overline{Q^n+\overline{K}Q^n}=\overline{Q}^n$$

所以 J、K 信号不起作用。

CP 由 1 变 0 时触发翻转，由于与非门 D_3、D_4 延时，使 D_A、D_D 门先被封锁，Q_3、Q_4 状态要保持一个 t_{pd}，在这极短的时间内，基本 RS 触发器状态变化，触发器状态翻转。

3. 功能描述

边沿 JK 触发器的状态转移真值表、特征方程、状态转换图及波形图与主从 JK 触发器的完全一致，只不过在画波形图时，不用考虑一次翻转现象。

4. 集成触发器

74LS112 为双下降沿 JK 触发器，该触发器内含两个相同的 JK 触发器，它们都带有预置和清零输入，属于下降沿触发的边沿触发器，其逻辑符号如图 4-19 所示，功能表见表 4-5。

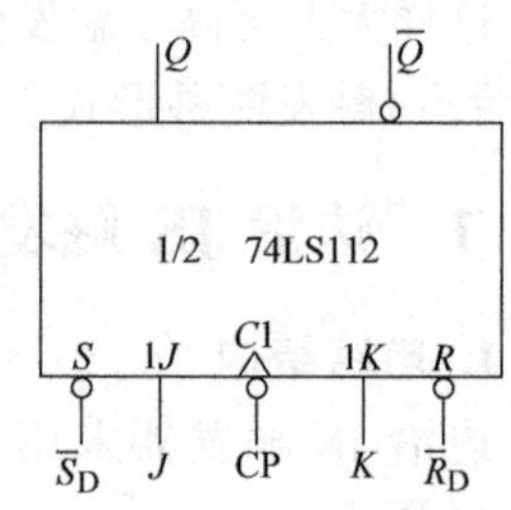

图 4-19 集成 JK 触发器 74LS112 的逻辑符号

表 4-5 74LS112 的功能表

输入					输出	
R_D	S_D	J	K	CP	Q	$\overline{Q}$
0	1	×	×	×	0	1
1	0	×	×	×	1	0
0	0	×	×	×	1	1
1	1	0	0	↓	Q^n	
1	1	0	1	↓	0	1
1	1	1	0	↓	1	0
1	1	1	1	↓	$\overline{Q}^n$	

综上所述，对边沿 JK 触发器归纳为以下几点：

1）边沿 JK 触发器具有置位、复位、保持(记忆)和计数功能。

2）边沿 JK 触发器属于脉冲触发方式，触发翻转只在时钟脉冲的下降沿发生。

3）由于接收输入信号的工作在 CP 下降沿前完成，在下降沿触发翻转，在下降沿后触发器被封锁，所以不存在一次翻转的现象，抗干扰性能好，工作速度快。

4.3.2　维持阻塞 D 触发器

1. 电路结构

维持阻塞 D 触发器也称边沿 D 触发器，其逻辑电路和逻辑符号如图 4-20 所示，该触发器由 6 个与非门组成，其中 D_1 和 D_2 构成基本 RS 触发器。

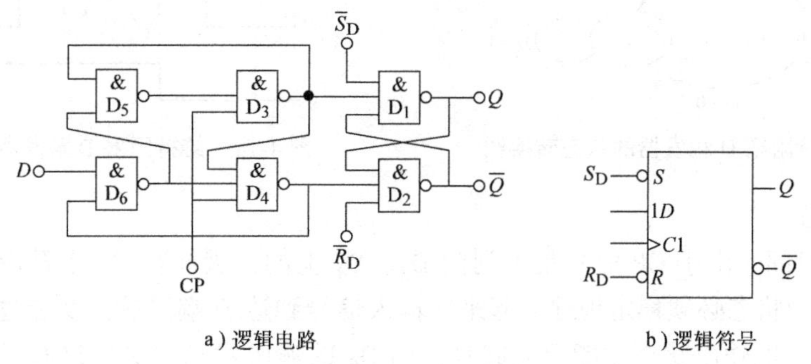

a）逻辑电路　　b）逻辑符号

图 4-20　维持阻塞 D 触发器

2. 工作原理

（1）$D=0$　当 CP = 0 时，D_3、D_4、D_6 的输出均为 1，D_5 的输出为 0，触发器的状态不变。当 CP 从 0 上跳为 1，即 CP = 1 时，D_3、D_5、D_6 的输出不变，D_4 的输出由 1 变为 0，使触发器置 0。D_4 门输出的低电平，一方面使基本 RS 触发器置 0，另一方面封锁 D_6 门，保证其输出为 1，从而在 CP = 1 期间维持 D_4 门输出低电平。显然 D_4 门的低电平信号送入到 D_6 门后，无论 D 如何变化，对触发器的“0”态没有影响。

（2）$D=1$　当 CP = 0 时，D_3 和 D_4 的输出为 1，D_6 的输出为 0，D_5 的输出为 1，触发器的状态不变。当 CP = 1 时，D_3 的输出由 1 变为 0，使触发器置 1。D_3 门输出的低电平，一方面使基本 RS 触发器置 1，另一方面封锁 D_4、D_5 门，封锁 D_4 门保证其输出为 1，封锁 D_5 门在 CP = 1 期间维持 D_3 门输出低电平。显然 D_3 门的低电平信号送到 D_4、D_5 门的输入端后，D 的变化对触发器的“1”态没有影响。

维持阻塞 D 触发器具有在时钟脉冲上升沿触发的特点，其逻辑功能为：输出端 Q 的状态随着输入端 D 的状态而变化，但总比输入端状态的变化晚一步，即某个时钟脉冲来到之后 Q 的状态和该脉冲来到之前 D 的状态一致。

3. 功能描述

（1）状态转移真值表　维持阻塞 D 触发器的状态转移真值表见表 4-6。

表 4-6　维持阻塞 D 触发器的状态转移真值表

D	Q^n	Q^{n+1}	说明
0	0	0	输出状态与 D 端状态相同
0	1	0	
1	0	1	
1	1	1	

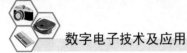

（2）特征方程　　$Q^{n+1}=D$

（3）状态转换图　维持阻塞D触发器的状态转换图如图4-21所示。

（4）波形图　维持阻塞D触发器的波形图如图4-22所示。

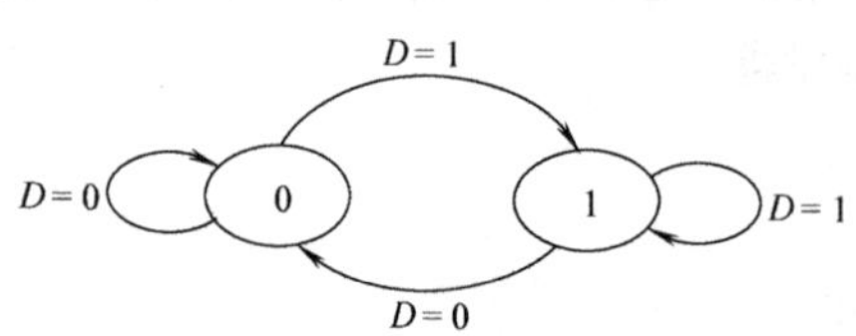

图4-21　维持阻塞D触发器的状态转换图

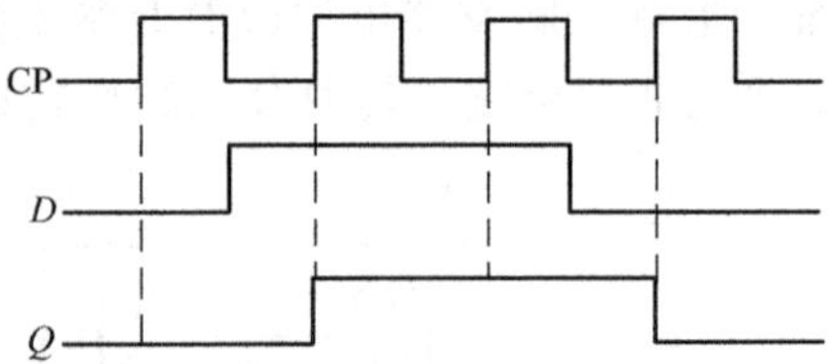

图4-22　维持阻塞D触发器的波形图

4. 脉冲特性

（1）建立时间　由于CP信号是加到门D_3、D_4上的，因而在CP上升沿到达之前，门D_5、D_6输出端的状态必须稳定地建立起来。输入信号到达D端以后，要经过一级门电路的传输延迟时间D_5的输出状态才能建立起来，而D_6的输出状态需要经过两级门电路的传输延迟时间才能建立，因此D端的输入信号必须先于CP的上升沿到达，而且建立时间应满足：$t_{set} \geqslant 2t_{pd}$。

（2）保持时间　为实现边沿触发，应保证CP=1期间门D_6的输出状态不变，不受D端状态变化的影响。为此，在$D=0$的情况下，当CP上升沿到达以后还要等门D_4输出的低电平返回到门D_6的输入端以后，D端的低电平才允许改变。因此输入低电平信号的保持时间为$t_{HL} \geqslant t_{pd}$。在$D=1$的情况下，由于CP上升沿到达后D_3的输出将D_4封锁，所以不要求输入信号继续保持不变，故输入高电平信号的保持时间为$t_{HH}=0$。

（3）传输延迟时间　从CP上升沿到达时开始计算，输出由高电平变为低电平的传输延迟时间t_{PHL}和由低电平变为高电平的传输延迟时间t_{PLH}分别是：$t_{PHL}=3t_{pd}$，$t_{PLH}=2t_{pd}$。

（4）最高时钟频率　为保证由门$D_1 \sim D_4$组成的同步RS触发器能可靠地翻转，CP高电平的持续时间应大于t_{PHL}，所以时钟信号高电平的宽度t_{WH}应大于t_{PHL}。而为了在下一个CP上升沿到达之前确保门D_5和D_6新的输出电平得以稳定地建立，CP低电平的持续时间不应小于门D_4的传输延迟时间t_{pd}和t_{set}之和，即时钟信号低电平的宽度$t_{WL} \geqslant t_{set}+t_{pd}$，因此得到：

$$f_{c(max)}=\frac{1}{t_{WH}+t_{WL}} \leqslant \frac{1}{t_{set}+t_{pd}+t_{PHL}}=\frac{1}{6t_{pd}}$$

最后说明一点，在实际集成触发器中，每个门传输延迟时间是不同的，上述进行了不同形式的简化，因此上面讨论的结果只是一些定性的物理概念，其真实参数由实验测定。

5. 集成D触发器

集成D触发器的定型产品种类比较多，这里介绍双D触发器74LS74。74LS74为双上升沿D触发器，引脚排列如图4-23所示，CP为时钟输入端；D为数据输入端；Q、$\overline{Q}$为互补输出端；$\overline{R}_D$为直接复位端，低电平有效；$\overline{S}_D$为直接置位端，低电平有效；$\overline{R}_D$和$\overline{S}_D$用来设置初始状态。74LS74的逻辑功能表见表4-7。

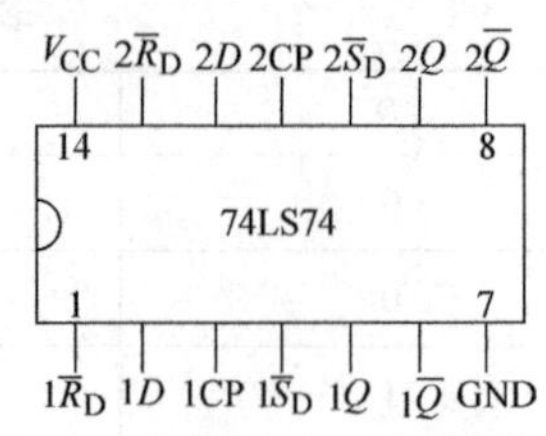

图4-23　74LS74的引脚排列图

表 4-7　双 D 触发器 74LS74 的逻辑功能表

输　入				输　出	
$\overline{S}_D$	$\overline{R}_D$	CP	D	Q^{n+1}	$\overline{Q}^{n+1}$
0	1	×	×	1	0
1	0	×	×	0	1
0	0	×	×	ϕ	不定
1	1	↑	1	1	0
1	1	↑	0	0	1
1	1	↓	×	Q^n	$\overline{Q}^n$

综上所述，对边沿 D 触发器归纳为以下几点：

1）边沿 D 触发器具有接收并记忆信号的功能，又称为锁存器。

2）边沿 D 触发器属于脉冲触发方式。

3）边沿 D 触发器不存在约束条件和一次翻转现象，抗干扰性能好，工作速度快。

实验 4.1　JK 触发器和 D 触发器逻辑功能测试

1. 实验目的

1）熟练掌握触发器的基本性质：两个稳态和触发翻转。

2）了解触发器的两种触发方式(脉冲电平触发和脉冲边沿触发)及其触发特点。

3）测试 JK 触发器、D 触发器的逻辑功能。

2. 实验设备与元器件

1）数字电子技术实验仪或实验箱。

2）双踪示波器。

3）连续脉冲源。

4）单次脉冲源。

5）74LS74(双上升沿 D 触发器)、74LS112(双下降沿 JK 触发器)。

3. 实验内容及步骤

(1) 双上升沿 D 触发器逻辑功能测试　双上升沿 D 触发器 74LS74 的引脚图如图 4-24a 所示。在数字电子技术实验仪的合适位置选取 14P 插座，按定位标记固定 74LS74 集成块，将$\overline{R}_D$、$\overline{S}_D$、D 端接逻辑电平输出插口，Q 端接逻辑电平显示器的输入插口。

1）分别在$\overline{S}_D$、$\overline{R}_D$ 端加低电平，观察并记录 Q、$\overline{Q}$ 端的状态。

2）令$\overline{S}_D$、$\overline{R}_D$ 端为高电平，D 端分别接高、低电平，用点动脉冲作为 CP，观察并记录：当 CP 为 0、↑、1、↓时，Q 端状态的变化；当 $\overline{S}_D=\overline{R}_D=1$、CP=0(或 CP=1)时，改变 D 端信号，观察 Q 端的状态是否变化。

3）整理上述实验数据，填入表 4-8 所示的功能测试表中。

4）令 $\overline{S}_D=\overline{R}_D=1$，将 D 和 $\overline{Q}$ 端相连，CP 端加连续脉冲，用双踪示波器观察并记录 Q 相对于 CP 的波形，波形如图 4-24b 所示。

表 4-8　双上升沿 D 触发器 74LS74 的功能测试表

$\overline{S}_D$	$\overline{R}_D$	CP	D	Q^n	Q^{n+1}
0	1	×	×	0	
				1	
1	0	×	×	0	
				1	
1	1	↑	0	0	
				1	
1	1	↑	1	0	
				1	
1	1	0　(1)	×	0	
				1	

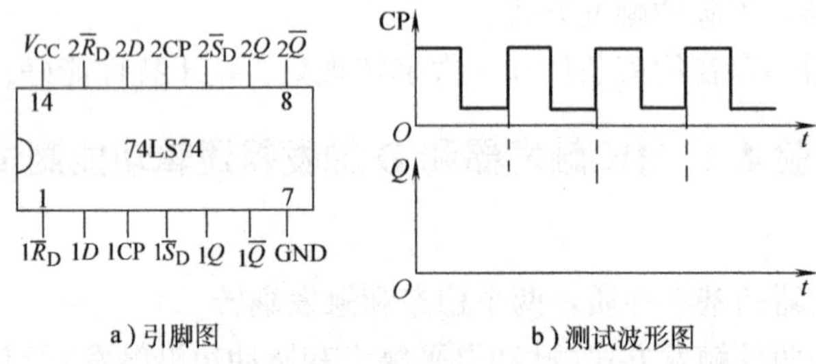

图 4-24　74LS74 的引脚图及测试波形图

(2) 双下降沿 JK 触发器功能测试　双下降沿 JK 触发器 74LS112 的引脚图如图 4-25a 所示，在数字电子技术实验仪的合适位置选取 14P 插座，按定位标记固定 74LS112 集成块，将 $\overline{R}_D$、$\overline{S}_D$、D 端接逻辑电平输出插口，Q 端接逻辑电平显示器的输入插口。

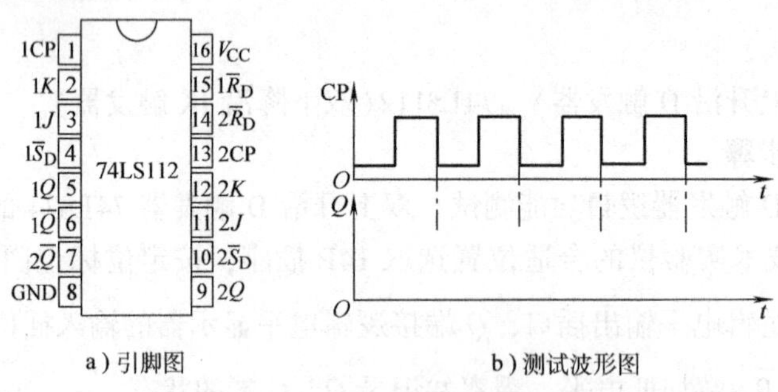

图 4-25　74LS112 的引脚图及测试波形图

1) 分别在 $\overline{S}_D$、$\overline{R}_D$ 端加低电平，观察并记录 Q、$\overline{Q}$ 端的状态。

2) 令 $\overline{S}_D$、$\overline{R}_D$ 端为高电平，J 端和 K 端分别加上高、低电平，用点动脉冲作为 CP，观察并记录当 CP 为 0、↑、1、↓时 Q 端状态的变化。

3) 整理上述实验数据，填入表 4-9 所示的功能测试表中。

4) 当 $\overline{S}_D=\overline{R}_D=1$，且 $J=K=1$ 时，CP 端加连续脉冲，用双踪示波器观察并记录 Q 相

对于 CP 的波形，波形如图 4-25b 所示。

表 4-9　双下降沿 JK 触发器 74LS112 的功能测试表

$\overline{S}_D$	$\overline{R}_D$	CP	J	K	Q^n	Q^{n+1}
0	1	×	×	×	×	
1	0	×	×	×	×	
1	1	↓	0	0	0	
					1	
1	1	↓	0	1	0	
					1	
1	1	↓	1	0	0	
					1	
1	1	↓	1	1	0	
					1	

4. 实验报告要求

1）按要求填写表格，完成波形。

2）写出各触发器的特性方程。

3）总结各类触发器的特点。

4.4　CMOS 触发器

前面介绍了 TTL 触发器，这一节将介绍另一种触发器——CMOS 触发器。CMOS 触发器是以传输门为基础的边沿触发器，其内部电路采用主从结构形式。

4.4.1　CMOS D 触发器

1. 电路结构

CMOS D 触发器的逻辑电路如图 4-26 所示，它是主从结构式触发器。主触发器是由传输门 TG_1、TG_2 和或非门 D_1、D_2 构成。从触发器是由传输门 TG_3、TG_4 和或非门 D_3、D_4 构成。两个反相器为输出门，图中 R_D、S_D 为异步置 0、置 1 输入端。如图中虚线所示，当 $R_D=1$，$S_D=0$时，实现异步置0；当 $R_D=0$，$S_D=1$ 时，实现异步置1，R_D、S_D 信号高电平有效。

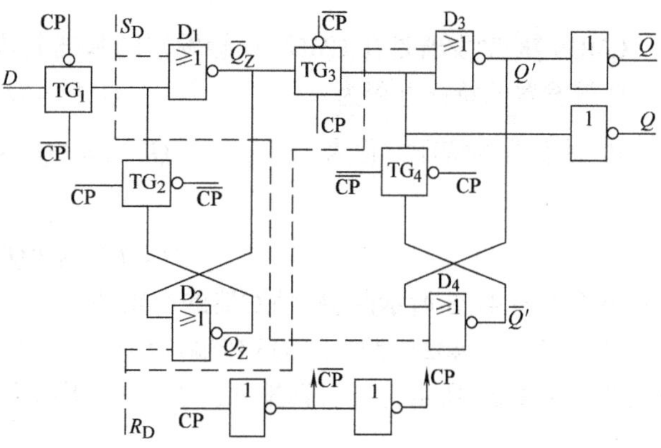

图 4-26　CMOS 传输门构成的 D 触发器

2. 工作原理

当 $CP=0$、$\overline{CP}=1$ 时，TG_1 导通，TG_2 关断，主触发器接收输入信号 D，使 $\overline{Q}_Z=\overline{D}$，$Q_Z=D$，主触发器状态转换。而这时 TG_3 关断，TG_4 导

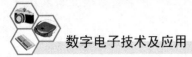

通，主从触发器间的信号被断开，从触发器保持原状态不变。

当 CP 由 0 跳变到 1 时，$\overline{CP}$由 1 跳变到 0，由于 CP = 1、$\overline{CP}$ = 0，传输门 TG_1 关断，TG_2 导通，D 信号加不进来，而或非门 D_1 和 D_2 形成交叉耦合，保持 CP 上升沿(前沿)时刻所接收的 D 信号，且在 CP = 1 期间主触发器状态一直保持不变。与此同时，传输门 TG_3 导通，TG_4 关断，从触发器和主触发器连通，接收主触发器这一时刻的状态，使 $Q' = Q_Z$、$\overline{Q}' = \overline{Q}_Z$，输出 $Q = Q_Z = D$，这一时刻触发器状态转换。

由以上分析可见，图 4-26 所示 D 触发器的状态转换发生在 CP 上升沿到达的时刻，且接收这一时刻的输入 D 信号，因此在 CP 上升沿时刻的特征方程为：$Q^{n+1} = D$。

S_D/R_D 异步置 1/置 0 使主触发器和从触发器同时异步置 1/置 0，和输入 D 信号及 CP 都无关。

3. 集成触发器

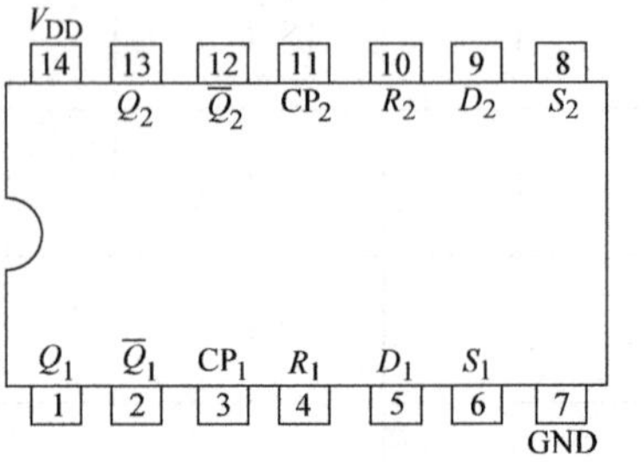

CMOS CC4013 双 D 触发器的逻辑功能与 TTL 74LS74 相同。引脚排列如图 4-27 所示，它的触发方式是上升沿触发，直接置位、复位端 S、R 高电平有效，触发器工作时应置 $R = S = 0$。表 4-10 所示为 CC4013 的功能表。

图 4-27　CC4013 引脚排列图

表 4-10　CC4013 的功能表

输　入				输　出	
S	R	CP	D	Q^{n+1}	$\overline{Q}^{n+1}$
1	0	×	×	1	0
0	1	×	×	0	1
1	1	×	×	ϕ	ϕ
0	0	↑	0	0	1
0	0	↑	1	1	0
0	0	↓	×	Q^n	$\overline{Q}^n$

4.4.2　CMOS JK 触发器

CMOS JK 触发器是在 CMOS D 触发器的基础上转换过来的，其逻辑转换过程如下：

D 触发器的特征方程为　$Q^{n+1} = D$

JK 触发器的特征方程为　$Q^{n+1} = J\overline{Q}^n + \overline{K}Q^n$

所以

$$D = J\overline{Q}^n + \overline{K}Q^n$$

由此可作出图 4-28 所示的 JK 触发器的逻辑图。

集成芯片 CC4027 是由 CMOS 传输门构成的边沿型 JK 触发器，它是上升沿触发的双 JK 触发器。图 4-29 所示为其引脚排列，表 4-11 所示为其功能表。

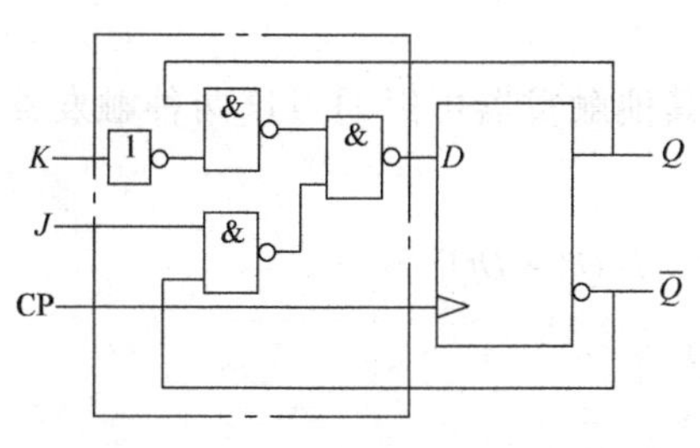

图 4-28　CMOS D 触发器转换为 CMOS JK 触发器

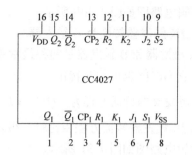

16 15 14 13 12 11 10 9
V_{DD} Q_2 $\overline{Q}_2$ CP_2 R_2 K_2 J_2 S_2
CC4027
Q_1 $\overline{Q}_1$ CP_1 R_1 K_1 J_1 S_1 V_{SS}
1 2 3 4 5 6 7 8

图 4-29　CC4027 引脚排列图

表 4-11　CC4027 功能表

输　入					输　出
S	R	CP	J	K	Q^{n+1}
1	0	×	×	×	1
0	1	×	×	×	0
1	1	×	×	×	ϕ
0	0	↑	0	0	Q^n
0	0	↑	1	0	1
0	0	↑	0	1	0
0	0	↑	1	1	$\overline{Q^n}$
0	0	↓	×	×	Q^n

4.5　触发器的逻辑转换

常用的触发器除 RS 触发器、D 触发器和 JK 触发器外，还有 T、T′触发器。T 触发器是一种受控计数触发器，其特征方程为 $Q^{n+1}=T\overline{Q^n}+\overline{T}Q^n$；T′触发器则是一种计数触发器，脉冲到来时就翻转，其特征方程为 $Q^{n+1}=\overline{Q^n}$。每一种触发器都有自己固定的逻辑功能，但可以通过转换的方法获得其他功能的触发器。

1. JK 触发器转换为 T、T′触发器

（1）JK 触发器转换为 T 触发器　JK 触发器的特征方程为 $Q^{n+1}=J\overline{Q^n}+\overline{K}Q^n$，T 触发器的特征方程为 $Q^{n+1}=T\overline{Q^n}+\overline{T}Q^n=T\oplus Q^n$

与 JK 触发器的特征方程比较，得：$\begin{cases}J=T\\K=T\end{cases}$

逻辑电路图如图 4-30a 所示。

（2）JK 触发器转换为 T′触发器　T′触发器的特征方程为 $Q^{n+1}=\overline{Q^n}$

变换 T′触发器的特征方程：$Q^{n+1}=\overline{Q^n}=1\cdot\overline{Q^n}+\overline{1}\cdot Q^n$

与 JK 触发器的特征方程比较，得：$\begin{cases}J=1\\K=1\end{cases}$

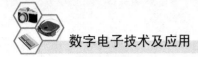

逻辑电路图如图 4-30b 所示。

2. JK 触发器转换为 D 触发器

JK 触发器和 D 触发器是两种最常用的触发器，其他触发器可以通过这两种触发器转化得到，它们之间也可相互转化。

D 触发器的特征方程为：$Q^{n+1}=D=D(Q^n+\overline{Q}^n)=D\overline{Q}^n+DQ^n$

与 JK 触发器特征方程相比较，得：$J=D$，$K=\overline{D}$

逻辑电路图如图 4-31 所示。

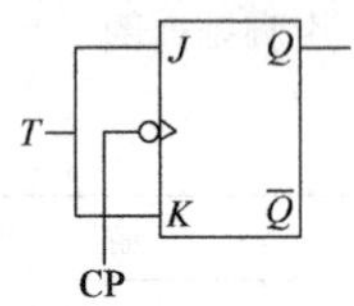

a）JK触发器转换为T触发器

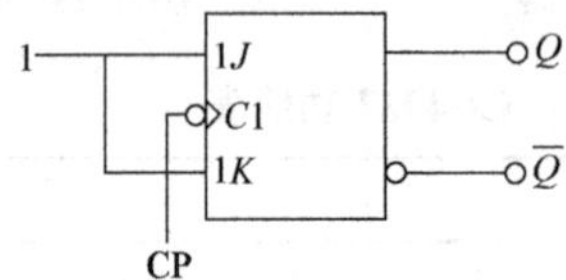

b）JK触发器转换为T′触发器

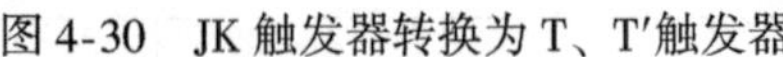

图 4-30　JK 触发器转换为 T、T′触发器

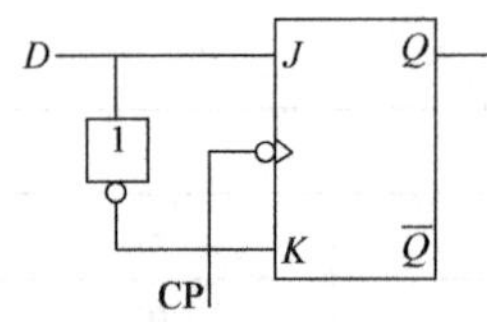

图 4-31　JK 触发器转换为 D 触发器

3. D 触发器转换为 T′触发器

D 触发器的特征方程为 $Q^{n+1}=D$，T′触发器的特征方程为 $Q^{n+1}=\overline{Q}^n$，比较上述两个特征方程得 $D=\overline{Q}^n$，逻辑电路图如图 4-32 所示。

4. D 触发器转换为 JK 触发器

JK 触发器的特征方程为 $Q^{n+1}=J\overline{Q}^n+\overline{K}Q^n$，D 触发器的特征方程为 $Q^{n+1}=D$，比较上述两个特征方程可得 $D=J\overline{Q}^n+\overline{K}Q^n$。

逻辑电路图如图 4-33 所示。

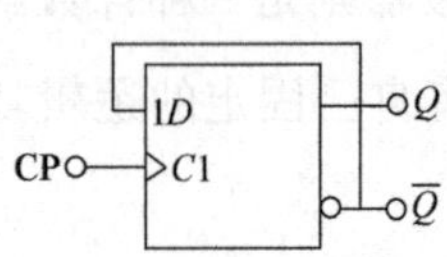

图 4-32　D 触发器转换为 T′触发器

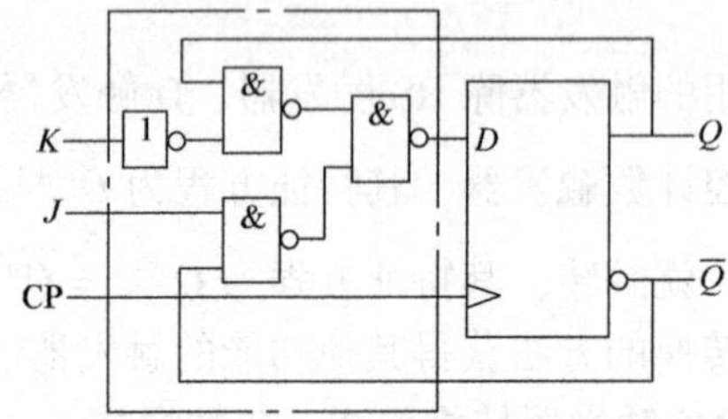

图 4-33　D 触发器转换为 JK 触发器

实验 4.2　触发器的逻辑转换

1. 实验目的

1）掌握各触发器的逻辑功能。

2）掌握触发器相互转换的方法。

2. 实验设备与元器件

1）数字电子技术实验仪或实验箱。

2）双踪示波器。

3）连续脉冲源。

4）单次脉冲源。

5）74LS112 双 JK 触发器（或 CC4027）、74LS00 四二输入与非门（或 CC4011）、74LS74 双 D 触发器（或 CC4013）、74LS86 四二输入异或门。

3. 实验内容及步骤

（1）JK 触发器转换为 T、T′触发器　74LS112 集成块的引脚图如图 4-34a 所示，在数字电子技术实验仪上选取一个 14P 插座，按定位标记固定集成块。按图 4-35a 接线，将 T 端接逻辑开关的输出插口，输出接逻辑电平显示器输入插口，CP 接单次脉冲，按表 4-12 所示功能测试表测试转换后 T 触发器的功能，将结果填入表中。按图 4-35b 接线，将 T 接高电平，按表 4-13 所示功能测试表测试转换后 T′触发器的功能，将结果填入表中。

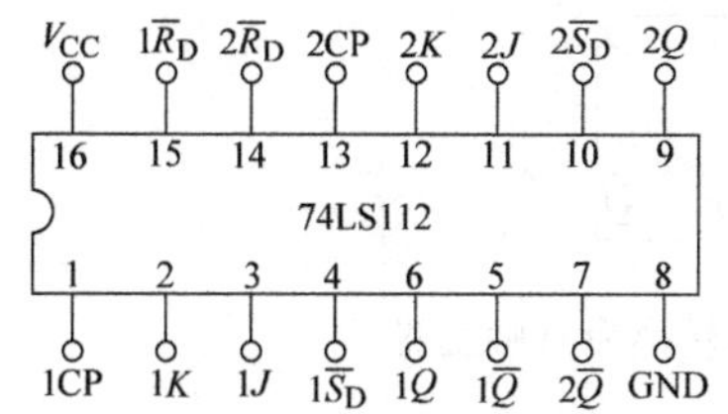

a）74LS112 的引脚图

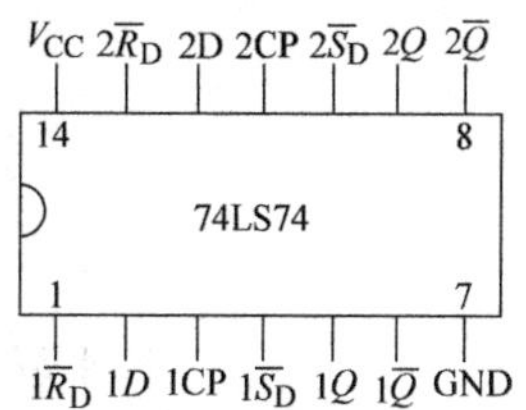

b）74LS74 的引脚图

图 4-34　集成块引脚图

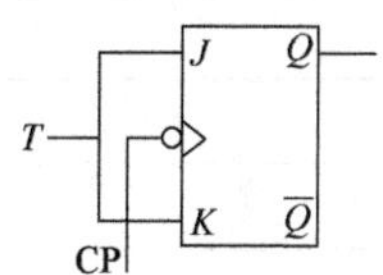

a）JK 触发器转换为 T 触发器

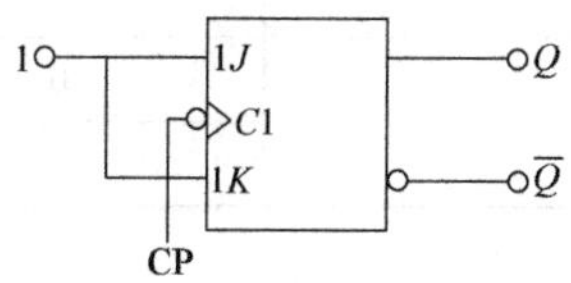

b）JK 触发器转换为 T′触发器

图 4-35　JK 触发器转换为 T、T′触发器

表 4-12　JK 触发器转换为 T 触发器的功能测试表

CP	T	Q^n	Q^{n+1}	功　能
↓	0	0		
		1		
↓	1	0		
		1		

表 4-13　JK 触发器转换为 T′触发器的功能测试表

CP	Q^n	Q^{n+1}	功　能
↓	0		
↓	1		

（2）D 触发器转换为 T 触发器　74LS74 的引脚图如图 4-34b 所示，按图 4-36 连接电路（读者可自行推导），按表 4-14 所示功能测试表测试转换后 T 触发器的逻辑功能，将结果填入表中。

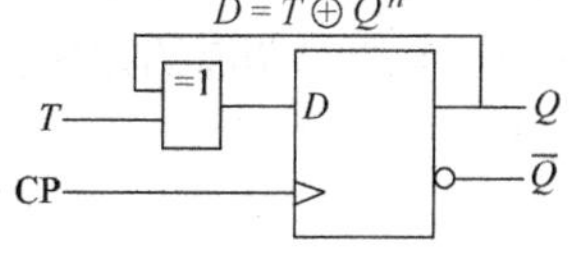

图 4-36　D 触发器转换为 T 触发器

表 4-14　D 触发器转换为 T 触发器的功能测试表

CP	T	Q^n	Q^{n+1}	功　能
↑	0	0		
		1		
↑	1	0		
		1		

(3) JK 触发器转换为 D 触发器　按图 4-37 连接电路，按表 4-15 所示功能测试表测试转换后 D 触发器的逻辑功能，将结果填入表中。

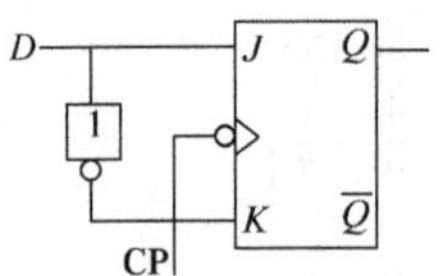

图 4-37　JK 触发器转换为 D 触发器

表 4-15　JK 触发器转换为 D 触发器的功能测试表

CP	D	Q^n	Q^{n+1}	功　能
↓	0	0		
		1		
↓	1	0		
		1		

4. 实验报告

1）按要求填写表格。

2）写出各触发器的特征方程。

3）总结各类触发器相互转换的规律。

本　章　小　结

1）触发器是时序逻辑电路的基本单元，它能存储一位二进制信息，即 0 和 1，且具有记忆功能，在输入信号消失后，能将获得的新状态保存下来。

触发器的种类很多，分类方法也不同。如果按有无时钟脉冲 CP 来分类，那么可以分为直接触发的触发器和时钟控制触发的触发器两大类；如果按电路结构来分类，那么可以分为基本 RS 触发器、主从结构的触发器、维持阻塞结构的触发器和利用门电路传输延迟时间的不同而构成的边沿触发器；如果按触发器能够完成的逻辑功能来分类，那么可以分为 RS 触发器、JK 触发器、D 触发器、T 触发器和 T′触发器。

描述触发器逻辑功能的方法有四种：状态转换真值表、特性方程、状态转换图和波形图。

2）同步 RS 触发器

特征方程：
$$\begin{cases} Q^{n+1} = S + \overline{R}Q^n \\ SR = 0\text{（约束条件）} \end{cases}$$

动作特点：在 CP =1 的全部时间里 S、R 的变化都将引起触发器输出状态的变化。若 CP =1 期间内输入信号多次发生变化，则触发器的状态也会发生多次翻转，这将降低电路的抗干扰能力。

3）主从 RS 触发器

特征方程：
$$\begin{cases} Q^{n+1} = S + \overline{R}Q^n \\ SR = 0 (\text{约束条件}) \end{cases}$$

动作特点：属于边沿触发。虽然解决了 CP =1 期间触发器输出状态可能多次翻转的问题，但在 CP =1 的全部期间里 S 和 R 的变化都将引起触发器输出端状态的变化。

4）主从 JK 触发器

特征方程：
$$Q^{n+1} = J\overline{Q}^n + \overline{K}Q^n$$

动作特点：属于边沿触发，虽然解决了 CP =1 期间触发器输出状态可能多次翻转的问题，但由于主触发器本身是一个同步 RS 触发器，所以在 CP =1 的全部时间里输入信号都将对主触发器起控制作用。因此，在使用主从结构触发器时必须注意：只有在 CP =1 的全部时间里输入状态始终未变的条件下，才能用 CP 下降沿到达时输入的状态决定触发器的次态。否则，必须考虑 CP =1 期间输入状态的全部变化过程，才能确定 CP 下降沿到达时触发器的次态。

5）T 触发器

$$Q^{n+1} = T\overline{Q}^n + \overline{T}Q^n$$

T′触发器

$$Q^{n+1} = \overline{Q}^n$$

D 触发器

$$Q^{n+1} = D$$

习　题　4

4-1　填空题

（1）按逻辑功能分，触发器有________、________、________、________和________五种。

（2）描述触发器逻辑功能的方法有________、________、________和________等几种。

（3）触发器有________个稳定状态，当 $Q=0$，$\overline{Q}=1$ 时，称为________状态。

（4）TTL 集成 JK 触发器正常工作时，其 $\overline{R}_D$ 和 $\overline{S}_D$ 端应接________电平。

（5）JK 触发器的特征方程是________，它具有________、________、________和________功能。

4-2　基本 RS 触发器的逻辑符号和输入波形如图 4-38 所示。试画出 Q、$\overline{Q}$ 端的波形。

4-3　由各种 TTL 逻辑门组成图 4-39 所示电路。试分析图中各电路是否具有触发器的功能。

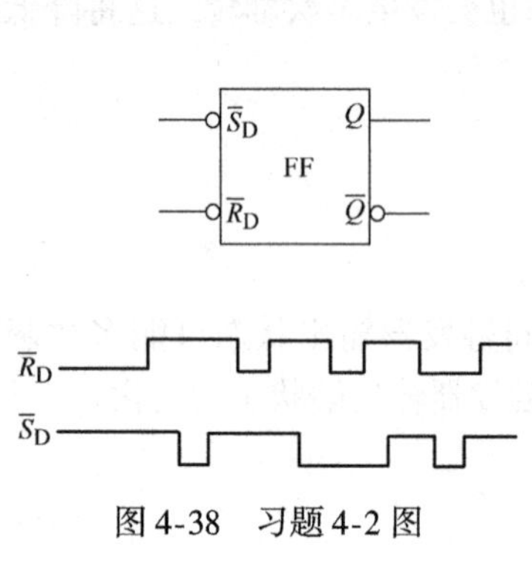

图 4-38　习题 4-2 图

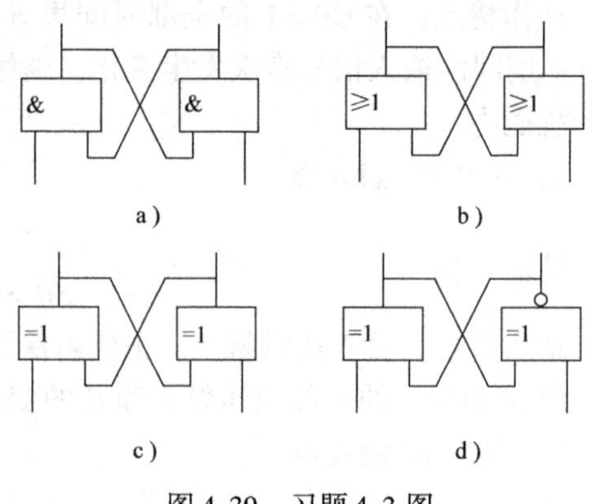

图 4-39　习题 4-3 图

4-4　同步 RS 触发器的逻辑符号和输入波形如图 4-40 所示。设初始状态 $Q=0$，试画出 Q、$\overline{Q}$ 端的波形。

4-5　主从 RS 触发器输入信号的波形如图 4-41 所示。已知初始状态 $Q=0$，试画出 Q 端的波形。

4-6　主从 JK 触发器的输入波形如图 4-42 所示。设初始状态 $Q=0$，试画出 Q 端的波形。

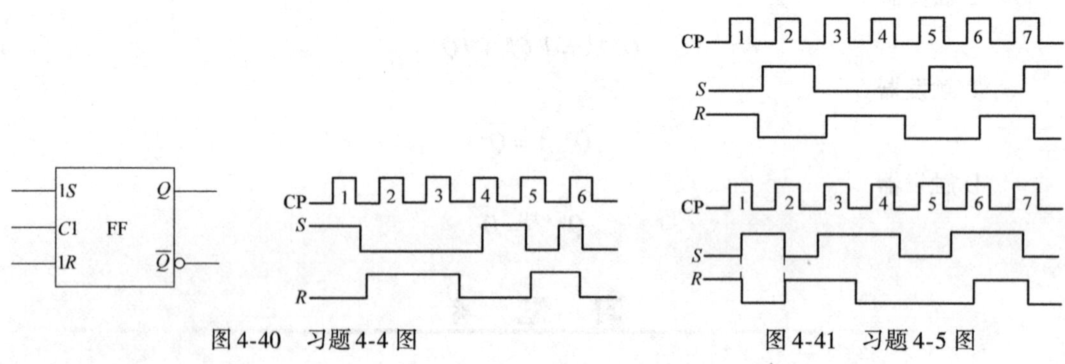

图 4-40　习题 4-4 图

图 4-41　习题 4-5 图

4-7　主从 JK 触发器的输入波形如图 4-43 所示，试画出 Q 端的波形。

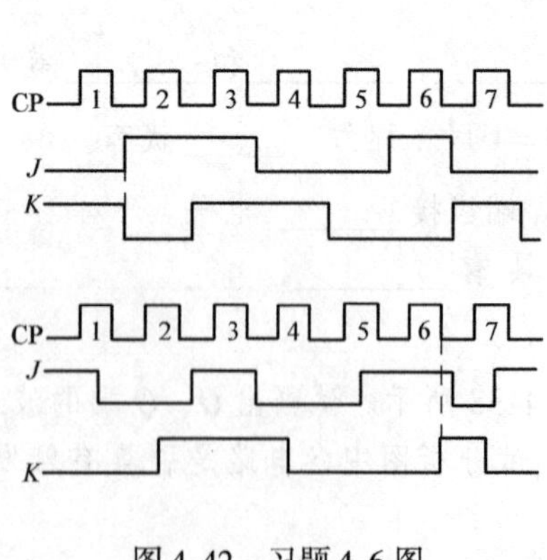

图 4-42　习题 4-6 图

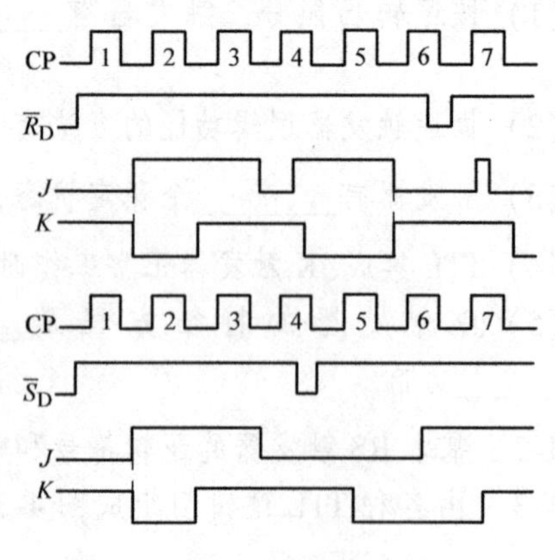

图 4-43　习题 4-7 图

4-8　由主从JK触发器组成图4-44a所示各电路。已知电路的输入波形如图4-44b所示。试画出$Q_1\sim Q_4$端的波形，设初始状态$Q=0$。

4-9　下降沿触发的边沿JK触发器的输入波形如图4-45所示。试画出输出端Q的波形。

4-10　维持阻塞D触发器的输入波形如图4-46所示。试画出Q端的波形。

4-11　维持阻塞D触发器组成的电路如图4-47a所示，输入波形如图4-47b所示。试画出Q_1、Q_2的波形。

4-12　表4-16所示为XY触发器的功能表。试写出XY触发器的特征方程，并画出其状态转换图。

4-13　图4-48所示为XY触发器的状态转换图。根据状态转换图写出它的特征方程，并画出其状态转换真值表。

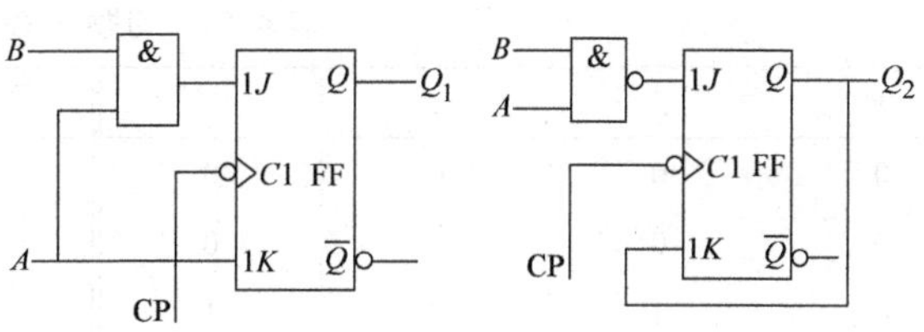

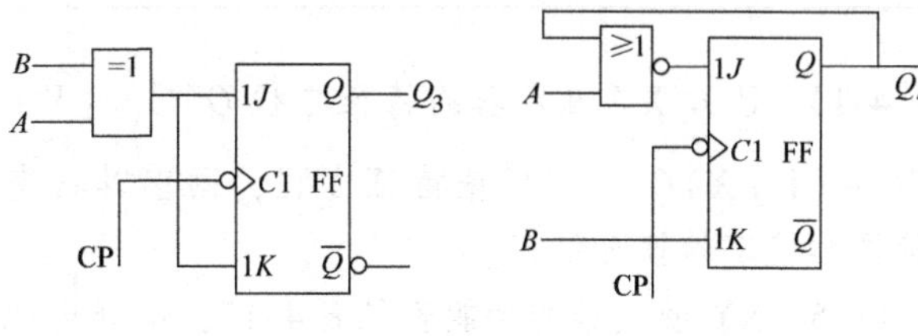

a）

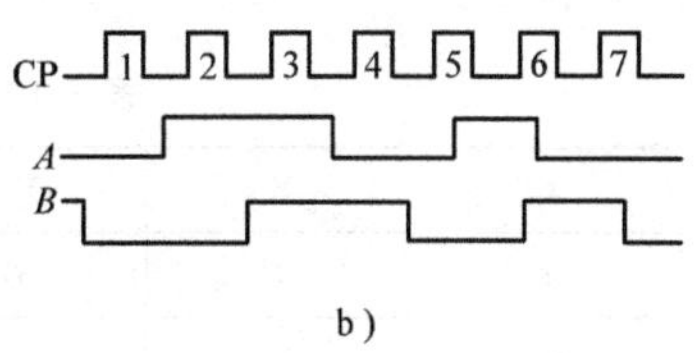

b）

图4-44　习题4-8图

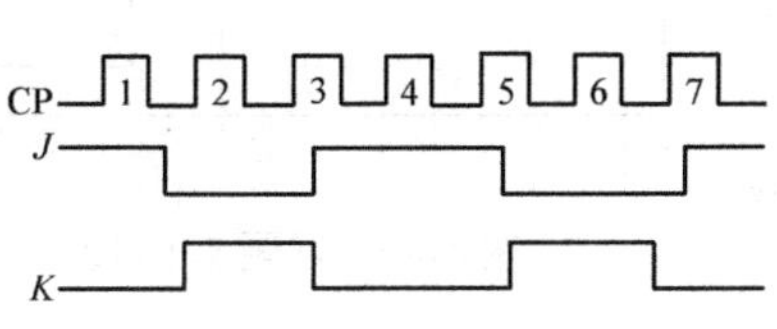

图4-45　习题4-9图

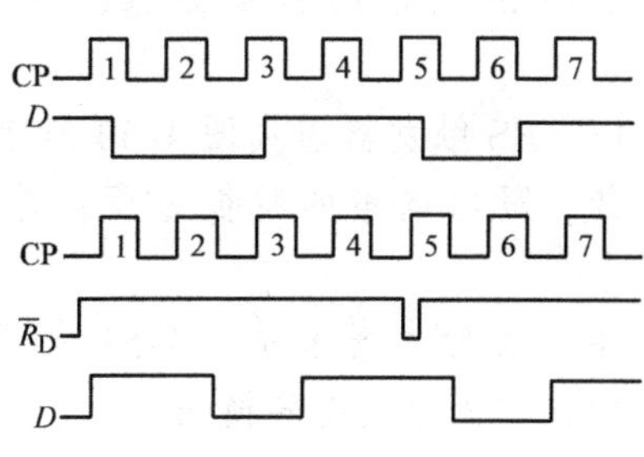

图4-46　习题4-10图

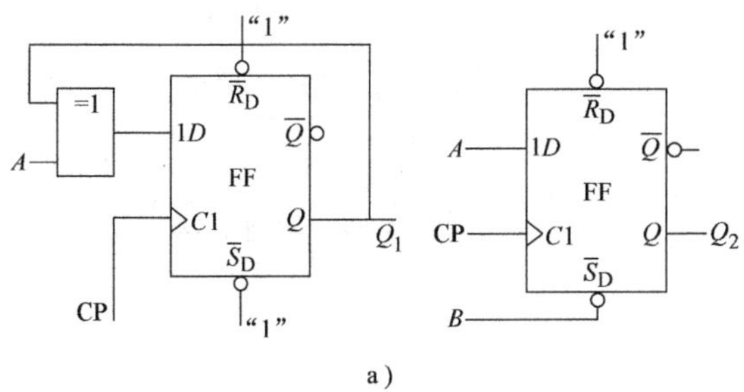

a）

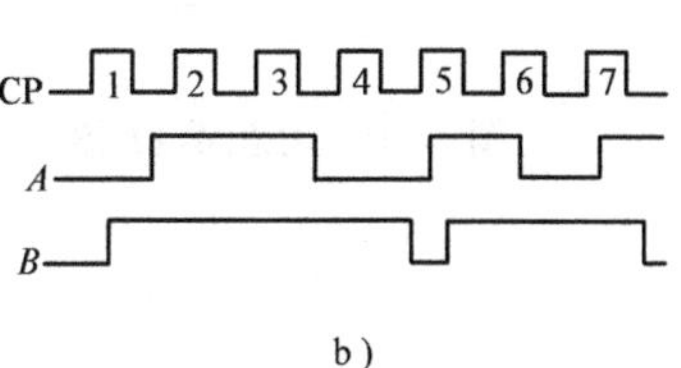

b）

图4-47　习题4-11图

表4-16　习题4-12功能表

Q^n	X	Y	Q^{n+1}	Q^n	X	Y	Q^{n+1}
0	0	0	0	1	0	0	1
0	0	1	0	1	0	1	1
0	1	0	1	1	1	0	1
0	1	1	0	1	1	1	0

4-14　已知XY触发器的特征方程 $Q^{n+1}=(\overline{Y}+\overline{X})\overline{Q}^n+(Y+X)Q^n$，试根据特征方程，画出其状态转换图和状态转换真值表。

4-15　XY触发器的功能表见表4-17，试画出此触发器的状态转换图。

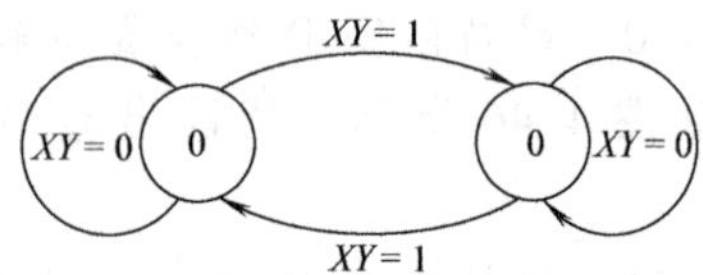

图4-48　习题4-13图

表4-17　习题4-15功能表

Q^n	X	Y	Q^{n+1}	Q^n	X	Y	Q^{n+1}
0	0	0	0	1	0	0	0
0	0	1	1	1	0	1	0
0	1	0	0	1	1	0	1
0	1	1	1	1	1	1	1

4-16　T触发器组成图4-49所示电路，试分析电路功能，写出电路的特征方程，并画出其状态转换图。

4-17　RS触发器组成图4-50所示电路，试分析电路功能，写出电路的特征方程，并画出其状态转换图。

4-18　JK触发器组成图4-51所示电路，试分析电路功能，并画出状态转换图。

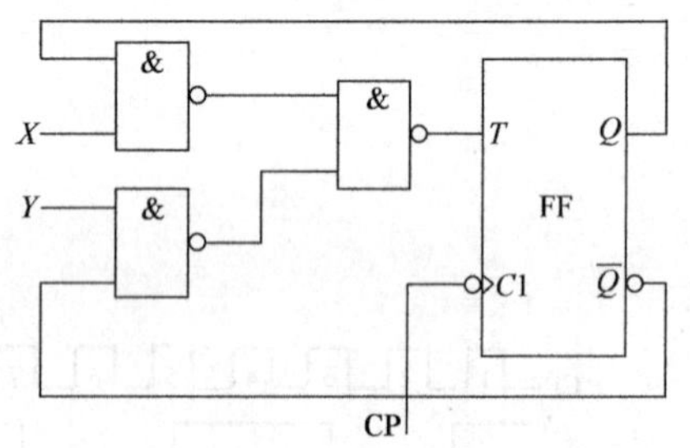

图4-49　习题4-16图

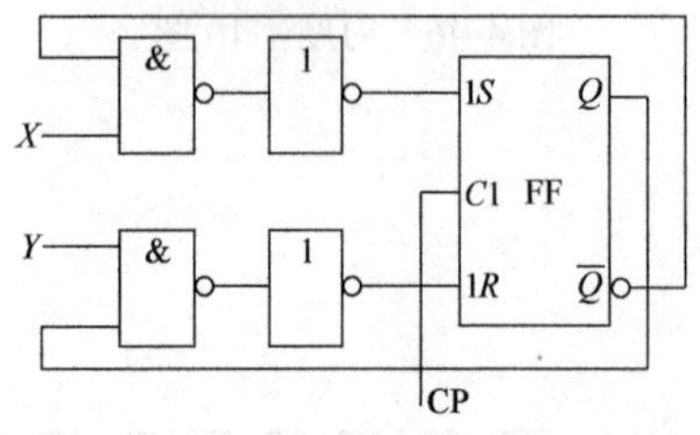

图4-50　习题4-17图

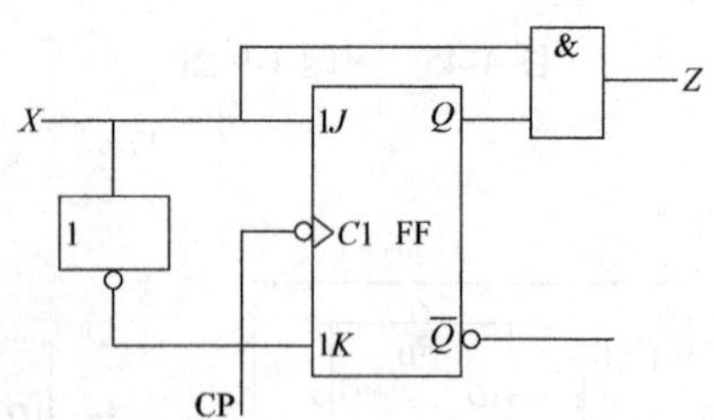

图4-51　习题4-18图

第5章 时序逻辑电路

内容提要：

本章主要介绍时序逻辑电路的特点及分析方法；计数器、寄存器的分类及工作原理；常用中规模集成芯片的逻辑功能及使用方法。

数字逻辑电路除组合逻辑电路外，还有时序逻辑电路。本章在介绍时序逻辑电路一般分析方法的基础上，介绍了计数器、寄存器的工作原理、逻辑功能及应用。

5.1 时序逻辑电路的分析

5.1.1 时序逻辑电路的特点

第3章讨论的组合逻辑电路，其功能特点是任何时刻电路的输出状态仅和该时刻输入变量的状态有关，而时序逻辑电路的功能特点是其输出状态不仅和该时刻输入变量的状态有关，还和电路前一时刻的输出状态有关，即电路的输出与前一时刻的输入和输出也有关。

时序逻辑电路简称为时序电路，其结构框图如图5-1所示。它具有如下特点：

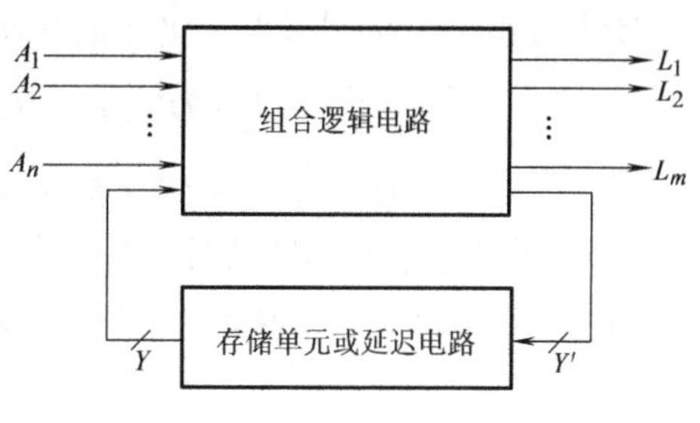

图5-1 时序逻辑电路的结构框图

1）包括组合逻辑电路(组合电路)和存储单元。为了保存电路的状态，在时序逻辑电路中具有记忆功能的存储单元(触发器)是必须具备的，以“记住”并“保持”系统的状态直至下一次激励出现。

2）输出与输入之间至少有一条反馈线。至少有一个输出反馈到存储单元的输入端，存储单元的输出至少有一个作为组合电路的输入，使电路能把输入变量作用时的状态作为产生新状态的条件。

要注意的是，并不是所有的时序逻辑电路都具有图5-1所示的完整形式，有些时序逻辑电路没有组合电路部分，有些没有输入信号，但它们仍具有时序逻辑电路的基本特点。

5.1.2 同步时序逻辑电路的分析方法

时序逻辑电路根据时钟脉冲CP控制方式的不同，可分为同步时序逻辑电路和异步时序逻辑电路两大类。同步时序逻辑电路如图5-2所示，各触发器的CP端连在一起，使用同一个时钟信号，各触发器的状态变化是同时进行的；异步时序逻辑电路如图 5-5 所示，至少有一个触发器的 CP 端与其他触发器的 CP 端不连在一起，各触发器使用不同的时钟信号，各触发器的状态变化不同步。同步时序逻辑电路中的存储单元常用 JK 触发器或 D 触发器。

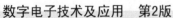

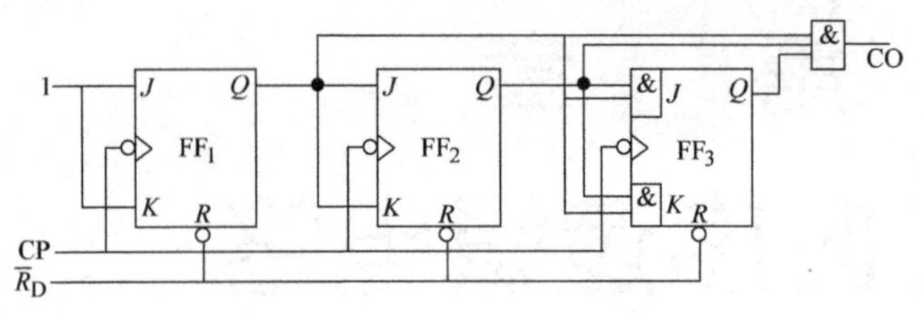

图 5-2　例 5-1 同步时序逻辑电路

时序逻辑电路分析的基本任务是根据已知的逻辑电路图，找出该电路输出与输入之间的逻辑关系，确定电路所实现的逻辑功能。其一般分析步骤为：

（1）电路结构分析　根据逻辑电路图，判断是同步时序电路还是异步时序电路，找出组合电路部分和存储电路部分，并确定输入信号和输出信号。

（2）写逻辑方程式　根据逻辑电路图，写出各触发器的激励驱动方程、状态方程和时序电路的输出方程。

（3）作状态表、状态图及时序图　把电路的输入信号与各触发器现态（Q^n）的各种可能组合代入状态方程和输出方程，求出相应的次态（Q^{n+1}）和输出，从而列出状态表，必要时画出状态图及时序图。

（4）描述电路的逻辑功能　根据状态表描述电路的逻辑功能。

例 5-1　已知一同步时序逻辑电路如图 5-2 所示，试分析其逻辑功能。

解：1）写逻辑方程式。

输出方程　$CO = Q_1Q_2Q_3$

驱动方程　$J_1 = K_1 = 1$；$J_2 = K_2 = Q_1^n$；$J_3 = K_3 = Q_1^n \cdot Q_2^n$

状态方程　$Q_1^{n+1} = J_1 \cdot \overline{Q_1^n} + \overline{K_1} \cdot Q_1^n = \overline{Q_1^n}$

$$Q_2^{n+1} = J_2 \cdot \overline{Q_2^n} + \overline{K_2} \cdot Q_2^n = Q_1^n \cdot \overline{Q_2^n} + \overline{Q_1^n} \cdot Q_2^n$$

$$Q_3^{n+1} = J_3 \cdot \overline{Q_3^n} + \overline{K_3} \cdot Q_3^n = Q_1^n \cdot Q_2^n \cdot \overline{Q_3^n} + \overline{Q_1^n \cdot Q_2^n} \cdot Q_3^n$$

2）作状态表、状态图及时序图。将各触发器的初态代入状态方程式中，可获得图 5-2 所示逻辑电路的状态表，见表 5-1；由状态表可分别得状态图、时序图，如图 5-3、图 5-4 所示。

表 5-1　状态表

CP↓个数	Q_3^{n+1}	Q_2^{n+1}	Q_1^{n+1}	CO	CP↓个数	Q_3^{n+1}	Q_2^{n+1}	Q_1^{n+1}	CO
	0	0	0	0	5	1	0	1	0
1	0	0	1	0	6	1	1	0	0
2	0	1	0	0	7	1	1	1	1
3	0	1	1	0	8	0	0	0	0
4	1	0	0	0					

3）分析逻辑功能。由状态表可看出，图 5-2 所示逻辑电路在输入第 8 个计数脉冲 CP 后返回到初始状态 000，同时进位输出端 CO 输出一个负跃变的进位信号，所以该电路为同步八进制计数器。

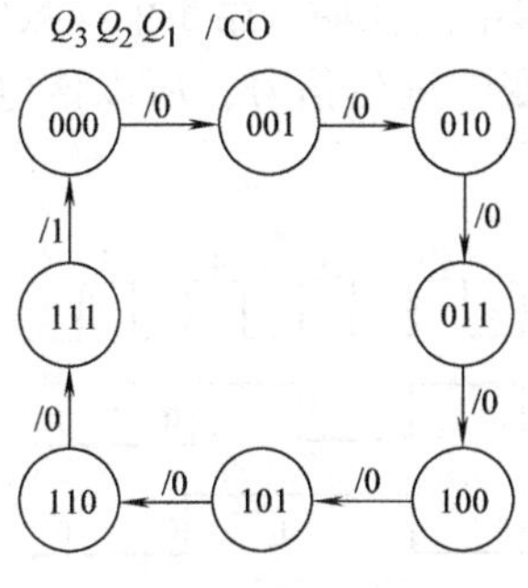

图 5-3　状态图

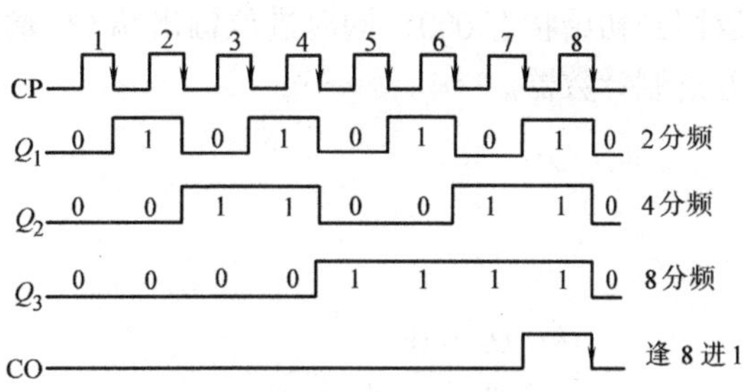

图 5-4　时序图

5.1.3　异步时序逻辑电路的分析方法

异步时序逻辑电路的分析步骤与同步时序逻辑电路的大致相同，但在步骤二——写逻辑方程式时，除了要写各触发器的激励驱动方程、状态方程及时序逻辑电路的输出方程外，还要写出各触发器的时钟方程，而且在求次态方程式时，要把时钟信号考虑进去。这是由于在异步时序逻辑电路中，各触发器的 CP 端使用不同的时钟信号。

例 5-2　已知一异步时序逻辑电路如图 5-5 所示，试分析其逻辑功能。

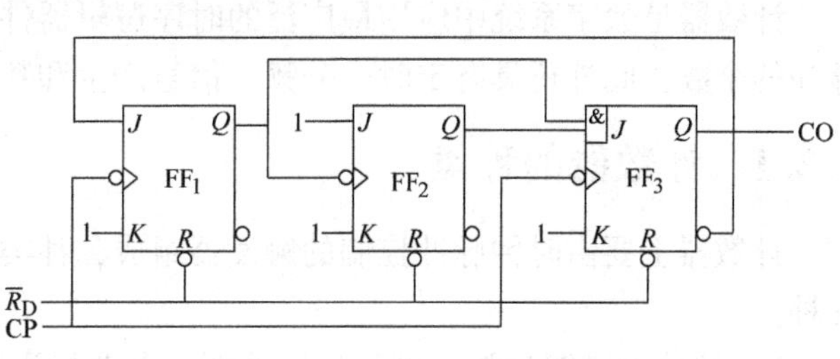

图 5-5　例 5-2 异步时序逻辑电路

解：由图 5-5 可以看出，输入时钟信号源 CP 只和 FF_1 及 FF_3 的时钟信号输入端相连，FF_2 触发器的时钟信号输入端与 Q_1 相连，所以是异步时序逻辑电路。

1）写逻辑方程式。

时钟方程　　$CP_1 = CP_3 = CP\downarrow$；　$CP_2 = Q_1\downarrow$

（FF_1 和 FF_3 由 CP 的下降沿触发，FF_2 由 Q_1 输出的下降沿触发）

输出方程　　$CO = Q_3$

驱动方程　　$J_1 = \overline{Q_3^n}$，$K_1 = 1$；$J_2 = K_2 = 1$；$J_3 = Q_1^n \cdot Q_2^n$，$K_3 = 1$

状态方程　　$Q_1^{n+1} = J_1 \cdot \overline{Q_1^n} + \overline{K_1} \cdot Q_1^n = \overline{Q_1^n} \cdot \overline{Q_3^n} \cdot CP\downarrow$

$$Q_2^{n+1} = J_2 \cdot \overline{Q_2^n} + \overline{K_2} \cdot Q_2^n = \overline{Q_2^n} \cdot Q_1\downarrow$$

$$Q_3^{n+1} = J_3 \cdot \overline{Q_3^n} + \overline{K_3} \cdot Q_3^n = Q_1^n \cdot Q_2^n \cdot \overline{Q_3^n} \cdot CP\downarrow$$

2）作状态表、状态图及时序图。在时钟信号的下降沿到来时，将各触发器的初态代入状态方程式中，可获得图 5-5 所示逻辑电路的状态表，见表 5-2。其状态图、时序图分别如图 5-6、图 5-7 所示。

表 5-2　状态表

CP↓个数	Q_3^{n+1}	Q_2^{n+1}	Q_1^{n+1}	CO	CP↓个数	Q_3^{n+1}	Q_2^{n+1}	Q_1^{n+1}	CO
	0	0	0	0	3	0	1	1	0
1	0	0	1	0	4	1	0	0	1
2	0	1	0	0	5	0	0	0	0

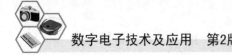

3）分析逻辑功能。由状态表可看出，图5-5所示逻辑电路在输入第5个计数脉冲CP时返回到初始状态000，同时进位输出端CO输出一个负跃变的进位信号，所以该电路为异步五进制计数器。

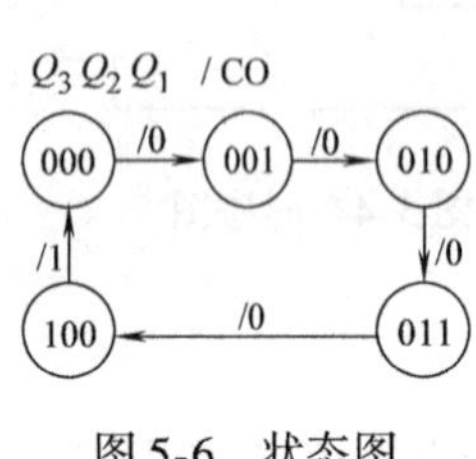

图5-6　状态图

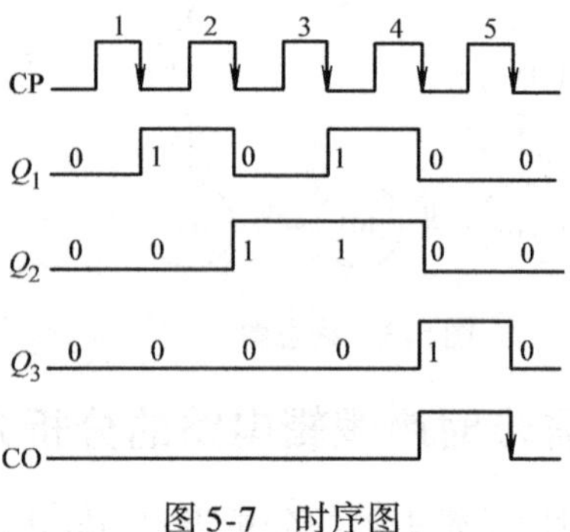

图5-7　时序图

5.2　计数器

计数器是数字系统中应用最广泛的时序逻辑器件之一，其基本功能是计数，即累计输入脉冲的个数，此外还具有定时、分频、信号产生和数字运算等作用。

5.2.1　计数器的种类

计数器主要由时钟脉冲控制的触发器组成，种类很多，分类方法也较多，常见的有如下几种。

1）按计数进制分类，可分为二进制、十进制及任意进制计数器。

计数器的编码状态随着计数脉冲的输入而周期性变化，计数器状态变化周期中的状态个数称为计数器的“模”，用M表示。由n个触发器组成，模$M=2^n$的计数器，称为二进制计数器，也称为n位二进制计数器；模$M=10$的计数器，称为十进制计数器，最常用；模M不等于10或2^n时，称为任意进制计数器。

2）按计数的增减方式分类，可分为加法计数器、减法计数器和可逆计数器。

加法计数器是对输入计数脉冲个数按照递增规律进行计数的计数器；反之，按照递减规律进行计数的计数器叫减法计数器；可逆计数器就是在控制信号作用下，既可进行加法计数，又可进行减法计数的计数器。

3）按计数脉冲的输入方式分类，可分为同步计数器和异步计数器。

如果计数器中各触发器用计数输入脉冲作公共时钟，就是同步计数器；如果计数器中只有部分触发器用计数输入脉冲作时钟脉冲，另一部分触发器的时钟脉冲是由其他触发器的输出信号提供的，就是异步计数器。

5.2.2　同步计数器

1. 同步二进制计数器

由n位触发器构成的同步二进制加法计数器的基本结构是：各级触发器均接成T触发器类型；各时钟脉冲输入端$CP_1=CP_2=\cdots=CP_n=CP$；各激励信号$T_1=1$，$T_2=Q_1$，$T_3=$

$Q_1 \cdot Q_2, \cdots, T_n = Q_1 \cdot Q_2 \cdot \cdots \cdot Q_n$；输出信号即进位信号 $CO = Q_1 \cdot Q_2 \cdot \cdots \cdot Q_n$。

在5.1中分析过的图5-2所示电路就是一个同步二进制加法计数器。该逻辑电路由3个触发器组成，可以对外部输入时钟脉冲的个数按照递增规律进行计数，计数的范围为0～7，总的计数个数为2^3，即模$M = 2^3$。所以图5-2所示电路是一个同步3位二进制加法计数器，其时序图如图5-8所示。

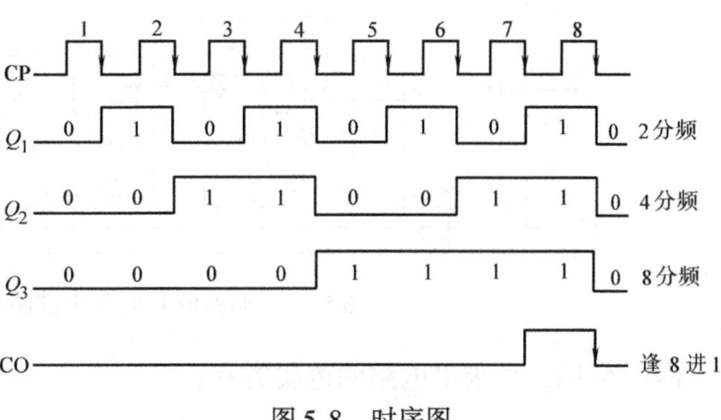

图5-8　时序图

由图5-8可以看出：FF_1触发器的Q_1输出是一个频率为外部时钟频率1/2的方波信号，FF_2触发器的Q_2输出的频率是外部时钟(CP)频率的1/4，FF_3触发器的Q_3输出的频率是外部时钟频率的1/8，即输入的计数脉冲每经过一级触发器，其周期增加一倍，频率降低一半。因此一位二进制触发器就是一个2分频器，图5-2所示电路也就是一个8分频器。

图5-9所示电路为同步3位二进制减法计数器，对外部输入时钟脉冲的个数按照递减规律进行计数。该逻辑电路与图5-2所示逻辑电路不同的是：输出由Q端改为$\overline{Q}$端。其状态表见表5-3。

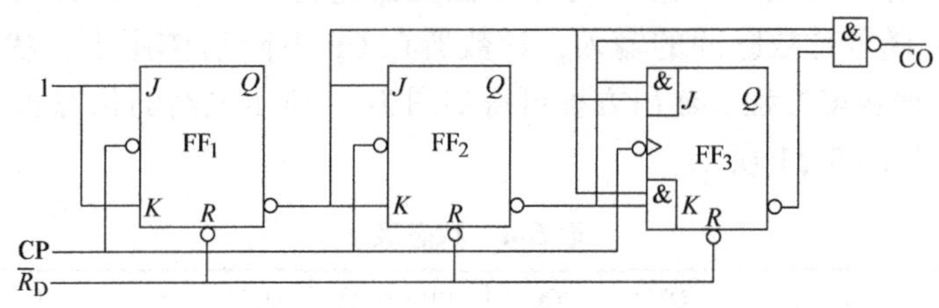

图5-9　同步3位二进制减法计数器

表5-3　图5-9电路的状态表

CP↓个数	Q_3^{n+1}	Q_2^{n+1}	Q_1^{n+1}	CO	CP↓个数	Q_3^{n+1}	Q_2^{n+1}	Q_1^{n+1}	CO
	0	0	0		5	0	1	1	0
1	1	1	1	0	6	0	1	0	0
2	1	1	0	0	7	0	0	1	0
3	1	0	1	0	8	0	0	0	1
4	1	0	0	0					

2. 同步十进制计数器

十进制计数器的原理是用4位二进制代码表示1位十进制数，即由4位触发器构成，满足“逢十进一”的进位规律。由前面讨论可知，n位触发器构成的二进制计数器的计数状态最多有2^n个，所以一个4位二进制计数器的计数状态共有16个，要表示十进制计数器的10个状态，需要去掉其中的6个状态。这里讨论去掉1010～1111这6个状态，即8421BCD码

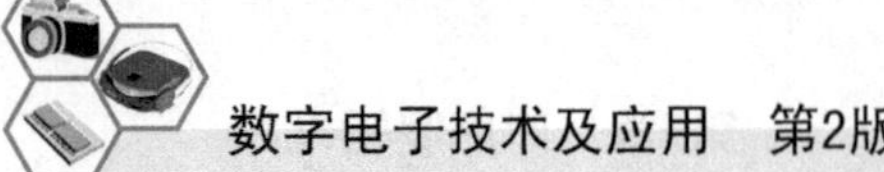

同步十进制加法计数器，其逻辑电路如图 5-10 所示。

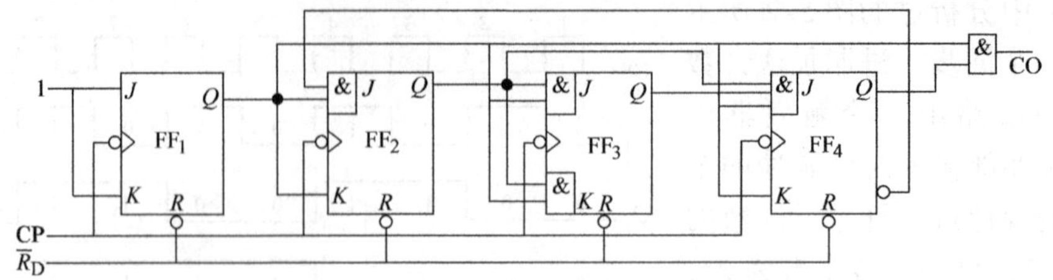

图 5-10　8421BCD 同步十进制加法计数器

由图 5-10，可求出电路的逻辑方程：

驱动方程　$J_1=K_1=1$；$J_2=Q_1^n\cdot\overline{Q}_4^n$，$K_2=Q_1^n$；$J_3=K_3=Q_1^n\cdot Q_2^n$；

$J_4=Q_1^n\cdot Q_2^n\cdot Q_3^n$，$K_4=Q_1^n$

状态方程　$Q_1^{n+1}=J_1\cdot\overline{Q}_1^n+\overline{K}_1\cdot Q_1^n=\overline{Q}_1^n$

$$Q_2^{n+1}=J_2\cdot\overline{Q}_2^n+\overline{K}_2\cdot Q_2^n=Q_1^n\cdot\overline{Q}_4^n\cdot\overline{Q}_2^n+\overline{Q}_1^n\cdot Q_2^n$$

$$Q_3^{n+1}=J_3\cdot\overline{Q}_3^n+\overline{K}_3\cdot Q_3^n=Q_1^n\cdot Q_2^n\cdot\overline{Q}_3^n+\overline{Q_1^n\cdot Q_2^n}\cdot Q_3^n$$

$$Q_4^{n+1}=J_4\cdot\overline{Q}_4^n+\overline{K}_4\cdot Q_4^n=Q_1^n\cdot Q_2^n\cdot Q_3^n\cdot\overline{Q}_4^n+\overline{Q}_1^n\cdot Q_4^n$$

输出方程　$CO=Q_1\cdot Q_4$

计数器在计数前，通过异步清零端对各触发器进行清零，使各触发器的输出状态为 $Q_4Q_3Q_2Q_1=0000$；随着计数脉冲的输入，计数器在 CP 下降沿作用下，状态发生周期性变化，进行计数。根据状态方程、输出方程可得到图 5-10 所示电路的状态表，见表 5-4，由状态表得到状态图，如图 5-11 所示。

表 5-4　状态表

CP↓个数	Q_4^{n+1}	Q_3^{n+1}	Q_2^{n+1}	Q_1^{n+1}	CO	CP↓个数	Q_4^{n+1}	Q_3^{n+1}	Q_2^{n+1}	Q_1^{n+1}	CO
	0	0	0	0	0	6	0	1	1	0	0
1	0	0	0	1	0	7	0	1	1	1	0
2	0	0	1	0	0	8	1	0	0	0	0
3	0	0	1	1	0	9	1	0	0	1	1
4	0	1	0	0	0	10	0	0	0	0	0
5	0	1	0	1	0						

由状态表可以看出，图 5-10 所示电路在输入第 10 个计数脉冲后返回到初始状态 0000，同时进位输出端 CO 向高位输出一个负跃变的进位信号。

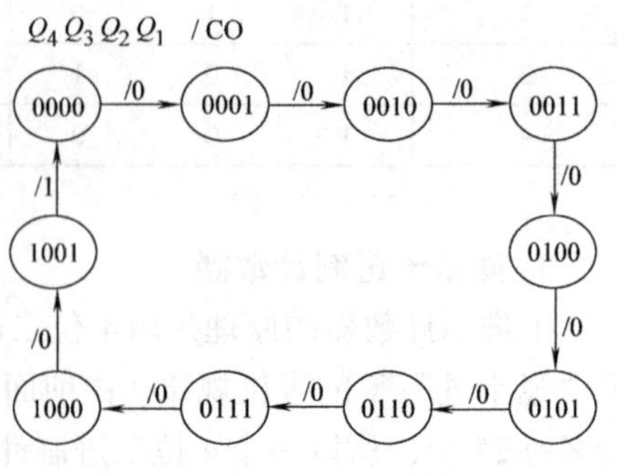

图 5-11　状态图

5.2.3　异步计数器

在异步计数器中，各触发器使用不同的时钟信号，各触发器的状态变化不同步。下面以 3 位异步二进制计数器为例进行分析，其逻辑电路如图 5-12 所示。

3 位异步二进制计数器由 3 个 JK 触发器组成。触发器的 J、K 输入端均接高电平，且后一个触发器的时钟输入端连接到前一个触发器的 Q 端，最低位触发器 FF_1 的时钟输入端连接到外部时钟输入端。由前面介绍的 JK 触发器可知，此时 3 个 JK 触发器皆为一个翻转电路，即触发器将在时钟脉冲驱动下，状态产生交替变化。$\overline{R}_D$ 为异步清零端，计数前加负脉冲，使各触发器都为 0 状态，即 $Q_3Q_2Q_1=000$。在计数过程中，$\overline{R}_D$ 保持高电平。它的工作原理如下：

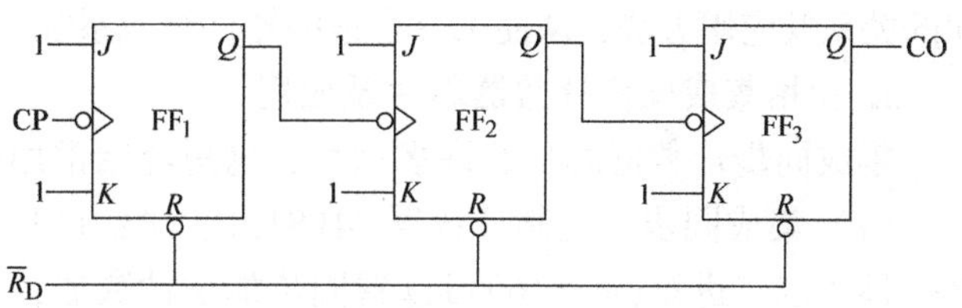

图 5-12　3 位异步二进制计数器

首先考虑 FF_1 触发器，当外部时钟脉冲(CP)下降沿到来时，FF_1 触发器状态 Q_1 产生交替变化；再考虑 FF_2 触发器，由于 FF_2 触发器的时钟输入端连接到 FF_1 触发器的 Q_1 输出端，故每当 FF_1 触发器的 Q_1 输出产生下降沿时，FF_2 触发器的状态 Q_2 发生改变；同理 FF_3 触发器的状态 Q_3 在 FF_2 触发器的 Q_2 输出产生下降沿时发生变化。各个触发器的时序图如图 5-13 所示。

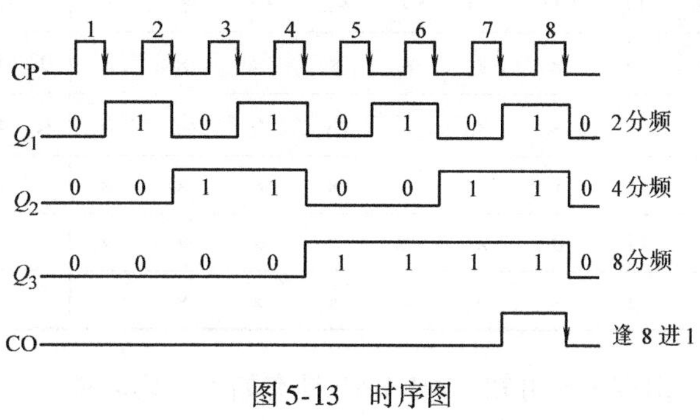

图 5-13　时序图

从图 5-13 可以看出，当第 1 个时钟脉冲下降沿到来时，$Q_3Q_2Q_1$ 从 000 转变为 001；当第 2 个时钟脉冲下降沿到来时，$Q_3Q_2Q_1$ 从 001 转变为 010；依此类推，当第 7 个时钟脉冲下降沿到来时，$Q_3Q_2Q_1$ 从 110 转变为 111；当第 8 个时钟脉冲下降沿到来时，$Q_3Q_2Q_1$ 从 111 转变为 000，同时计数器 FF_3 的 Q_3 端输出一个负跃变的进位信号。从输入第 9 个时钟脉冲开始，各触发器状态开始了新的循环。可见，该逻辑电路可以对外部输入时钟脉冲的个数按照递增规律进行计数，总的计数个数为 2^3，即模 $M=2^3$，所以为二进制加法计数器；又因为计数器内部各个触发器的时钟输入和外部时钟是非同步的，故我们称这种类型的计数器为异步二进制加法计数器。另外，输入的计数脉冲每经过一级触发器，其频率降低一半，图 5-12 所示计数器也是一个 8 分频计数器。

若将图 5-12 所示逻辑电路图中的输出由 Q 端改为 $\overline{Q}$ 端，则构成异步 3 位二进制减法计数器，其状态表参阅表 5-3。

异步计数器与同步计数器相比，其电路结构简单，但由于其后级触发器的触发脉冲要待前级触发器的状态翻转之后才能产生，因此其工作速度较低；而同步计数器的计数脉冲由于需同时带动多个触发器的时钟输入，因此要求产生计数脉冲的电路具有较大的负载能力。

5.2.4　集成计数器

用触发器构成的计数器在数字系统中应用极其广泛，因此制造商生产了各种不同功能的通用集成器件，设计人员可以根据厂商提供的器件功能表，了解器件的功能特性，输入、输出之间的关系及应用方法，从而选择合适的器件组成系统。下面介绍几种常用集成计数器芯片。

1. 常用集成同步计数器芯片及应用

集成同步计数器芯片有许多型号，这里介绍常用的几个。

（1）集成同步二进制计数器 74LS161、74LS163　74LS161 是一种 4 位二进制（$M=16$）可预置同步加法计数器，其逻辑符号如图 5-14 所示。

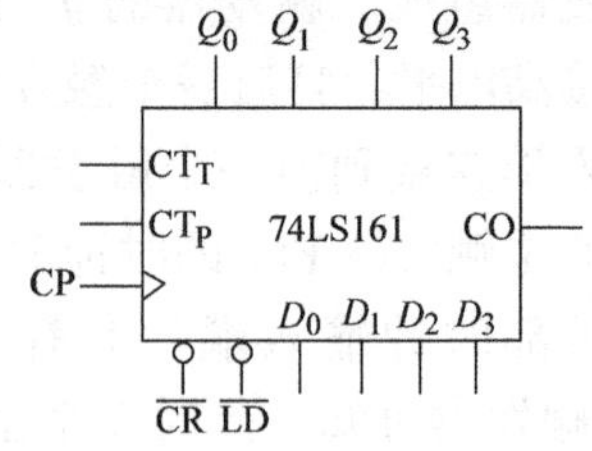

图 5-14　74LS161 的逻辑符号

74LS161 具有同步置数控制端$\overline{LD}$，异步清零控制端$\overline{CR}$，工作模式控制端 CT_T、CT_P，时钟输入端 CP，进位输出端 CO，并行数据输入端 $D_0 \sim D_3$，计数输出端 $Q_0 \sim Q_3$。各控制端控制权的优先级是$\overline{CR}$最高，$\overline{LD}$其次，CT_P、CT_T 最低。74LS161 的功能表见表 5-5。

表 5-5　74LS161 的功能表

输入									输出					说明
$\overline{CR}$	$\overline{LD}$	CT_P	CT_T	CP	D_3	D_2	D_1	D_0	Q_3	Q_2	Q_1	Q_0	CO	
0	×	×	×	×	×	×	×	×	0	0	0	0	0	异步置 0
1	0	×	×	↑	d_3	d_2	d_1	d_0	d_3	d_2	d_1	d_0		$CO=CT_T \cdot Q_3Q_2Q_1Q_0$
1	1	1	1	↑	×	×	×	×	二进制计数					$CO=Q_3Q_2Q_1Q_0$
1	1	0	×	×	×	×	×	×	保持					$CO=CT_T \cdot Q_3Q_2Q_1Q_0$
1	1	×	0	×	×	×	×	×	保持				0	

由表 5-5 可知，74LS161 具有如下逻辑功能：

1）异步清零功能。当$\overline{CR}=0$ 时，不论有无时钟脉冲 CP 和其他信号输入，计数器被置 0，即 $Q_3Q_2Q_1Q_0=0000$。

2）同步并行置数功能。当$\overline{CR}=1$、$\overline{LD}=0$ 时，在输入脉冲 CP 上升沿的作用下，并行输入的数据 $d_3d_2d_1d_0$ 被置入计数器，即 $Q_3Q_2Q_1Q_0=d_3d_2d_1d_0$。

3）计数功能。当$\overline{CR}=\overline{LD}=CT_T=CT_P=1$，CP 端输入计数脉冲时，计数器进行加法计数，从 0000 计数到 1111。

4）保持功能。当$\overline{CR}=\overline{LD}=1$，且 CT_T 和 CT_P 中有 0 时，计数器保持原来的状态不变，$CO=CT_T \cdot Q_3Q_2Q_1Q_0$。

74LS163 也是 4 位二进制同步加法计数器，其简化逻辑符号、芯片引脚及逻辑功能均与 74LS161 的相同。唯一的区别是 74LS161 是异步清“0”，而 74LS163 是同步清“0”，即 74LS163 在$\overline{CR}=0$ 时，还要等 CP 上升沿到来时，各触发器才能清“0”。

（2）集成同步十进制计数器 74LS160　74LS160 是同步 8421BCD 加法计数器，其逻辑符号和功能表分别如图 5-15 和表 5-6 所示。

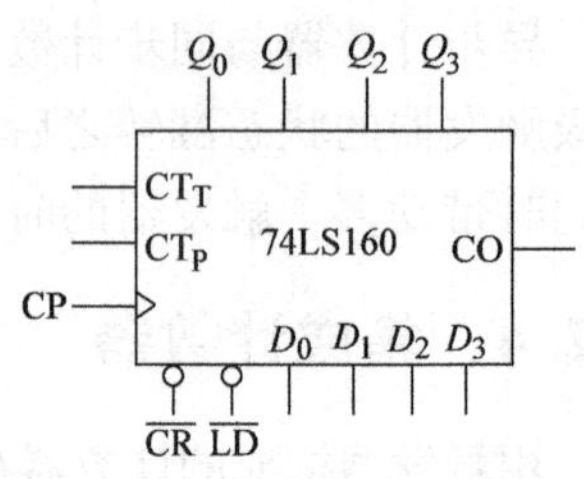

图 5-15　74LS160 的逻辑符号

表 5-6　74LS160 的功能表

输入									输出					说明
$\overline{CR}$	$\overline{LD}$	CT_P	CT_T	CP	D_3	D_2	D_1	D_0	Q_3	Q_2	Q_1	Q_0	CO	
0	×	×	×	×	×	×	×	×	0	0	0	0	0	异步置0
1	0	×	×	↑	d_3	d_2	d_1	d_0	d_3	d_2	d_1	d_0		$CO=CT_T\cdot Q_3Q_2Q_1Q_0$
1	1	1	1	↑	×	×	×	×	十进制计数					$CO=Q_3Q_2Q_1Q_0$
1	1	0	×	×	×	×	×	×	保持					$CO=CT_T\cdot Q_3Q_2Q_1Q_0$
1	1	×	0	×	×	×	×	×	保持				0	

从图表可见，74LS160 的芯片引脚、简化逻辑符号及功能和 74LS161 的基本相同，不同的是当$\overline{CR}=\overline{LD}=CT_T=CT_P=1$时，74LS160 是进行模 10 计数，即 $Q_3Q_2Q_1Q_0$ 从 0000 计到 1001。

（3）利用集成计数器获得任意进制计数器　中规模集成计数器的功能完善、使用方便灵活，模值为 M 的集成计数器可以被用来实现模为任意值 N 的计数器电路。利用集成计数器的复位功能（控制端$\overline{CR}$）或预置数功能（控制端$\overline{LD}$）可以减少计数器的模，而多片集成计数器相连又可以扩展计数器的模。

1）利用反馈法（反馈置数法与反馈复位法）实现 N 进制（$N<M$）计数器。反馈置数法利用置数控制端实现。集成计数器为同步置数控制端时，由于同步置数控制端出现置数信号时，并行输入的数据不是立即被置入计数器相应的触发器中，而是要等到计数脉冲的有效边沿到来时才被置入，因此利用同步置数控制端构成 N 进制计数器，必须在输入第 $N-1$ 个计数脉冲后，产生一个置数信号加到同步置数控制端，使计数器返回到初始状态。而异步置数控制端获得置数信号时，并行输入的数据立即被置入计数器相应的触发器中，因此利用异步置数控制端构成 N 进制计数器，只要在输入第 N 个计数脉冲后，产生一个置数信号加到置数控制端，使计数器返回到初始状态。

中规模集成计数器构成 N 进制（任意进制）计数器的方法除了利用置数控制端外，还可以利用复位端实现，即反馈复位法，其基本思路与反馈置数法一样。

例 5-3　试用 CT74LS161 构成十二进制计数器（$N=12$）。

解：CT74LS161 设有同步置数控制端$\overline{LD}$和异步清零控制端$\overline{CR}$，有两种方法可构成十二进制计数器。设计数器从 $Q_3Q_2Q_1Q_0=0000$ 状态开始计数。

方法一：利用同步置数控制端$\overline{LD}$实现

① 写出 $N-1$ 对应的二进制代码　　$(11)_{10}=(1011)_2$

② 写出反馈置数函数　　$\overline{LD}=\overline{Q_3\cdot Q_1\cdot Q_0}$

③ 画连线图　根据$\overline{LD}$的表达式画连线图，如图 5-16a 所示。

方法二：利用异步清零控制端$\overline{CR}$实现

① 写出 N 对应的二进制代码　　$(12)_{10}=(1100)_2$

② 写出反馈归零函数　　　　$\overline{\mathrm{CR}}=\overline{Q_3 \cdot Q_2}$

③ 画连线图　根据$\overline{\mathrm{CR}}$的表达式画连线图，如图 5-16b 所示。

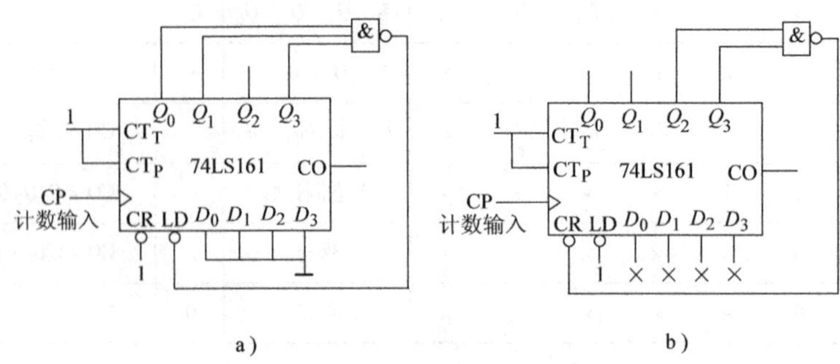

图 5-16　用 74LS161 构成十二进制计数器

2）利用集成计数器的级联实现 N 进制($N>M$)计数器。一般集成计数器都设有级联用的输入端和输出端，只要正确连接这些级联端，采用整体复位或预置数的方法就可获得所需进制(最大为相级联集成计数器的模之积)的计数器。加法计数器的级联原则是：低位计数器从最大编码值状态复位为全 0 状态时产生进位，使高位计数器加 1。级联的基本方法有异步级联和同步级联两种，异步级联就是用低位计数器的进位信号控制高位计数器的计数脉冲输入端；同步级联就是用低位计数器的进位信号控制高位计数器的工作模式控制端。

例 5-4　试用 74LS160 构成二十九进制计数器($N=29$)。

解：74LS160 为十进制集成芯片，且一片 74LS160 芯片只能进行一位数的计数，所以要构成两位数的计数器需要两片芯片，采用同步级联法。

十进制数 29 对应的 8421BCD 码为 00101001，即计数器计数到 29 时，其输出状态为 $Q_7Q_6Q_5Q_4Q_3Q_2Q_1Q_0=00101001$，反馈归零函数$\overline{\mathrm{CR}}=\overline{Q_0 \cdot Q_3 \cdot Q_5}$，通过与非门输出低电平，使两片 74LS160 集成芯片同时被置 0，从而实现二十九进制的计数。

由以上分析可画出用 74LS160 构成二十九进制计数器的逻辑电路，如图 5-17 所示。

2. 常用集成异步计数器芯片及应用

74LS290 是二-五-十进制计数器，由一个 1 位二进制计数器和一个五进制计数器两部分组成，其逻辑符号如图 5-18 所示。

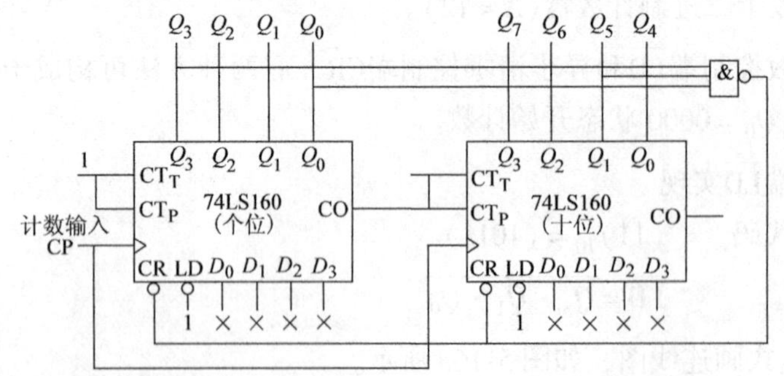

图 5-17　两片 74LS160 构成的二十九进制计数器

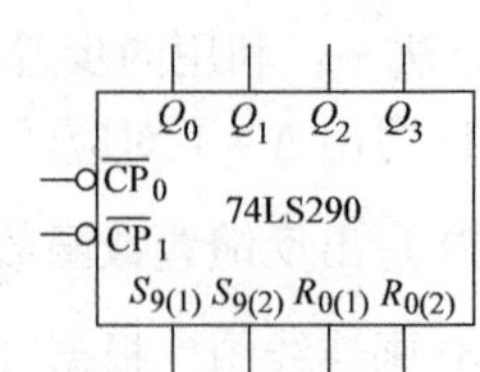

图 5-18　74LS290 的逻辑符号

图中 $S_{9(1)}$、$S_{9(2)}$ 称为直接置“9”端，$R_{0(1)}$、$R_{0(2)}$ 称为直接置“0”端，$\overline{CP_0}$、$\overline{CP_1}$ 端为计数脉冲输入端，$Q_3Q_2Q_1Q_0$ 为输出端。74LS290 的功能表见表 5-7。

表 5-7　74LS290 的功能表

输　入			输　出				说　明
$R_{0(1)} \cdot R_{0(2)}$	$S_{9(1)} \cdot S_{9(2)}$	CP	Q_3	Q_2	Q_1	Q_0	
1	0	×	0	0	0	0	置 0
0	1	×	1	0	0	1	置 9
0	0	↓	计数				计数

从表 5-7 中可知 74LS290 的逻辑功能如下：

（1）直接置 9　当 $S_{9(1)}$、$S_{9(2)}$ 全为高电平，$R_{0(1)}$、$R_{0(2)}$ 中至少有一个低电平时，不论 $\overline{CP_0}$、$\overline{CP_1}$ 状态如何，计数器输出 $Q_3Q_2Q_1Q_0=1001$，故又称异步置 9 功能。

（2）直接置 0　当 $R_{0(1)}$、$R_{0(2)}$ 全为高电平，$S_{9(1)}$、$S_{9(2)}$ 中至少有一个低电平时，不论 $\overline{CP_0}$、$\overline{CP_1}$ 状态如何，计数器输出 $Q_3Q_2Q_1Q_0=0000$，故又称异步清零功能或复位功能。

（3）计数　当 $R_{0(1)}$、$R_{0(2)}$、$S_{9(1)}$ 及 $S_{9(2)}$ 全为低电平，输入计数脉冲 CP 时，开始计数。它有以下几种基本计数方式：

1）二进制计数。若计数脉冲由 $\overline{CP_0}$ 端输入，由 Q_0 输出，则构成 1 位二进制计数器。

2）五进制计数。若计数脉冲由 $\overline{CP_1}$ 端输入，由 $Q_3Q_2Q_1$ 输出，则构成异步五进制计数器。

3）十进制计数。若将 Q_0 与 $\overline{CP_1}$ 连接，计数脉冲 CP 由 $\overline{CP_0}$ 输入，从高到低的输出为 $Q_3Q_2Q_1Q_0$ 时，则组成 8421BCD 码十进制计数器；若将 Q_3 与 $\overline{CP_0}$ 连接，计数脉冲 CP 由 $\overline{CP_1}$ 输入，从高到低的输出为 $Q_0Q_1Q_2Q_3$ 时，则组成 5421BCD 码十进制计数器。

如对 74LS290 外部引线进行不同方式的连接，可以构成任意进制计数器。

例 5-5　试用 74LS290 构成九进制（$N=9$）计数器。

解：1）写出 N 对应的二进制代码。

$$(9)_{10}=(1001)_2$$

2）写出反馈置数函数。由于 74LS290 的异步置 0 信号为高电平，所以 $R_0=Q_3Q_0=R_{0(1)}R_{0(2)}$。

3）画连线图。由于计数容量大于 5，所以应将 Q_0 与 $\overline{CP_1}$ 相连。结合反馈置数函数式可得到其连线图，如图 5-19 所示。

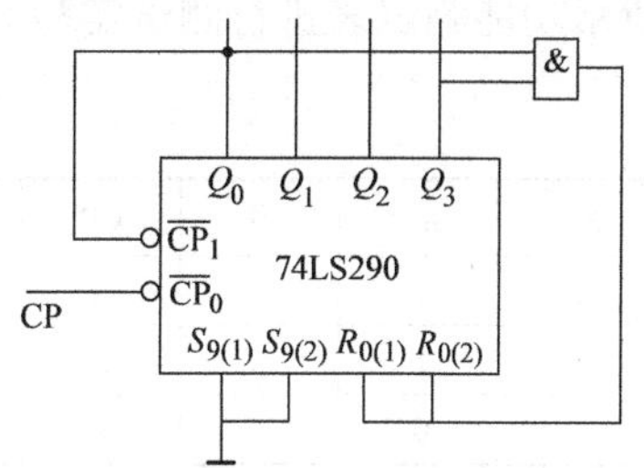

图 5-19　74LS290 构成的九进制计数器

实验 5.1　用 D 触发器构成异步 4 位二进制加法计数器

1. 实验目的

1）掌握 D 触发器的逻辑功能。

2）学习用 D 触发器构成异步 4 位二进制加法计数器的方法。

2. 实验设备与元器件

1）数字电子技术实验仪或实验箱。

2）+5V 直流稳压电源。

3）集成芯片 74LS74（双 D 触发器）。

4）74LS248。

3. 实验内容及步骤

（1）熟悉集成芯片 74LS74 及译码器 74LS248 的引脚排列　74LS74 是内含两个独立 D 触发器、CP 上升沿触发、14 引脚、双列直插式集成芯片，其引脚排列如图 5-20a 所示。而 74LS248 是 BCD 码到七段码的显示译码器，它可以直接驱动共阴极数码管，它的引脚排列如图 5-20b 所示。

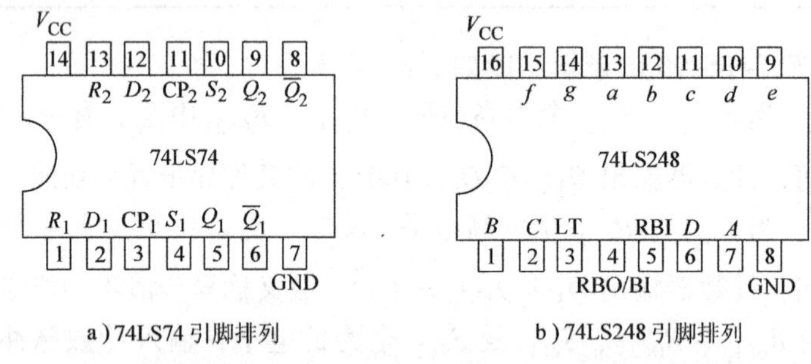

a）74LS74 引脚排列　　b）74LS248 引脚排列

图 5-20　集成芯片 74LS74 及 74LS248 的引脚排列

（2）测试集成芯片 74LS74 的逻辑功能　在数字电子技术实验仪的合适位置选取一个 14P 插座，按定位标记插好 74LS74 集成块。将 +5V 电源接至集成块的 14 引脚，7 引脚与“接地端”相连。

1）测试异步置位端 $\overline{S}_D$（对应 S_1、S_2）、异步复位端 $\overline{R}_D$（对应 R_1、R_2）的功能。$\overline{S}_D$、$\overline{R}_D$ 端分别接逻辑电平开关，Q（对应 Q_1、Q_2）、$\overline{Q}$（对应 $\overline{Q}_1$、$\overline{Q}_2$）端分别接发光二极管。按表 5-8 所示功能测试表进行测试实验，并将测试结果记入表 5-8 中。

表 5-8　$\overline{S}_D$、$\overline{R}_D$ 端的功能测试表

$\overline{S}_D$	$\overline{R}_D$	D	CP	Q^n	$\overline{Q}^n$	$\overline{S}_D$	$\overline{R}_D$	D	CP	Q^n	$\overline{Q}^n$
0	1	×	×			1	1	×	×		
1	1	×	×			0	0	×	×		
1	0	×	×			1	1	×	×		

2）测试 D 触发器的逻辑功能。$\overline{S}_D$、$\overline{R}_D$、D（对应 D_1、D_2）端分别接逻辑电平开关并保持 $\overline{S}_D$、$\overline{R}_D$ 端为高电平，CP 端接单脉冲源，Q、$\overline{Q}$ 端接发光二极管。按表 5-9 所示功能测试表进行测试实验，并将测试结果记入表 5-9 中。

表 5-9　D 触发器的功能测试表

CP	D	Q^{n+1}		CP	D	Q^{n+1}	
		$Q^n=0$	$Q^n=1$			$Q^n=0$	$Q^n=1$
↑	0			↓	1		
↑	1			0	×		
↓	0			1	×		

（3）用D触发器构成异步4位二进制加法计数器　实现异步4位二进制加法计数器需要用4个D触发器，其方法是将每个D触发器接成T′触发器形式，再由触发器的$\overline{Q}$端与高端一位触发器的CP端相连接，计数脉冲由最低位触发器的CP端输入。电路如图5-21所示。

将D触发器按图5-21组成异步4位二进制加法计数器。为了把计数器输出的二进制数显示转换成十进制数显示，要将计数器的输出端Q_A、Q_B、Q_C、Q_D连接到七段译码器74LS248的相应输入端A、B、C、D，如图5-22所示。

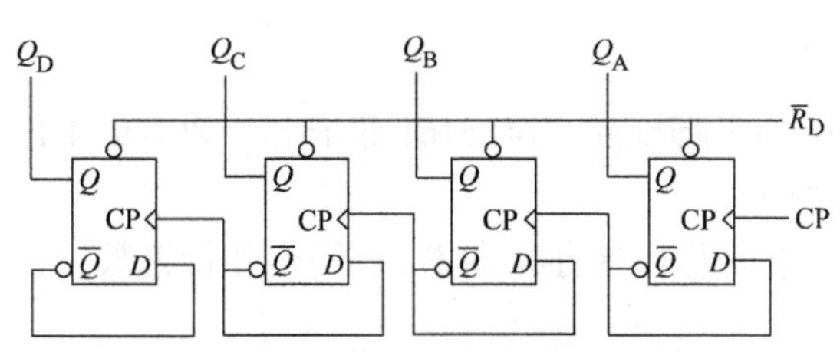

图5-21　异步4位二进制加法计数器

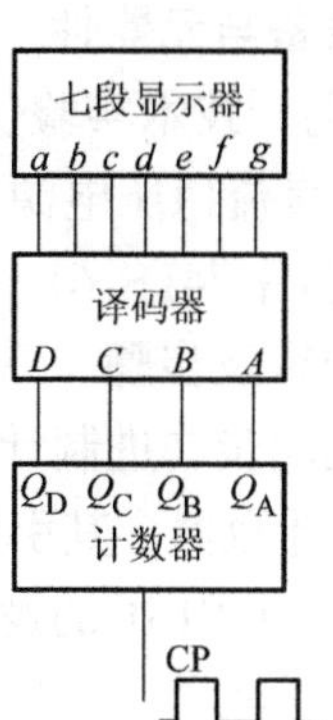

图5-22　计数器输出

设电路的初始状态$Q_AQ_BQ_CQ_D=0000$，观察在单脉冲源的作用下计数器输出端的变化规律，并记录在表5-10中。

表5-10　异步4位二进制加法计数器的测试数据表

CP	二进制数显示								十进制数显示
	Q_D^n	Q_C^n	Q_B^n	Q_A^n	Q_D^{n+1}	Q_C^{n+1}	Q_D^{n+1}	Q_A^{n+1}	
1	0	0	0	0					
2									
3									
4									
5									
6									
7									
8									
9									
10									

4. 实验报告要求

1）整理实验表格。

2）简要总结用D触发器组成异步4位二进制加法计数器的体会。

5. 注意事项

1）在数字电子技术实验仪上插集成块时，要认清定位标记，不得插反。

2）集成块要求电源的范围为4.5～5.5V，实验中要求$V_{CC}=+5V$，电源极性不允许接错。

6. 思考题

用D触发器组成异步4位二进制减法计数器的方法是什么？

实验 5.2　74LS161 集成同步二进制计数器的逻辑功能测试及应用（构成 $N \leqslant 16$ 的任意进制计数器）

1. 实验目的

1）掌握集成同步二进制计数器 74LS161 的逻辑功能及测试方法。

2）学习用集成二进制计数器构成任意进制计数器的方法。

2. 实验设备与元器件

1）数字电子技术实验仪。

2）+5V 直流稳压电源。

3）集成芯片 74LS161。

3. 实验内容及步骤

（1）集成同步二进制计数器芯片 74LS161 的引脚排列　74LS161 集成芯片为集成 4 位二进制同步加法计数器，其引脚排列如图 5-23 所示。

（2）测试 74LS161 的逻辑功能　74LS161 集成芯片具有异步置 0、同步并行置数、计数及保持功能。

1）置数功能测试。在数字电子技术实验仪的合适位置选取一个 16P 插座，按定位标记插好 74LS161 集成块。将 +5V 电源接至集成块的 16 引脚，8 引脚与“接地端”相连，其他按图 5-24 所示电路连接。

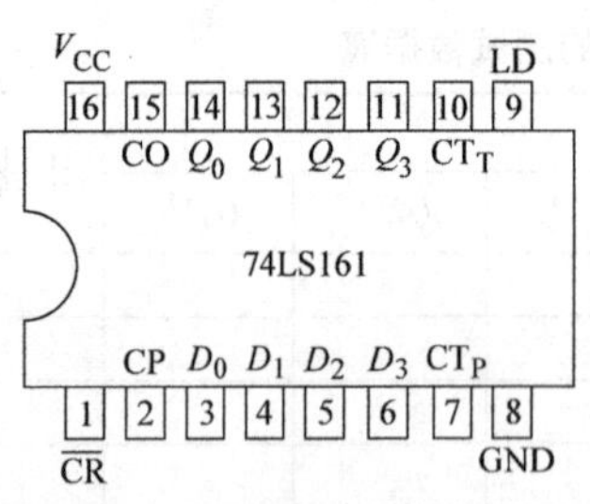

图 5-23　74LS161 引脚排列

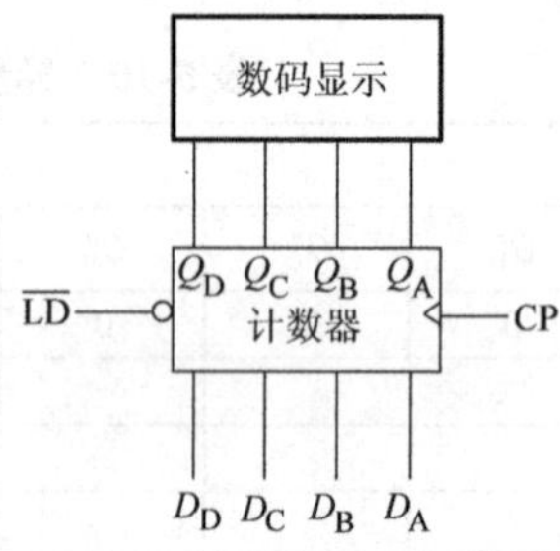

图 5-24　置数功能测试电路

CP 端接单脉冲源，异步置 0 控制端$\overline{CR}$接高电平，同步置数控制端$\overline{LD}$接低电平时，集成同步二进制计数器 74LS161 在计数脉冲上升沿作用下实现置数功能。按表 5-11 所示功能测试表进行实验，观察输入端 D_A、D_B、D_C、D_D（对应 $D_0 \sim D_3$）的变化对输出端 Q_A、Q_B、Q_C、Q_D（对应 $Q_0 \sim Q_3$）的影响，并将结果填入表 5-11 中。

表 5-11　置数功能测试表

输入状态						输出状态			
$\overline{CR}$	$\overline{LD}$	D_D	D_C	D_B	D_A	Q_D	Q_C	Q_B	Q_A
0	×	×	×	×	×				
1	0	0	0	0	1				
1	0	0	0	1	1				
1	0	0	1	1	1				
1	0	1	1	1	1				

2）计数功能测试。当$\overline{CR}=\overline{LD}=CT_T=CT_P=1$时，集成同步二进制计数器74LS161对输入脉冲CP进行二进制加法计数。按表5-12所示功能测试表进行实验，在CP端接入单脉冲源，观察输出端Q_A、Q_B、Q_C、Q_D的变化，并将结果填入表5-12中。

表5-12　计数功能测试表

$\overline{CR}$	$\overline{LD}$	输入脉冲数	输出状态			
		CP端	Q_D	Q_C	Q_B	Q_A
0	×	×				
1	1	1				
1	1	2				
1	1	3				
1	1	4				
1	1	5				
1	1	6				
1	1	7				
1	1	8				
1	1	9				
1	1	10				

（3）设计性实验　用一片集成同步二进制计数器74LS161构成十四进制计数器，画出设计电路图，并验证电路的正确性。

4. 实验报告要求

1）整理实验表格。

2）简要总结用集成二进制计数器组成任意进制计数器的体会。

5. 注意事项

1）在数字电子技术实验仪上插集成块时，要认清定位标记，不得插反。

2）集成块要求电源的范围为4.5～5.5V，实验中要求$V_{CC}=+5V$，电源极性不允许接错。

6. 思考题

用模值为M的集成二进制计数器组成大容量$N>M$的任意进制计数器的方法是什么？

5.3　寄存器

寄存器是一种重要的时序逻辑器件，是数字测量和数字控制系统中常用的器件，也是计算机的主要器件之一，常用来把一些待运算的数码或控制指令等二进制信息暂时存放起来，以便随时调用。

因为触发器具有记忆功能，所以触发器是构成寄存器的基本单元。一个触发器只有0和1两个稳态，即一个触发器只能存放1位二进制数据信息，因此存放N位数码的寄存器就需要N个触发器构成。

寄存器输入或输出数码的方式有并行和串行两种，因此其总的输入–输出方式有四种：串入–串出、串入–并出、并入–并出、并入–串出。所谓并行是各位数码从寄存器各自对应的端子同时输入或输出；串行是各位数码从寄存器各自对应的端子逐个输入或输出。

寄存器按功能可分为数码寄存器和移位寄存器两大类。

5.3.1 数码寄存器

数码(数据)寄存器只具有接收数码和清除原数码的功能，常用于暂时存放某些数据。图5-25所示电路是由上升沿触发的D触发器组成的4位数码寄存器。存放和取出数码由清零脉冲、接收脉冲和取数脉冲来控制。CP为送数脉冲控制端，$\overline{R}_D$ 为异步清零端，$d_3d_2d_1d_0$ 是从高位到低位依次排列的待存数码，$Q_3Q_2Q_1Q_0$ 为暂存数码输出端。

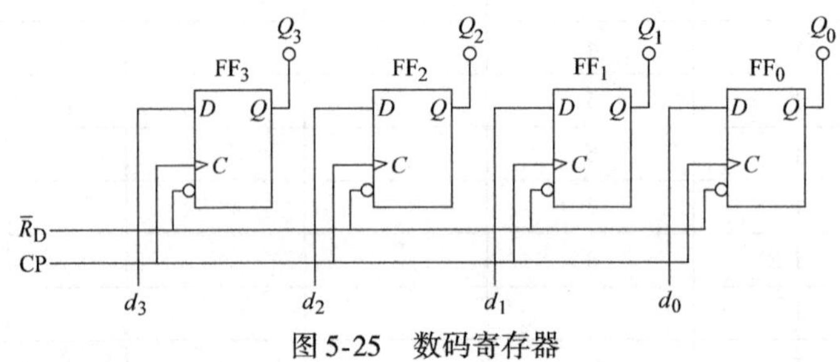

图5-25 数码寄存器

数码寄存器的工作过程如下：

(1) 异步清零 无论有无CP信号及各触发器处于何种状态，只要 $\overline{R}_D=0$，各触发器的输出 $Q_3\sim Q_0$ 均为0，这一过程，称为异步清零。在接收数码之前，通常先清零，即发出清零脉冲，平时不需要异步清零时，应使 $\overline{R}_D=1$。

(2) 送数 当 $\overline{R}_D=1$，待存数码送至各触发器的 D 输入端，且CP上升沿到来时，各触发器的状态改变，使 $Q_3^{n+1}=D_3$，$Q_2^{n+1}=D_2$，$Q_1^{n+1}=D_1$，$Q_0^{n+1}=D_0$。每当新数据被接收脉冲存入寄存器后，原存的旧数据便被自动刷新。

(3) 保持 当 $\overline{R}_D=1$，且CP=0时，各触发器就会保持原状态不变。

上述寄存器在输入数码时各位数码同时进入寄存器，取出时各位数码同时出现在输出端，因此这种寄存器为并行输入–并行输出寄存器。

5.3.2 移位寄存器

移位寄存器不仅能存储数据，还具有移位的功能。所谓移位功能，就是寄存器中所存的数据能在移位脉冲作用下依次左移或右移。因此，移位寄存器采用串行输入数据，可用于存储数据、数据的串行–并出转换、数据的运用及处理等。

根据数据在寄存器中移动情况的不同，可把移位寄存器划分为单向移位(左移、右移)寄存器和双向移位寄存器。下面以单向移位寄存器为例进行讨论。

用JK触发器构成的移位(右移)寄存器电路如图5-26所示。图中，CP是移位脉冲控制端；$\overline{R}_D$ 是异步清零端；D 是右移串行数据输入端，寄存的数码由此端以低位到高位的顺序送入；$Q_3Q_2Q_1Q_0$ 是并行数据输出端，同时 Q_0 又可作为串行数据输出端。

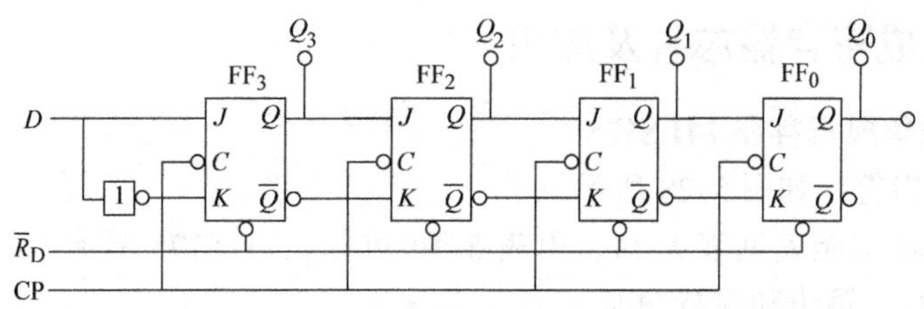

图 5-26　由 JK 触发器组成的右移寄存器电路

移位寄存器的工作过程如下：

（1）异步清零　首先使 $\overline{R}_D=0$，清除原数据，使 $Q_3Q_2Q_1Q_0=0000$，然后使 $\overline{R}_D=1$。

（2）串行输入数据并右移　每当移位脉冲 CP 下降沿到来时，输入数据 D 便依次移入 FF_3，同时每个高位触发器的输出状态也依次移给相邻低位触发器，即每移位一次，就存入一个新数据。假设输入的数据为 1011，在移位脉冲的作用下，寄存器中数据的移动情况见表 5-13。可以看出，当第 4 个移位脉冲 CP 作用之后，串行输入的 1011 这 4 位数据就全部移入寄存器并出现在 4 个触发器的 Q 端，即 $Q_3Q_2Q_1Q_0=1011$。这时可以从 4 个触发器的 Q 端取出数据 1011，实现了数据的串行输入–并行输出转换。若再继续送入 4 个 CP 脉冲，则这 4 位数据 1011 还可以从图 5-26 的 Q_0 端依次输出，实现数据的串行输入–串行输出的传送。由于数据依次从高位移向低位（$Q_3 \to Q_2 \to Q_1 \to Q_0$），即从左向右移动，所以为右移寄存器。

（3）保持　当 $\overline{R}_D=1$，且 CP = 1 时，各触发器就会保持原状态不变，即实现数据的记忆存储功能。

表 5-13　移位寄存器的状态表

移位脉冲数	寄存器中的数据				移 位 过 程
	Q_3	Q_2	Q_1	Q_0	
0	0	0	0	0	清零
1	1	0	0	0	右移一位
2	1	1	0	0	右移二位
3	0	1	1	0	右移三位
4	1	0	1	1	右移四位

左移寄存器的工作原理与右移寄存器的基本一致，但应将被寄存的数据按从高位到低位的顺序送入低位触发器 FF_0 的输入端。左移寄存器的电路图如图 5-27 所示，具体工作过程请读者自行分析。除了单向移位寄存器外，还有把左、右移功能综合一起，在控制端作用下，既可实现左移又可实现右移的双向移位寄存器。关于双向移动寄存器的具体工作过程请参见后面的有关内容。

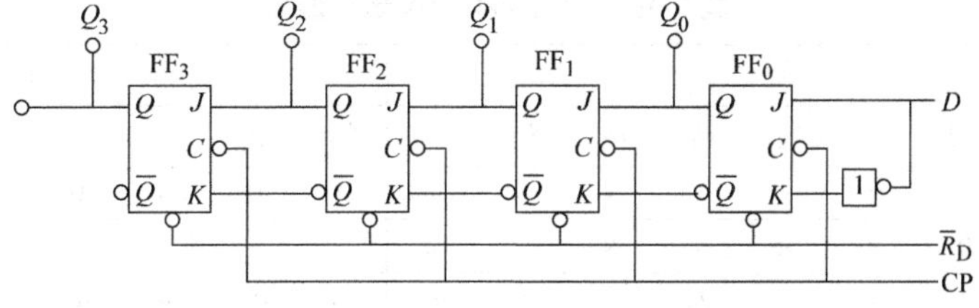

图 5-27　由 JK 触发器组成的左移寄存器

5.3.3　常用集成寄存器芯片及应用

1.　触发器型集成寄存器 74LS175

74LS175 的逻辑符号如图 5-28 所示。

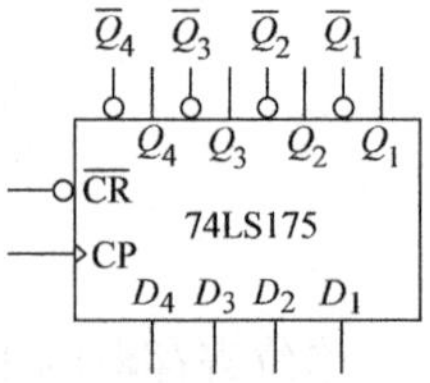

74LS175 的逻辑功能表见表 5-14。由表 5-14 可知，74LS175 具有异步清零、并行输入/输出和保持功能。

（1）异步清零　无论时钟 CP 和寄存器原来的状态怎样，只要清零端 $\overline{CR}=0$，输出端 $Q_4 \sim Q_1$ 全部为零状态。

（2）并行输入/输出　当 $\overline{R}_D=1$ 时，CP 脉冲的上升沿使 $Q_4Q_3Q_2Q_1=D_4D_3D_2D_1$，而 $\overline{Q}_4 \sim \overline{Q}_1$ 以反码方式输出数据。

图 5-28　74LS175 的逻辑符号

（3）保持　当$\overline{CR}$为高电平而且 CP 脉冲的上升沿没到来时，寄存器保持原来状态。

表 5-14　74LS175 的逻辑功能表

$\overline{CR}$	CP	$D_4 \sim D_1$	Q^{n+1}	$\overline{Q}^{n+1}$	功能
0	×	×	0	1	清零
1	↑	1	1	0	送数
1	↑	0	0	1	送数
1	0	×	Q^n	$\overline{Q}^n$	保持

2. 4 位双向通用移位寄存器 74LS194

74LS194 具有双向移位、并行输入/输出、保持数据和清零功能，其逻辑符号如图 5-29 所示。其中 S_1、S_0 为工作方式控制端；S_L/S_R 为左移/右移数据输入端；$D_0 \sim D_3$ 为并行数据输入端；$Q_0 \sim Q_3$ 依次为由低位到高位的 4 位输出端。

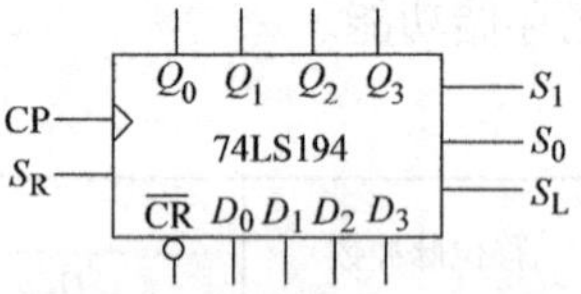

74LS194 的逻辑功能表见表 5-15。由逻辑功能表可见 74LS194 具有如下功能：

图 5-29　74LS194 的逻辑符号

1）清零。当 $\overline{CR}=0$ 时，无论其他输入如何，寄存器清零。

2）当 $\overline{CR}=1$ 时，有 4 种工作方式：

① $S_1=S_0=0$，保持功能。$Q_0 \sim Q_3$ 保持不变，且与 CP、S_R、S_L 信号无关。

② $S_1=0$，$S_0=1$，CP↑，右移功能。从 S_R 端先串入数据给 Q_0，然后按 $Q_0 \to Q_1 \to Q_2 \to Q_3$ 依次右移。

③ $S_1=1$，$S_0=0$，CP↑，左移功能。从 S_L 端先串入数据给 Q_3，然后按 $Q_3 \to Q_2 \to Q_1 \to Q_0$ 依次左移。

④ $S_1=S_0=1$，CP↑，并行输入功能。

表 5-15　74LS194 的逻辑功能表

输　入										输　出				说　明
$\overline{CR}$	S_1	S_0	CP	S_L	S_R	D_0	D_1	D_2	D_3	Q_0	Q_1	Q_2	Q_3	
0	×	×	×	×	×	×	×	×	×	0	0	0	0	清零
1	×	×	0	×	×	×	×	×	×	保持				
1	1	1	↑	×	×	d_0	d_1	d_2	d_3	d_0	d_1	d_2	d_3	并行置数
1	0	1	↑	×	1	×	×	×	×	1	Q_1	Q_2	Q_3	右移输入 1

（续）

输入										输出				说明
$\overline{CR}$	S_1	S_0	CP	S_L	S_R	D_0	D_1	D_2	D_3	Q_0	Q_1	Q_2	Q_3	
1	0	1	↑	×	0	×	×	×	×	0	Q_1	Q_2	Q_3	右移输入0
1	1	0	↑	1	×	×	×	×	×	Q_0	Q_1	Q_2	1	左移输入1
1	1	0	↑	0	×	×	×	×	×	Q_0	Q_1	Q_2	0	左移输入0
1	0	0	×	×	×	×	×	×	×	保持				

一片74LS194只能寄存4位数据，如果超过了4位数，那么这就需要用两片或多片74LS194级联成多位寄存器。由于74LS194功能齐全，在实际工程中广泛使用，故称为通用型寄存器。

3. 寄存器应用举例

作为一种重要的器件，寄存器的应用是多方面的，下面以74LS194为例介绍寄存器在数字电路中的典型应用。

74LS194可以构成串行-并行转换电路、移存型计数器和序列信号发生器等电路。

（1）74LS194的扩展及数据转换　用移位寄存器实现数据转换是指将数据由串行传输变为并行传输，或者反之。这种变换在数字系统中占有重要的地位，如计算机主机与外部设备间的信息交换，快、慢速数字设备之间的信息交换都可以用移位寄存器方便地实现。

图5-30是使用两片74LS194构成8位双向移位寄存器的例子。

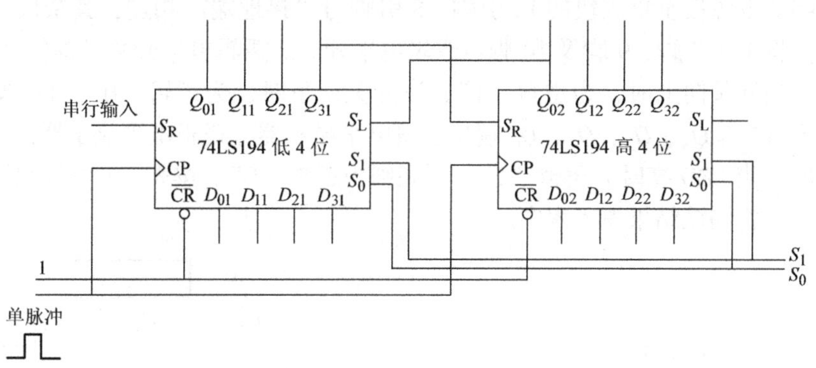

图5-30　8位双向移位寄存器

该寄存器在工作方式控制端的作用下，能实现串行输入、并行输出的转换，当S_0S_1 = 00、01、10、11时分别执行保持、左移、右移、并行输入操作。右移时，串行信号从低4位片的S_R输入；左移时，串行信号从高4位片的S_L输入。

（2）产生序列信号　序列信号是在同步脉冲的作用下按一定周期循环产生的一串二进制信号，如0111、1011、1101、1110、0111，每隔4位重复一次，称为4位序列信号。产生序列信号的逻辑器件称为序列信号发生器。

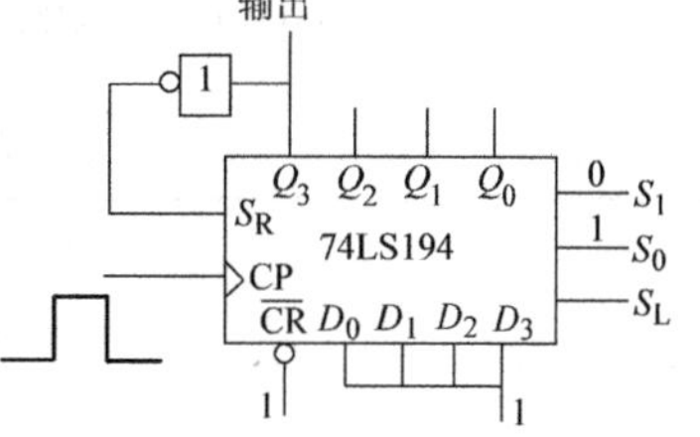

图5-31　8位序列信号发生器

图5-31所示是用移位寄存器组成的8位序列信号发生器，序列信号数字为00001111。从图5-31可见，产生序列

信号的关键是从移位寄存器的输出端引出一个反馈信号送到串行输入端。序列信号的长度（位数）和数值与移位寄存器的位数及反馈信号的逻辑取值有关。由 n 位移位寄存器构成的序列信号发生器产生的序列信号的最大长度 $P=2n$。

序列信号广泛用于数字设备测试、数字式噪声源中，或在雷达、通信、遥测和遥控中作为识别信号或基准信号。

实验 5.3　74LS194 移位寄存器的逻辑功能测试及构成 8 位移位寄存器

1. 实验目的

1）掌握中规模集成移位寄存器的逻辑功能测试及使用方法。

2）掌握移位寄存器在电路中的典型应用。

2. 实验设备与元器件

1）数字电子技术实验仪或实验箱。

2）+5V 直流稳压电源。

3）两片集成芯片 74LS194。

3. 实验内容及步骤

（1）集成芯片 74LS194 的逻辑功能测试　74LS194 是串/并行输入、并行输出的双向移位寄存器，其引脚排列如图 5-32 所示。

1）在数字电子技术实验仪的合适位置选取一个 16P 插座，按定位标记插好 74LS194 集成块。

2）将 +5V 电源接至集成块的 16 引脚，8 引脚与“接地端”相连，其余按图 5-33 所示连接好线路。将 1 至 7 脚、9 脚及 10 脚接逻辑电平开关。逻辑电平开关可提供“0”与“1”的电平信号：当开关向上时，为逻辑“1”；当开关向下时，为逻辑“0”。11 脚 CP 端接单脉冲源，12 至 15 脚 Q_3、Q_2、Q_1、Q_0 端接逻辑电平显示器，逻辑电平显示器是由 LED 发光二极管组成的，当 LED 亮时为逻辑“1”，不亮则为逻辑“0”。按表 5-16 所示逻辑功能测试表逐项测试，并将测试结果填入表中。

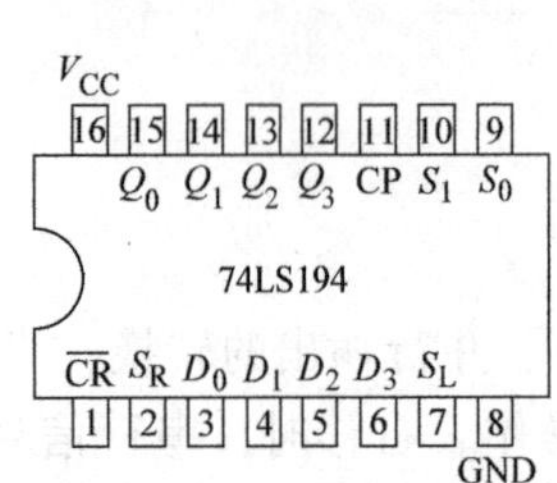

图 5-32　74LS194 引脚排列

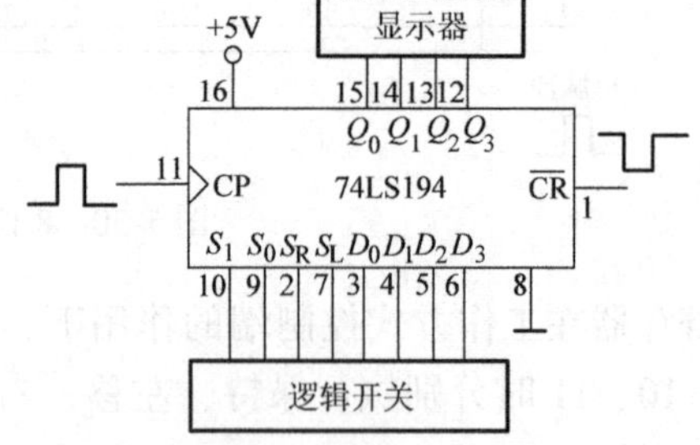

图 5-33　74LS194 的逻辑功能测试电路

表 5-16　74LS194 的逻辑功能测试表

输　入									输　出				功　能
$\overline{CR}$	S_1	S_0	CP↑	S_L	S_R	D_0	D_1	D_2	D_3	Q_0	Q_1	Q_2	Q_3	
0	×	×	×	×	×	×	×	×	×					
1	×	×	0	×	×	×	×	×	×					

（续）

	输　入									输　出				功　能
$\overline{CR}$	S_1	S_0	CP↑	S_L	S_R	D_0	D_1	D_2	D_3	Q_0	Q_1	Q_2	Q_3	
1	1	1	1	×	×	1	1	1	1					
1	1	1	2	×	×	1	0	0	1					
1	1	0	3	0	×	×	×	×	×					
1	1	0	4	0	×	×	×	×	×					
1	1	0	5	0	×	×	×	×	×					
1	1	0	6	0	×	×	×	×	×					
1	0	1	7	×	0	×	×	×	×					
1	0	1	8	×	0	×	×	×	×					
1	0	1	9	×	0	×	×	×	×					
1	0	1	10	×	0	×	×	×	×					
1	0	0	11	×	×	×	×	×	×					
1	0	0	12	×	×	×	×	×	×					
1	0	0	13	×	×	×	×	×	×					

（2）构成8位移位寄存器　用两片74LS194可以构成8位移位寄存器，实现串–并行转换，电路如图5-34所示。

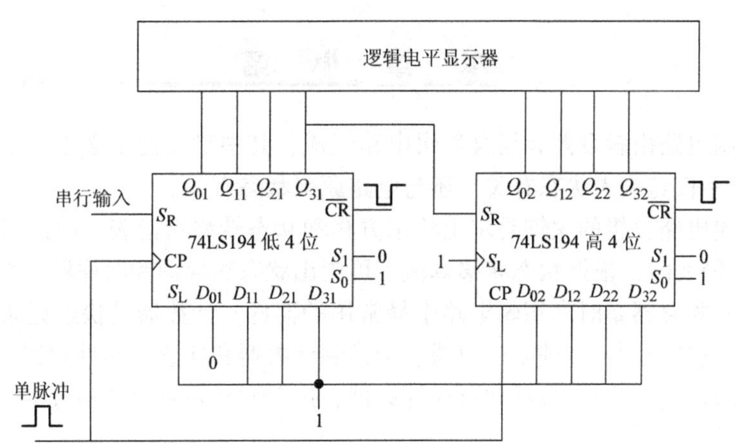

图5-34　8位移位寄存器

1）清零。在两片集成芯片的$\overline{CR}$端加低电平，使触发器全部清零。

2）送数。在CP端输入单次脉冲，观察输出端的变化，并将结果记录于表5-17中。

表5-17　数据串–并行转换状态表

CP↑	S_R	Q_{31}	Q_{21}	Q_{11}	Q_{01}	Q_{32}	Q_{22}	Q_{12}	Q_{02}	说　明
0	0	0	0	0	0	0	0	0	0	清零
1	1									送数
2	0									

（续）

CP↑	S_R	Q_{31}	Q_{21}	Q_{11}	Q_{01}	Q_{32}	Q_{22}	Q_{12}	Q_{02}	说　明
3	1									
4	1									
5	0									
6	0									
7	0									
8	1									
9	1									

4. 实验报告要求

1）填写并整理各项测试结果。

2）总结用两片 74LS194 构成的 8 位移位寄存器的工作方式。

5. 注意事项

1）在数字电子技术实验仪上插集成块时，要认清定位标记，不得插反。

2）集成块要求电源的范围为 4.5 ~ 5.5V，实验中要求 V_{CC} = +5V，电源极性不允许接错。

6. 思考题

用两片 74LS194 构成并行输入-串行输出转换电路的方法是什么？

本 章 小 结

1）时序逻辑电路由触发器和组合逻辑电路组成，其中触发器是必不可少的。时序逻辑电路的输出状态不仅与输入状态有关，还与电路原来状态有关。

2）时序逻辑电路分析的关键是求出状态方程和状态转移真值表，由此可分析出时序逻辑电路的功能。需要时，根据状态转移真值表可画出状态转换图和时序图。

3）计数器和寄存器是时序逻辑电路中最常用的器件。计数器是快速记录输入脉冲个数的器件，按计数进制分为：二进制计数器、十进制计数器和任意进制计数器；按计数增减方式分为：加法计数器、减法计数器和可逆计数器；按触发翻转是否同步分为：同步计数器和异步计数器。

4）寄存器是用来暂时存放数码的器件，从功能上分为数码寄存器和移位寄存器。移位寄存器又有单向(左移或右移)移位寄存器和双向移位寄存器。

5）目前使用的寄存器、计数器都有 TTL 和 CMOS 的集成器件，多为中规模集成电路，它们功能完善、使用方便灵活，功能表是其正确使用的依据。

6）集成计数器可以很方便地构成 N 进制(任意进制)计数器，方法主要有反馈置数法和反馈置 0 法。但要注意的是：①利用同步置 0 端或置数端归零时，应根据 $N-1$ 对应的二进制代码写反馈归零函数；②利用异步置 0 端或置数端归零时，应根据 N 对应的二进制代码写反馈归零函数。当需要扩大计数器的容量时，可将多片集成计数器进行级联。

7）集成寄存器是数字测量、数字控制系统和计算机中常用的器件。移位寄存器可实现数据的运算、处理及传输方式的转换，可方便地组成顺序脉冲发生器。

习 题 5

5-1 填空题

(1) 时序逻辑电路由________及________两部分组成。

(2) 描述时序逻辑电路的方程有三组，分别是________、________和________。

(3) 时序逻辑电路按触发器时钟端的连接方式不同可分为________和________两大类。

(4) 可以用来暂时存放数据的器件叫________。

(5) 移位寄存器除________功能外，还有________功能。

(6) 某寄存器由D触发器构成，有4位代码要存储，此寄存器必须有________个触发器。

(7) 一般地，模值相同的同步计数器比异步计数器的结构________，工作速度________。

(8) 由8级触发器构成的二进制计数器的模值为________；由8级触发器构成的十进制计数器的模值为________。

(9) 集成计数器的模值是固定的，但可以用________法和________法来改变它们的模值。

(10) 通过级联方法，将2片4位二进制计数器74LS161连接成为8位二进制计数器后，其最大模值是________；将3片4位十进制计数器74LS160连接成为8位十进制计数器后，其最大模值是________。

5-2 单项选择题

(1) 模值为256的二进制计数器，需要(   )级触发器。

A. 2　　B. 128　　C. 8　　D. 256

(2) 同步计数器是指(   )的计数器。

A. 由同类型的触发器构成

B. 各触发器时钟端连在一起，统一由时钟控制

C. 可用前级的输出做后级触发器的时钟

D. 可用后级的输出做前级触发器的时钟

(3) 由10级触发器构成的二进制计数器，其模值为(   )。

A. 10　　B. 20　　C. 1000　　D. 1024

(4) 若4位同步二进制加法计数器当前的状态是0111，则下一个时钟脉冲输入后，其内容变为(   )。

A. 0111　　B. 0110　　C. 1000　　D. 0011

(5) 设计一个能存放8位二进制代码的寄存器，需要(   )个触发器。

A. 8　　B. 4　　C. 3　　D. 2

(6) 一个4位移位寄存器原来的状态为0000，若串行输入始终为1，则经过4个移位脉冲后，寄存器的内容为(   )。

A. 0001　　B. 0111　　C. 1110　　D. 1111

(7) 可以用来实现并/串转换和串/并转换的器件是(   )。

A. 计数器　　B. 移位寄存器　　C. 存储器　　D. 全加器

(8) 在下列器件中，不属于时序逻辑电路的是(　　)。

A. 计数器　　B. 移位寄存器　　C. 全加器　　D. 序列信号检测器

(9) 可以用来暂时存放数据的器件是(　　)。

A. 计数器　　B. 移位寄存器　　C. 全加器　　D. 序列信号检测器

(10) 用反馈复位法来改变 8 位十进制加法计数器的模值，可以实现(　　)模值范围的计数器。

A. 1~10　　B. 1~16　　C. 1~99　　D. 1~100

5-3　时序电路和组合电路的根本区别是什么？同步时序电路与异步时序电路有何不同？

5-4　时序电路如图 5-35 所示，起始状态 $Q_0Q_1Q_2=000$，试分析该电路的逻辑功能。

5-5　分析图 5-36 所示电路，画出在 5 个 CP 脉冲作用下的时序图，并说明该电路的逻辑功能。

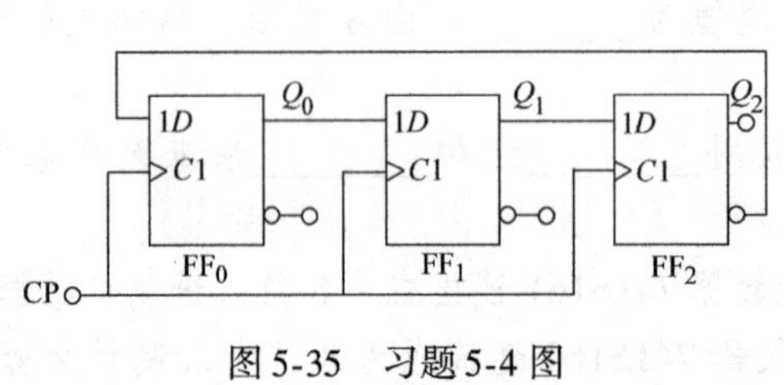

图 5-35　习题 5-4 图

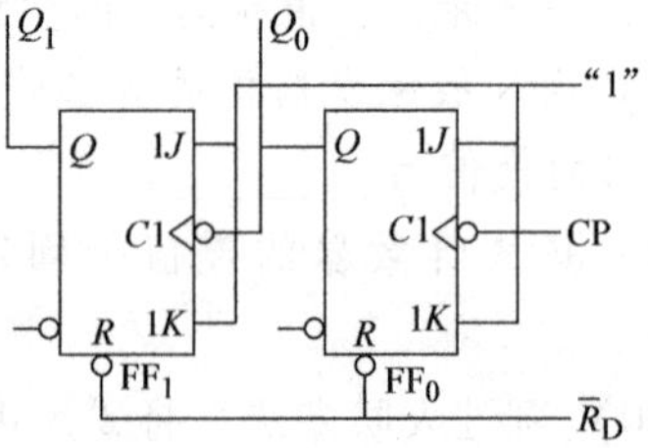

图 5-36　习题 5-5 图

5-6　试分析图 5-37 所示时序逻辑电路的逻辑功能，并画出 Q_2 的输出波形(设初始状态全为 0 状态)。

5-7　试分析图 5-38 所示时序逻辑电路的逻辑功能，并写出电路的驱动方程、状态方程和输出方程，画出电路的状态转换图。

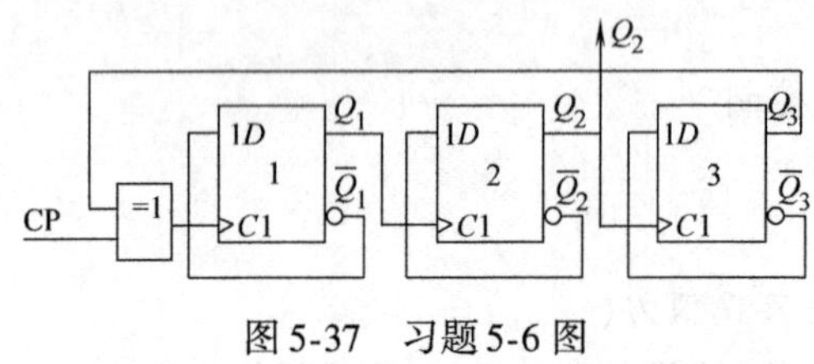

图 5-37　习题 5-6 图

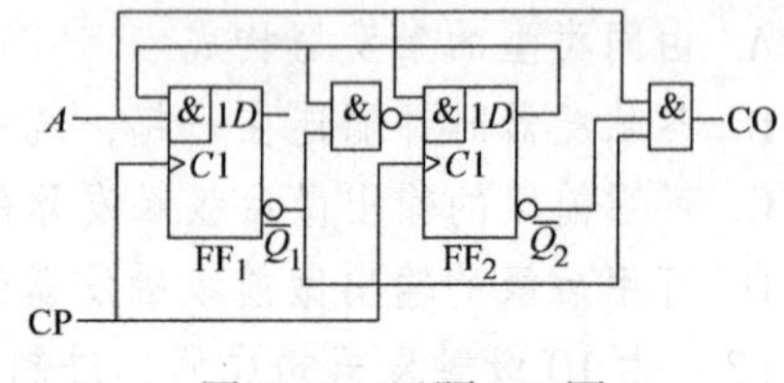

图 5-38　习题 5-7 图

5-8　试用集成芯片 74LS161 设计下列计数器。

(1) 九进制计数器。

(2) 五十进制计数器。

5-9　试用集成芯片 74LS290 设计下列计数器。

(1) 三十六进制计数器。

(2) 八进制计数器。

(3) 五十进制计数器。

5-10　分析图 5-39 所示计数器电路，并说明这是多少进制的计数器。

5-11　分析图 5-40 所示计数器电路，并画出电路的状态转换图，说明这是多少进制的计数器。

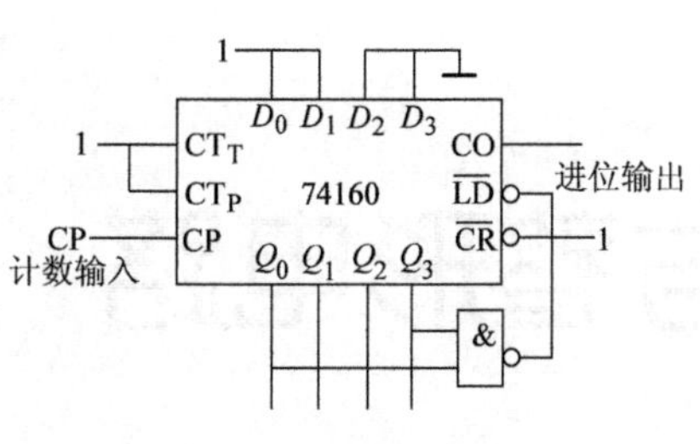

图 5-39　习题 5-10 图

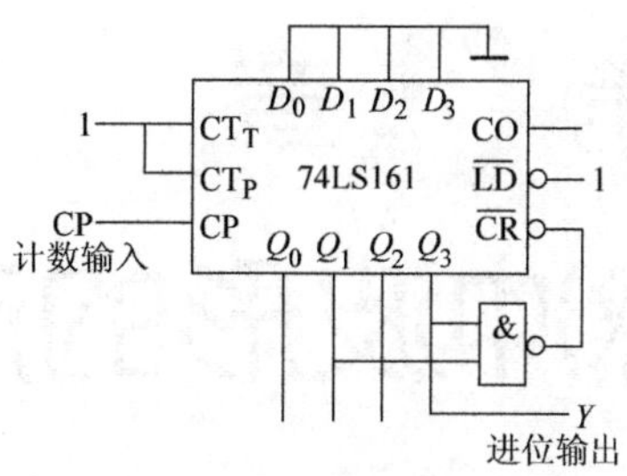

图 5-40　习题 5-11 图

5-12　图 5-41 所示的电路是两片同步十进制计数器 74LS160 组成的计数器，试分析这是多少进制的计数器。

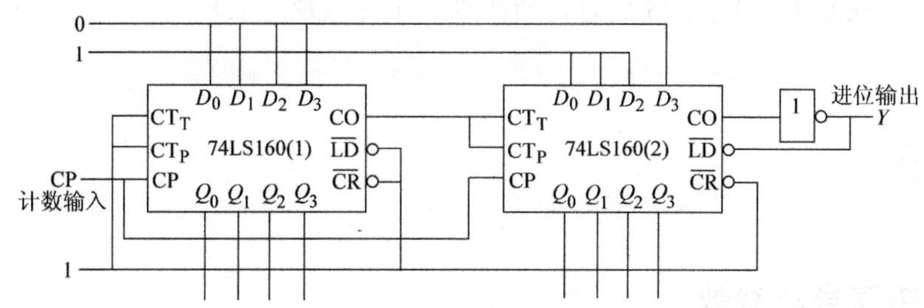

图 5-41　习题 5-12 图

5-13　图 5-42 所示的电路是两片同步二进制计数器 74LS161 组成的计数器，试分析这是多少进制的计数器。

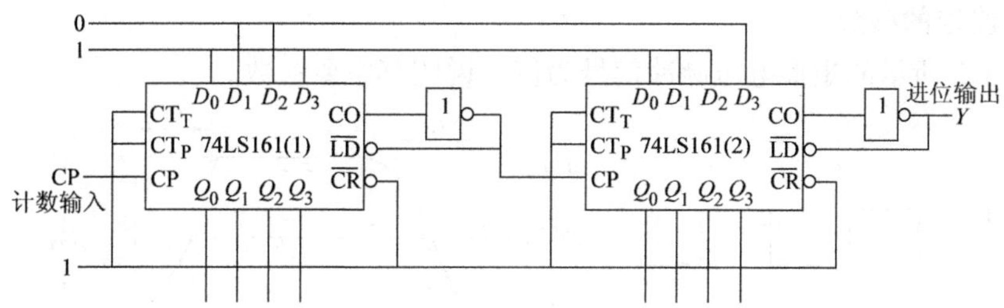

图 5-42　习题 5-13 图

5-14　用 4 位双向移位寄存器 74LS194 构成图 5-43 所示电路，先并行输入数据，使 $Q_0Q_1Q_2Q_3=0001$。试画出在 5 个 CP 脉冲作用下的状态图。

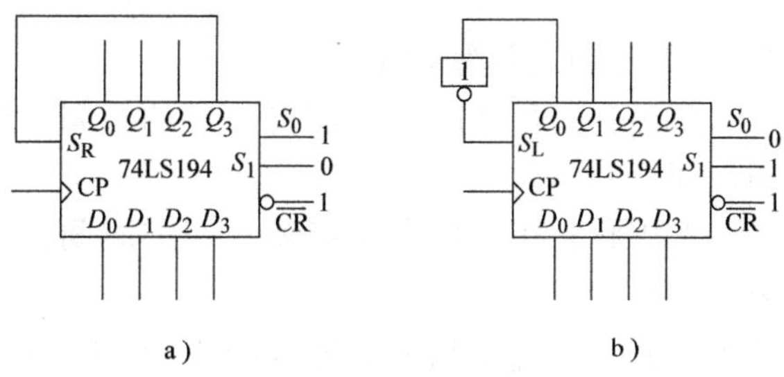

图 5-43　习题 5-14 图

第6章 脉冲波形的产生与整形电路

内容提要：

本章主要介绍单稳态触发器、多谐振荡器及施密特触发器的结构、工作原理及应用；阈值电压和回差的概念及应用；555 定时器的组成、工作原理及应用。

6.1 概述

6.1.1 脉冲信号及参数

1. 脉冲信号

从广义上讲，除正弦信号之外的信号，统称为脉冲信号。常用的脉冲波形有矩形波、三角波和锯齿波等，如图 6-1 所示，它们可以以单脉冲出现，也可以以重复脉冲序列出现。

2. 脉冲波形的参数

现以图 6-2 所示的矩形电压脉冲信号为例，说明其主要参数。

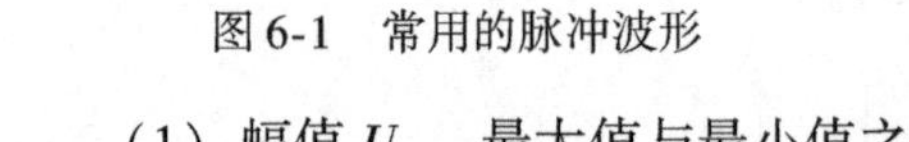

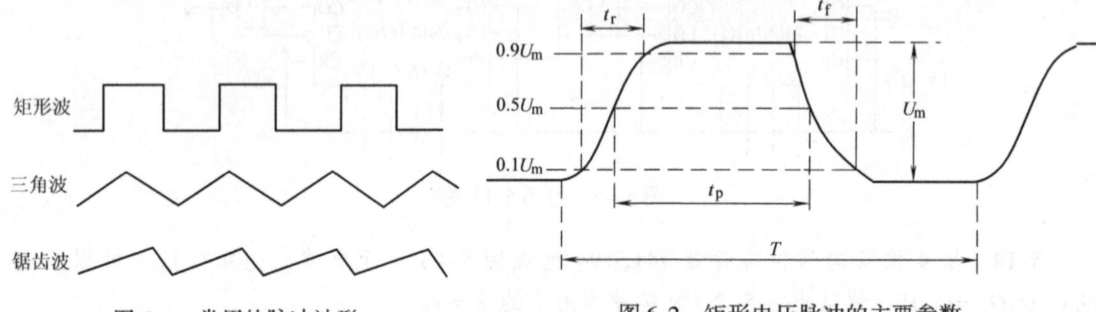

图 6-1 常用的脉冲波形

图 6-2 矩形电压脉冲的主要参数

(1) 幅值 U_m 最大值与最小值之差为幅值。

(2) 上升时间 t_r 由低电平上升至高电平需要一定的时间，规定由 $0.1U_m$ 上升至 $0.9U_m$ 所需的时间为上升时间。

(3) 下降时间 t_f 由高电平下降至低电平需要一定的时间，规定由 $0.9U_m$ 下降至 $0.1U_m$ 所需的时间为下降时间。

(4) 脉冲宽度 t_p 常以波形 $0.5U_m$ 处前后沿时间间隔为脉冲宽度。

(5) 周期 T 在周期性连续脉冲中，相邻两个脉冲出现的时间间隔为周期。

6.1.2　矩形脉冲的获得

在数字电路系统中，常需要各种不同频率、不同幅度的矩形脉冲信号去控制和协调整个系统的有序工作。获得矩形脉冲的方法主要有两种：一是利用多谐振荡器直接产生符合要求的矩形脉冲；二是通过整形电路对已有的波形进行整形、变换，使之符合系统的要求。施密特触发器和单稳态触发器是两种具有不同用途的脉冲波形整形、变换电路。施密特触发器主要用以将变化缓慢的或变化快速的非矩形脉冲变换成上升沿和下降沿都很陡峭的矩形脉冲，而单稳态触发器则主要用以将宽度不符合要求的脉冲变换成符合要求的矩形脉冲。

6.2　单稳态触发器

在第4章中介绍的触发器均具有两个稳定状态，而单稳态触发器只有一个稳态，另一个为暂稳态，暂稳态是不能长久保持的状态。不加触发信号时电路始终处于稳态，在外来触发脉冲作用下，电路从稳态翻转到暂稳态，暂稳态持续一段时间后又自动返回到稳态。暂稳态持续时间的长短与触发脉冲信号无关，只取决于电路本身定时元件的参数。根据 RC 定时电路连接方式的不同，单稳态触发器分为微分型和积分型两种。下面以微分型单稳态触发器为例，分析其工作原理。

6.2.1　微分型单稳态触发器

1. 电路结构

由CMOS门构成的微分型单稳态触发器的电路如图6-3所示。它由两个或非门构成，D_2 门的输出与 D_1 门的输入直接耦合，D_1 门的输出经 RC 微分电路耦合到 D_2 门的输入，所以称为微分型单稳态触发器。

图6-3　微分型单稳态触发器

2. 工作原理

(1) 稳态　无触发信号时，u_i 为低电平，D_2 门的导通输出 u_o 为低电平，D_1 门的截止输出 u_{o1} 为高电平，电容 C 两端电压接近于0，电路处于稳定状态，即 $u_{o1}=1$，$u_o=0$。

(2) 触发进入暂稳态　当 u_i 正跳变时，D_1 门的输出 u_{o1} 由高电平变为低电平，通过电容 C 耦合，u_{i2} 瞬间也产生同样跳变，由高电平变为低电平，使 D_2 门的输出由0变为1。这时即使没有触发信号，但因 $u_o=1$，维持 u_{o1} 为低电平，电源 U_{DD} 通过 R 对电容 C 充电，电路进入暂稳态。

(3) 自动返回稳态　随着充电的进行，电容两端电压升高，u_{i2} 也随之升高，当 u_{i2} 上升到高于 D_2 门的阈值电平时，D_2 门的输出由1变为0，这时 D_1 门的输入均为0，输出 u_{o1} 由低电平变为高电平，电路由暂稳态自动返回稳态，故 $u_o=1$、$u_{o1}=0$ 为暂稳态。

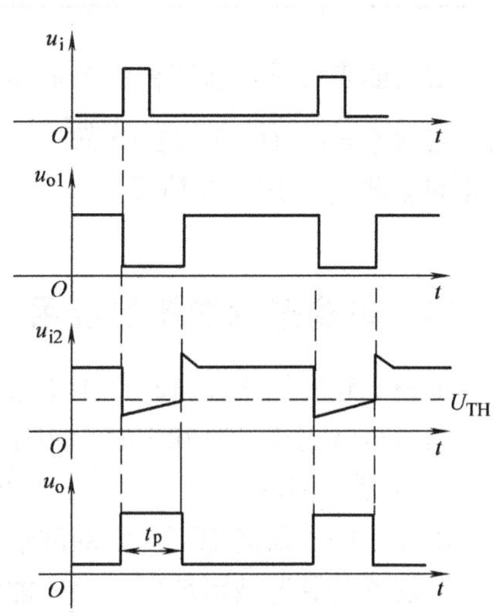

图6-4　微分型单稳态触发器的工作波形

暂稳态结束后，电容将通过电阻 R 放电，使 C 上电压恢复到稳态时的初始值。电路各点的工作波形如图6-4

所示。电路输出脉冲宽度 t_p 的值为

$$t_p \approx 0.7RC$$

6.2.2　集成单稳态触发器

单稳态触发器因应用广泛，已制成集成器件，其特点是使用方便，电路功能较强，可对外接电阻和电容进行调节，可实现输入脉冲上升沿或下降沿触发控制，且温度稳定性较好。

常用的集成单稳态触发器有TTL型和CMOS型，TTL型有CT54/74121、CT54/74221和CT54/74122等，CMOS型有CC14528和CC4098。下面以TTL集成单稳态触发器CT54/74121为例说明其逻辑功能。

CT54/74121集成单稳态触发器的逻辑符号如图6-5所示，逻辑功能表见表6-1。

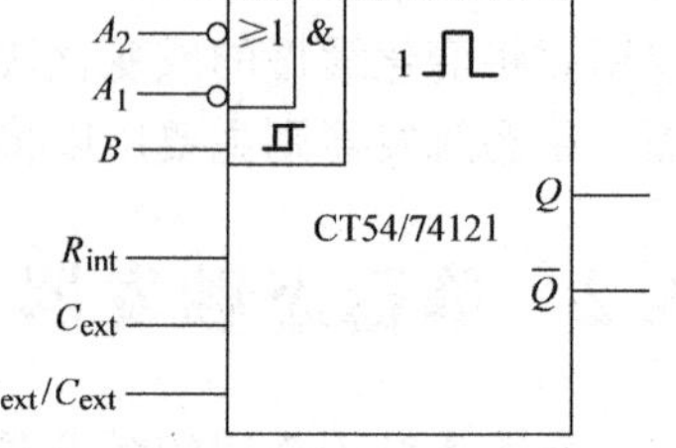

图6-5　CT54/74121集成单稳态触发器的逻辑符号

表6-1　CT54/74121集成单稳态触发器的逻辑功能表

输入			输出	
A_1	A_2	B	Q	$\overline{Q}$
0	×	1	0	1
×	0	1	0	1
×	×	0	0	1
1	1	×	0	1
1	↓	1	⊓	⊔
↓	1	1	⊓	⊔
↓	↓	1	⊓	⊔
0	×	↑	⊓	⊔
×	0	↑	⊓	⊔

由功能表可见：前四种状态电路都处于 $Q=0$、$\overline{Q}=1$ 的稳定状态；后面的五种状态是受触发之后 $Q=1$、$\overline{Q}=0$ 的暂稳态，而且 A_0、A_1 实现下降沿触发，B 实现上升沿触发。输出脉冲的宽度 t_p 可用下式估算：

$$t_p \approx 0.7RC$$

6.2.3　单稳态触发器的应用

单稳态触发器不能自动产生矩形脉冲，但却可以把其他形状的信号变换、整形成为矩形波，同时也常用于延时和定时，用途很广。

1. 变换、整形

单稳态触发器能把不规则的波形变换成为幅度和宽度都相等的脉冲波形。无论输入到单稳态触发器的脉冲波形如何，只要能使单稳态电路翻转，就能在输出端得到一定宽度、一定幅度的规则矩形波。

2. 延时和定时

由于单稳态触发器能产生一定脉冲宽度 t_p 的脉冲波形，所以用此脉冲去控制与非门，只有在 t_p 期间输入信号才有效，才有正常的输出，显然这起到了延时和定时的作用。电路示意图及工作波形如图 6-6 所示。

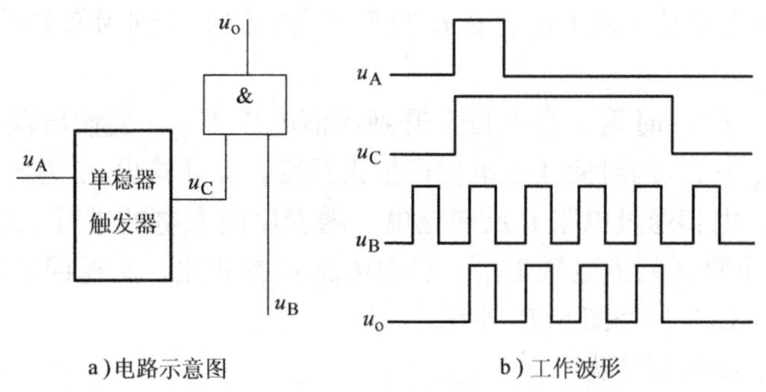

a) 电路示意图　　b) 工作波形

图 6-6　单稳态触发器用于延时和定时

6.3　多谐振荡器

多谐振荡器是一种自激振荡电路，它没有稳定状态，只有两个暂稳态。电路工作时不需要外加触发信号，只要接通电源，在其相应的输出端就会输出矩形脉冲。

6.3.1　*RC* 积分型多谐振荡器

1. 电路结构

RC 积分型多谐振荡器如图 6-7a 所示，电路由三个非门和两个电阻组成，其中 *R*、*C* 为定时元件，决定多谐振荡器的振荡周期和频率。

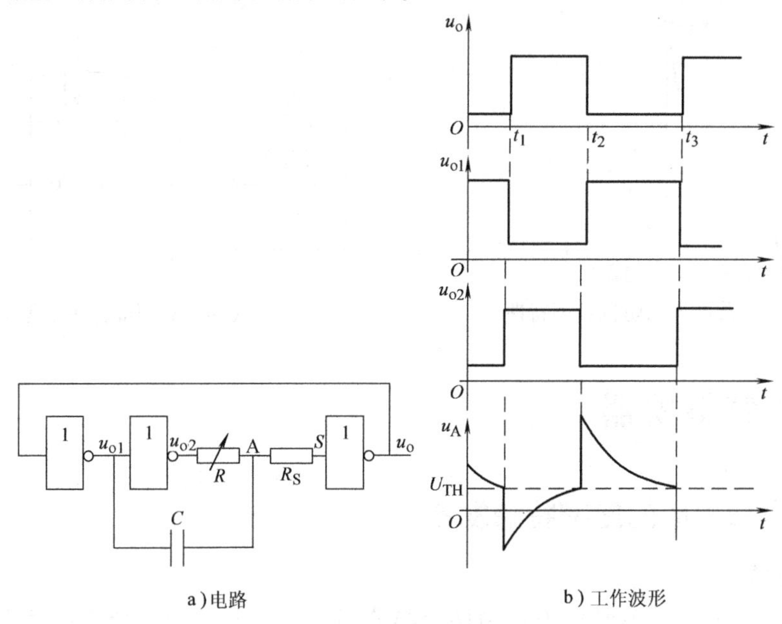

a) 电路　　b) 工作波形

图 6-7　*RC* 积分型多谐振荡器

2. 工作原理

（1）第一暂态　设 t_1 时刻 A 点电位下降到门电路阈值电压 U_{TH}，使输出变为 $u_o=1$、$u_{o1}=0$，这样一方面使 $u_{o2}=1$，同时因为电容两端压降不能突变，使 A 点电位产生负跃变，保证输出 u_o 为高电平，电路进入第一暂态。在此期间，u_{o2} 的高电平通过电阻 R 对 C 充电，随着充电的进行，A 点电位不断升高，在 t_2 时刻 A 点电位上升到阈值电压 U_{TH}，电路的状态又将发生变化。

（2）第二暂态　在 t_2 时刻 A 点电位上升到阈值电压 U_{TH}，使输出跃变为 $u_o=0$、$u_{o1}=1$，这样一方面使 $u_{o2}=0$，同时使 A 点电位产生正跃变，保证输出 u_o 为低电平，电路进入第二暂态。在此期间，电容通过电阻 R 反向充电，随着反向充电的进行，A 点电位逐渐降低，在 t_3 时刻 A 点电位下降到阈值电压 U_{TH}，引起电路状态变化，又返回到第一暂态，重复前面的过程。其电路工作波形如图 6-7b 所示。

在上述电路中，振荡周期为

$$T \approx 2.2RC$$

显然通过调节 R、C 的数值，可以达到改变振荡频率的目的。

6.3.2　石英晶体多谐振荡器

一般的振荡器都是通过电容的充放电来控制两个暂态的交替变化，因此温度的变化、电源电压的波动等外界的干扰会使电路的振荡频率不稳定。为了使频率稳定性更高，目前普遍采用在基本多谐振荡器中接入石英晶体而组成的石英晶体多谐振荡器。

石英晶体不仅频率稳定性好，而且品质因数高，频率选择性好。从图 6-8 所示的阻抗频率特性可以看出，只有当信号频率为 f_0 时，石英晶体的等效阻抗才最小，信号最容易通过。所以采用石英晶体组成的振荡电路，其振荡频率只取决于石英晶体本身的谐振频率 f_0，而与电路中的 R、C 数值无关，振荡电路如图 6-9 所示。

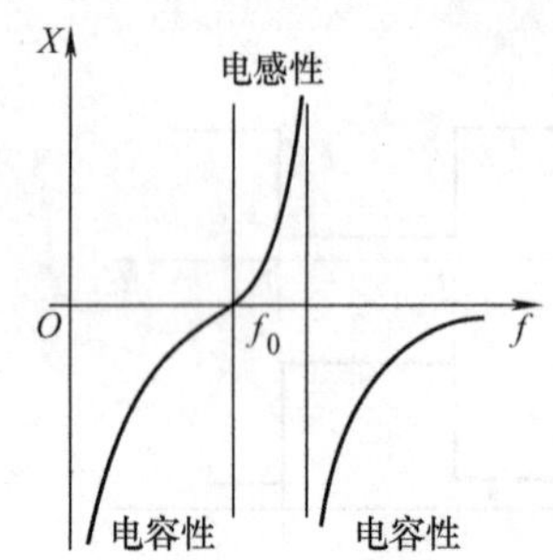

图 6-8　石英晶体的阻抗频率特性

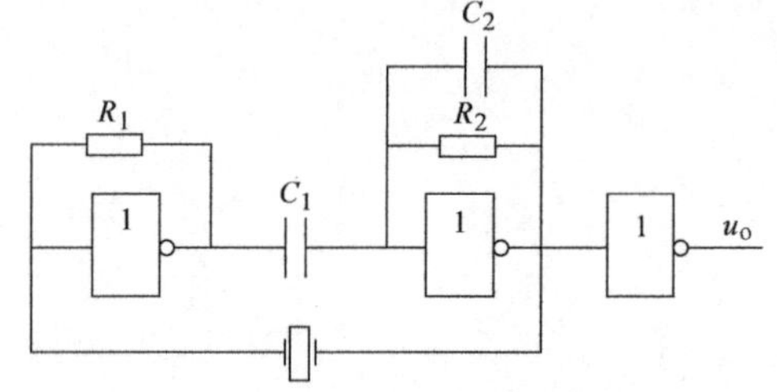

图 6-9　石英晶体多谐振荡器

6.4　施密特触发器

6.4.1　门电路组成的施密特触发器

1. 电路结构

如图 6-10a 所示，施密特触发器由两个与非门、一个非门和一个二极管组成。与非门

D_2、D_3 构成基本 RS 触发器。

2. 工作原理

设 D_1、D_2、D_3 三个门电路的阈值电压 U_{TH} 相等，都为 1.4V；二极管的正向压降为 0.7V；输入信号为三角波信号。

1）当 $u_i=0$ 时，$\overline{S}=0.7V$，即 $\overline{R}=1$、$\overline{S}=0$，根据基本 RS 触发器的逻辑功能可知，输出 u_o 为高电平，u_{o1} 为低电平，这是第一种稳态。之后随着输入信号的增加，电路保持原状态不变。若 u_i 继续上升到 $u_i=1.4V$，则由于非门的作用，$\overline{R}=0$、$\overline{S}=1$，RS 触发器翻转，输出 u_o 为低电平，u_{o1} 为高电平，这是第二种稳态。之后 u_i 再上升，电路保持原状态不变。

使电路由第一种稳态翻转到第二种稳态的输入电压，称作正向阈值电压，用 U_{T+} 表示。

2）u_i 上升到最大值后开始下降，即使 u_i 下降到低于 1.4V，但只要高于 0.7V，电路都将保持原状态不变；只有当 u_i 继续下降到 $u_i=0.7V$ 时，由于非门的作用 $\overline{R}=1$、$\overline{S}=0$，RS 触发器翻转，u_o 为高电平，u_{o1} 为低电平，电路返回到第一种稳态。工作波形如图 6-10b 所示。

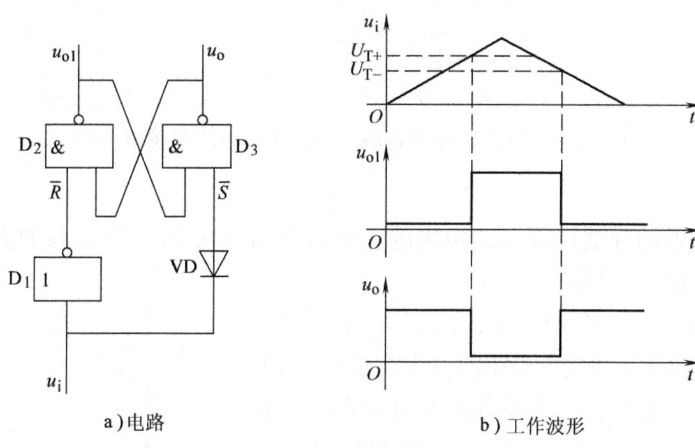

a）电路　　b）工作波形

图 6-10　施密特触发器

使电路由第二种稳态翻转到第一种稳态的输入电压，称作负向阈值电压，用 U_{T-} 表示。

施密特触发器的正向阈值电压 U_{T+} 和负向阈值电压 U_{T-} 的差，称作回差电压，用 ΔU_T 表示，即

$$\Delta U_T = U_{T+} - U_{T-}$$

产生回差电压 ΔU_T 的主要原因是在输入端串入了转移电平二极管 VD，因此该电路的回差电压等于二极管的正向压降，图 6-11 所示为施密特触发器的电压传输特性和逻辑符号。

3. 电路特点

由上述分析可以看出施密特触发器具有以下特点：

1）电路有两个稳定状态。

2）电路状态的翻转需外加触发信号来维持。

3）电路具有回差。

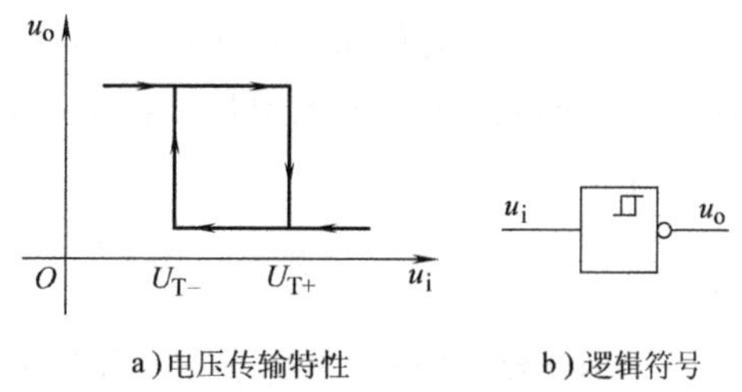

a）电压传输特性　　b）逻辑符号

图 6-11　施密特触发器的电压传输特性和逻辑符号

6.4.2 集成施密特触发器

1. 电路结构

图6-12a所示为CT74132 TTL集成施密特触发器的逻辑电路，图6-12b所示为其逻辑符号。由于图6-12a所示电路的输入级附加了与逻辑功能，在电路的输出级附加了反相功能，因此，又称为施密特触发器与非门。

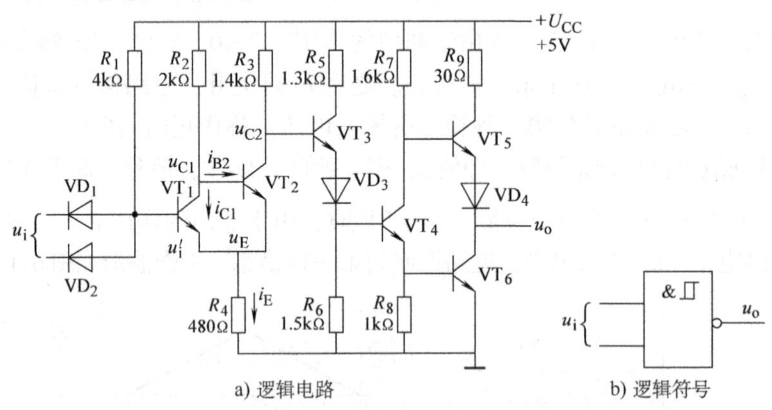

图6-12 CT74132施密特触发器的逻辑电路和逻辑符号

2. 工作原理

设晶体管的发射结导通压降和二极管的正向压降均为0.7V。下面参照图6-13所示波形讨论施密特触发器的工作原理。

当输入 $u_i=0V$ 时，$u_i'=0.7V$，由于 R_4 的存在，使 $u_{BE1}<0.7V$，VT_1 截止，集电极输出 u_{C1} 为高电平，VT_2 饱和导通。VT_2 饱和导通后，一方面其饱和电流在电阻 R_4 上产生压降，使 VT_1 发射结反向偏置，保证 VT_1 可靠截止，另一方面因其输出为低电平，使 VT_3、VD_3、VT_4 和 VT_6 截止，输出 u_o 为高电平，电路为第一稳态。

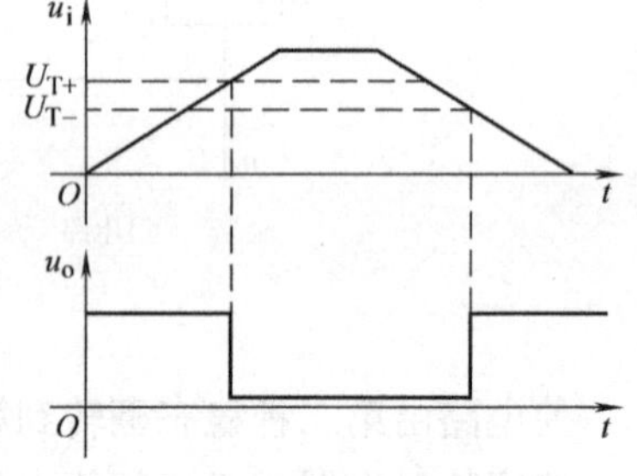

图6-13 施密特触发器的工作波形

当输入 u_i 增加到正向阈值电压 U_{T+} 时，$u_{BE1}\geq 0.7V$，VT_1 开始导通，于是电路产生下面的正反馈过程：

$$u_i\uparrow\rightarrow u_i'\uparrow\rightarrow i_{B1}\uparrow\rightarrow i_{C1}\uparrow\rightarrow u_{C1}\downarrow\rightarrow i_{C2}\downarrow\rightarrow u_E\downarrow\rightarrow u_{BE1}\uparrow$$

正反馈使电路迅速翻到 VT_1 饱和导通、VT_2 截止的状态，u_{C2} 为高电平，使 VT_3、VD_3、VT_4 和 VT_6 导通，而且晶体管都工作在饱和状态，使电路输出 u_o 为低电平，电路为第二稳态。此后 u_i 再增大，电路输出状态保持不变。

当输入 u_i 下降到负向阈值电压 U_{T-} 时，$u_{BE1}\leq 0.7V$，i_{C1} 开始减小，电路又产生另一个正反馈过程：

$$u_i\downarrow\rightarrow u_i'\downarrow\rightarrow i_{B1}\downarrow\rightarrow i_{C1}\downarrow\rightarrow u_{C1}\uparrow\rightarrow i_{C2}\uparrow\rightarrow u_E\uparrow\rightarrow u_{BE1}\downarrow$$

正反馈使电路迅速翻到 VT_1 截止，VT_2 饱和导通的状态，u_{C2} 为低电平，使 VT_3、VD_3、VT_4 和 VT_6 都截止，电路输出 u_o 为高电平，电路翻回到第一稳态。

由上述分析可知，电路在工作时 U_{T+} 与 U_{T-} 值不同，即产生回差。产生回差的原因是在图 6-12a 所示的电路中，VT_1 和 VT_2 集电极电阻不同，$R_2>R_3$，因此 VT_2 的饱和电流大于 VT_1 的饱和电流，使 $u_{E2}>u_{E1}$，所以 u_i' 增大时的 U_{T+} 大于 u_i' 下降时的 U_{T-}，即 $U_{T+}>U_{T-}$。

集成施密特触发器的 U_{T+} 和 U_{T-} 的具体数值可从集成电路手册中查到。

6.4.3　施密特触发器的应用

1. 波形变换及整形

利用施密特触发器可以将正弦波、三角波等各种周期性的不规则输入波形变成边沿陡峭的矩形脉冲信号，如时钟脉冲信号。图 6-14a 所示是利用施密特触发器将正弦波转换为矩形脉冲信号的工作波形示意图；图 6-14b 所示是将畸形的波形整形成为规则的矩形脉冲信号的工作波形示意图。

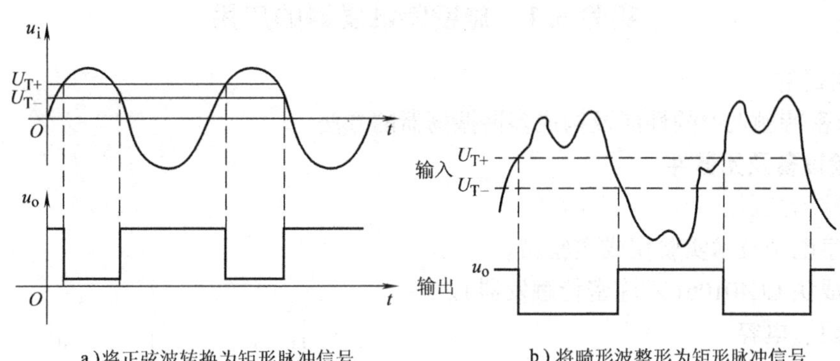

a）将正弦波转换为矩形脉冲信号　　b）将畸形波整形为矩形脉冲信号

图 6-14　施密特触发器的波形变换与整形

2. 鉴别脉冲幅度

因为施密特触发器的输出状态取决于输入信号的幅度，所以当输入信号是一串幅值不等的脉冲时，可以利用施密特触发器的 U_{T+} 将等于或大于 U_{T+} 的脉冲信号保留下来，消除幅值较小的脉冲，其工作波形示意图如图 6-15 所示。

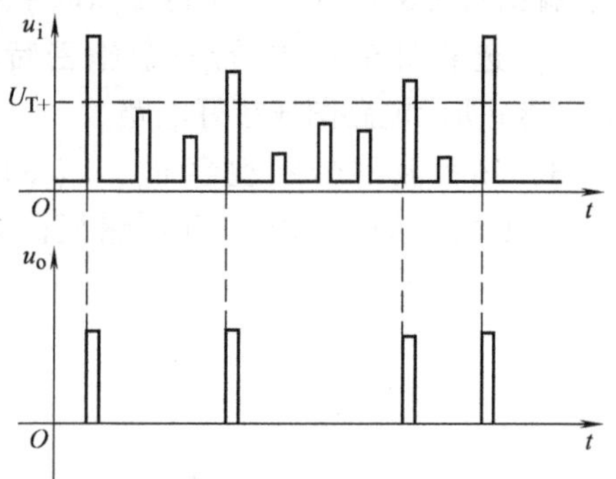

图 6-15　施密特触发器的脉冲幅度鉴别

3. 构成多谐振荡器

利用施密特触发器可以构成多谐振荡器，其电路如图 6-16a 所示，其中 E_N 为使能端，当 $E_N=1$ 时振荡，当 $E_N=0$ 时停振。

设 $E_N=1$，电容上电压为 0，输出 $u_o=1$，接通电源后 u_o 的高电平通过电阻对电容 C 充电，当电容两端电压 u_C 达到正向阈值电压 U_{T+} 时状态翻转，$u_o=0$；此后电容放电，随着放电的进行 u_C 下降，当 u_C 下降到负向阈值电压 U_{T-} 时状态翻转，$u_o=1$；接着又重复前面的过程，产生振荡，输出端得到相应的矩形脉冲，其工作波形如图 6-16b 所示。

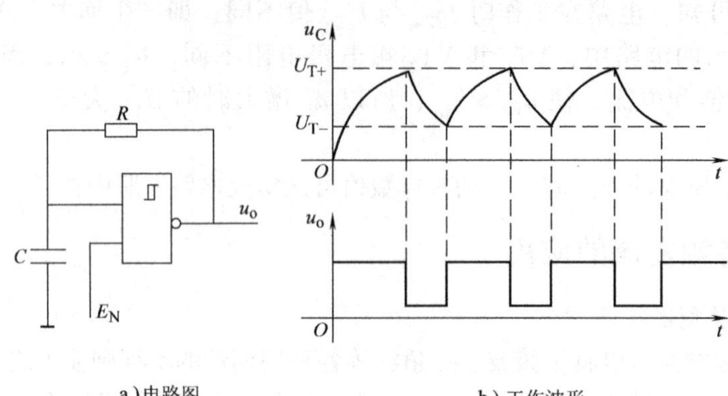

图 6-16　施密特触发器构成多谐振荡器

实验 6.1　施密特触发器的应用

1. 实验目的

掌握施密特触发器的性能及构成多谐振荡器的方法。

2. 实验设备及元器件

1）双踪示波器。

2）数字电子技术实验仪或实验箱。

3）集成块 CC40106（六施密特触发器）。

4）电阻、电容。

3. 实验内容及步骤

1）在数字电子技术实验仪的合适位置选取一个 14 插座，按定位标记插好 CC40106 集成块，CC40106 的引脚图如图 6-17 所示，电源 U_{DD} 取 +5V。

2）选取图 6-17 中的一个施密特触发器，按图 6-18a 所示电路图连接好电路。

3）用示波器分别观察 u_o、u_A 的波形，填入图 6-18b 所示的坐标内，并测量振荡频率。

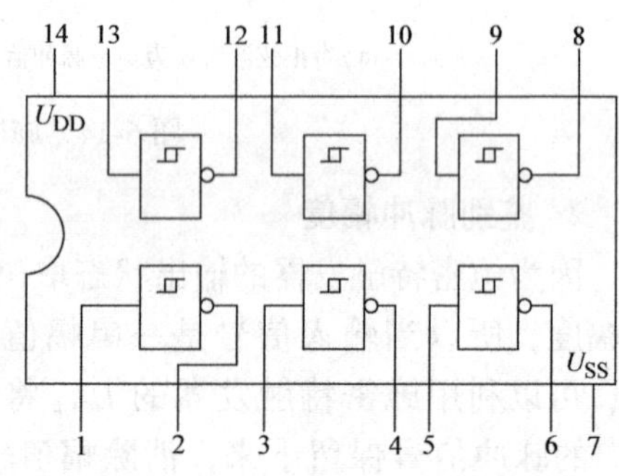

图 6-17　CC40106 引脚图

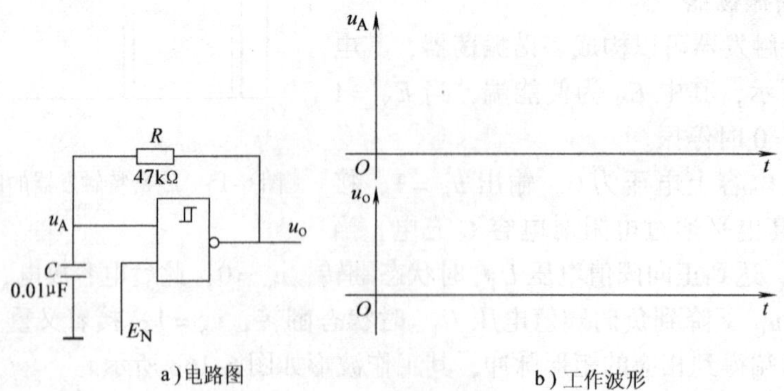

图 6-18　多谐振荡器

4. 实验报告要求

1）记录实验波形。

2）分析图 6-18a 所示电路的工作原理。

6.5　555 定时器及其应用

555 定时器又称为时基电路，因其电路结构简单，功能灵活，使用方便而得到广泛的应用，只要在其外部接少数几个电阻和电容，就可以构成单稳态触发器、多谐振荡器和施密特触发器等。555 定时器根据电路内部器件的类型可分为双极型（TTL 型）和单极型（CMOS 型）两种。电源电压的使用范围较广，双极型在 5～16V 之间，单极型在 3～18V 之间。每种类型的定时器电路都有单定时器电路和双定时器电路两种。

6.5.1　555 定时器的结构及工作原理

1. 555 定时器的电路结构

555 定时器的内部电路如图 6-19 所示，一般由分压器、比较器、触发器、开关及输出等部分组成。

（1）分压器　分压器由三个等值的电阻串联而成，将电源电压 U_{DD} 分为三等份，作用是为比较器提供两个参考电压 U_{R1}、U_{R2}。若控制端 CO 悬空，则比较器 A_1 的同相输入端参考电压 $U_{R1}=\frac{2}{3}U_{DD}$，比较器 A_2 的反相输入端参考电压 $U_{R2}=\frac{1}{3}U_{DD}$；若控制端 CO 外加控制电压 U_S，则 $U_{R1}=U_S$，$U_{R2}=\frac{1}{2}U_S$。

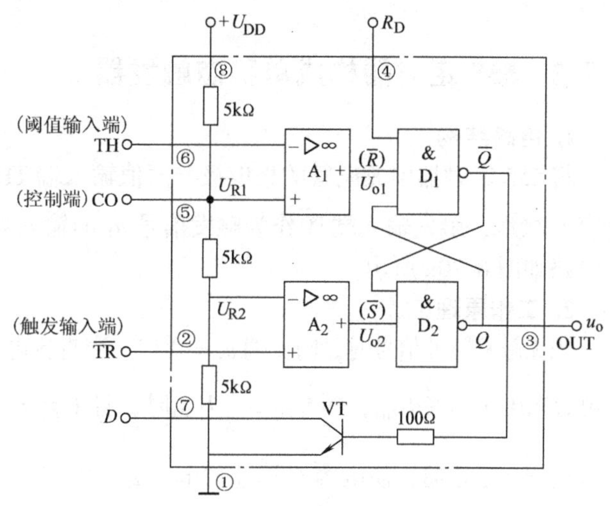

图 6-19　555 定时器的内部电路

（2）比较器　比较器由两个结构相同的集成运算放大器 A_1、A_2 构成。A_1 用来比较参考电压 U_{R1} 和阈值输入端电压 U_{TH} 的大小，确定 U_{o1} 的状态；A_2 用来比较参考电压 U_{R2} 和触发输入端电压 $U_{\overline{TR}}$ 的大小，确定 U_{o2} 的状态。

（3）触发器　与非门 D_1 和 D_2 构成基本 RS 触发器，由集成运算放大器 A_1、A_2 的输出信号 U_{o1} 和 U_{o2} 决定其输出端 Q 及 $\overline{Q}$ 的状态。

（4）开关及输出　放电开关由一个晶体管 VT 组成，其基极受基本 RS 触发器输出端 $\overline{Q}$ 控制。当 $\overline{Q}=1$ 时，晶体管导通，放电端 D 通过导通的晶体管为外电路提供放电的通路；当 $\overline{Q}=0$ 时，晶体管截止，放电通路被截断。

2. 555 定时器的工作原理

当复位端 $R_D=0$ 时，输出一定为低电平，$u_o=0$，放电管 VT 导通；正常工作时，复位

端 $R_D = 1$。

若 $U_{TH} > U_{R1}$、$U_{\overline{TR}} > U_{R2}$，则 $\overline{R}=0$、$\overline{S}=1$、$Q=0$，放电管导通，输出 $u_o = 0$。

若 $U_{TH} < U_{R1}$、$U_{\overline{TR}} < U_{R2}$，则 $\overline{R}=1$、$\overline{S}=0$、$Q=1$，放电管截止，输出 $u_o = 1$。

若 $U_{TH} < U_{R1}$、$U_{\overline{TR}} > U_{R2}$，则 $\overline{R}=1$、$\overline{S}=1$、Q 保持原状态不变，输出状态及放电管工作状态保持不变。

综上所述，555 定时器的逻辑功能表见表 6-2。

表 6-2　555 定时器的逻辑功能表

R_D	U_{TH}	$U_{\overline{TR}}$	u_o	VT 的状态
0	×	×	0	导通
1	$>\frac{2}{3}U_{DD}$	$>\frac{1}{3}U_{DD}$	0	导通
1	$<\frac{2}{3}U_{DD}$	$<\frac{1}{3}U_{DD}$	1	截止
1	$<\frac{2}{3}U_{DD}$	$>\frac{1}{3}U_{DD}$	不变	不变

6.5.2　555 定时器构成单稳态触发器

1. 电路结构

将 555 定时器中放电管的集电极与阈值输入端 TH 接到一起，通过电阻 R 接电源，通过电容 C 接地，触发输入端$\overline{TR}$作为触发信号 u_i 的输入端，由 555 定时器构成的单稳态触发器的电路如图 6-20a 所示。

2. 工作原理

当无触发脉冲信号时，输入端 u_i = “1”。当直流电源 $+U_{DD}$ 接通以后，经电阻 R 对 C 充电，当电容电压 $u_C > \frac{2}{3}U_{DD}$，即 $U_{TH} > \frac{2}{3}U_{DD}$时，且 $U_{\overline{TR}}$ = “1” $> \frac{1}{3}U_{DD}$，触发器输出 $u_o = 0$。同时放电管 VT 导通，使电容 C 迅速放电，$u_C \approx 0$，$U_{TH} < \frac{2}{3}U_{DD}$，$U_{\overline{TR}} > \frac{1}{3}U_{DD}$，电路将保持原

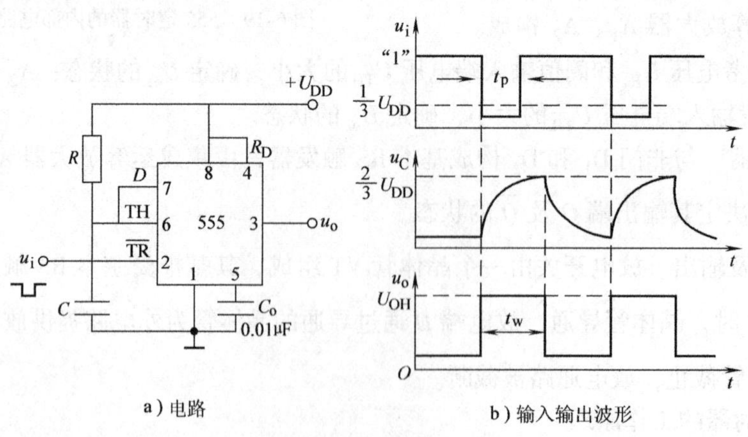

a）电路　　b）输入输出波形

图 6-20　单稳态触发器

状态，即 $u_o=0$，此时为单稳态触发器的稳定状态。

当单稳态触发器有触发脉冲信号即 $u_i=U_{\overline{TR}}=$ “0” $<\frac{1}{3}U_{DD}$时，且 $U_{TH}\leqslant\frac{2}{3}U_{DD}$，触发器输出由“0”变为“1”，晶体管由导通变为截止，放电端 D 与地断开。直流电源 $+U_{DD}$通过电阻 R 向电容 C 充电，电容两端电压按指数规律从零开始增加，电路进入暂稳态，经过一个脉冲宽度时间 t_p，负脉冲消失，输入端 u_i 恢复为“1”，即 $u_i=$ “1” $>\frac{1}{3}U_{DD}$。由于电容两端电压 $u_C<\frac{2}{3}U_{DD}$，且 $U_{TH}=u_C<\frac{2}{3}U_{DD}$，所以输出保持原状态“1”不变；当电容两端电压 $u_C\geqslant\frac{2}{3}U_{DD}$时，$U_{TH}=u_C\geqslant\frac{2}{3}U_{DD}$，又有 $U_{\overline{TR}}>\frac{1}{3}U_{DD}$，所以输出就由暂稳态“1”自动返回稳定状态“0”。如果继续有触发脉冲输入，那么将重复上面的过程，输入输出波形如图 6-20b 所示。

3. 暂稳态时间(输出脉冲宽度)

暂稳态持续的时间又称输出脉冲宽度，用 t_w 表示。它由电路中电容两端的电压决定，其值为 $t_w\approx1.1RC$。

6.5.3　555 定时器构成多谐振荡器

1. 电路结构

将 555 定时器中放电管的集电极通过电阻 R_1 接电源 U_{DD}，再通过 R_2、C 与地相接，将阈值输入端 TH 与触发输入端$\overline{\text{TR}}$直接相连，接于 R_2、C 之间，由 555 定时器构成的多谐振荡器的电路如图 6-21a 所示。

2. 工作原理

假定零时刻电容初始电压为零，接通电源后，因电容两端电压不能突变，所以有 $U_{TH}=U_{\overline{TR}}=u_C=0<\frac{1}{3}U_{DD}$，输出 $u_o=1$，放电管 VT 截止，直流电源通过电阻 R_1、R_2 向电容 C 充电，这时电路处于第一暂稳态；当电容两端电压 $u_C\geqslant\frac{2}{3}U_{DD}$时，$U_{TH}=U_{\overline{TR}}=u_C\geqslant\frac{2}{3}U_{DD}$，电路状态发生变化，即 $u_o=0$，放电管 VT 导通，电容 C 通过电阻 R_2 放电，这时电路处于第二

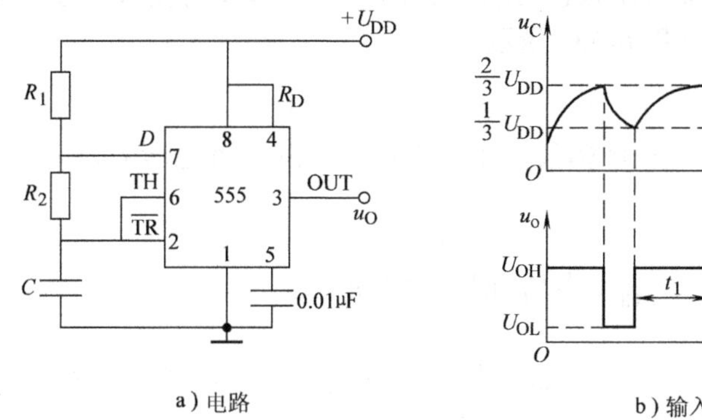

a) 电路　　b) 输入输出波形

图 6-21　多谐振荡器

暂稳态；当电容两端电压 $u_C \leqslant \frac{1}{3}U_{DD}$ 时，$U_{TH}=U_{\overline{TR}}=u_C \leqslant \frac{1}{3}U_{DD}$，电路状态又发生变化，$u_o=1$，放电管 VT 截止，电源通过 R_1、R_2 重新向电容 C 充电，重复上述过程，其工作过程如图 6-21b 所示。

3. 振荡周期

振荡周期 $T=t_1+t_2$。t_1 代表充电时间$\left(电容两端电压从\frac{1}{3}U_{DD}上升到\frac{2}{3}U_{DD}所需的时间\right)$，$t_1 \approx 0.7(R_1+R_2)C$；$t_2$ 代表放电时间$\left(电容两端电压从\frac{2}{3}U_{DD}下降到\frac{1}{3}U_{DD}所需的时间\right)$，$t_2 \approx 0.7R_2C$，因而有 $T=t_1+t_2 \approx 0.7(R_1+2R_2)C$。

对于矩形波，除了用幅度、周期来衡量以外，还有一个参数叫占空比，用符号 q 表示，$q=\frac{t_p}{T}$。其中，t_p 指输出高电平在一个周期内所占的时间，T 为周期。在图 6-21b 所示的输出矩形信号中，$q=\frac{t_1}{T}=\frac{t_1}{t_1+t_2}=\frac{R_1+R_2}{R_1+2R_2}$。

4. 改进电路

图 6-21a 所示电路的占空比不可调，若将电路的充放电回路分开，则构成占空比可调的多谐振荡器，电路如图 6-22 所示。

当 $u_o=1$ 时，放电管 VT 截止，电源通过 R_1、VD_1 对电容 C 充电；当 $u_o=0$ 时，放电管 VT 导通，电容 C 通过 VD_2、R_2 放电，所以 $t_1=0.7R_1C$，$t_2=0.7R_2C$，$T=t_1+t_2=0.7(R_1+R_2)C$，有

$$q=\frac{t_1}{T}=\frac{0.7R_1C}{0.7(R_1+R_2)C}=\frac{R_1}{R_1+R_2}$$

改变滑动触点的位置可以改变电阻 R_1、R_2 的值，即可改变 q 值。

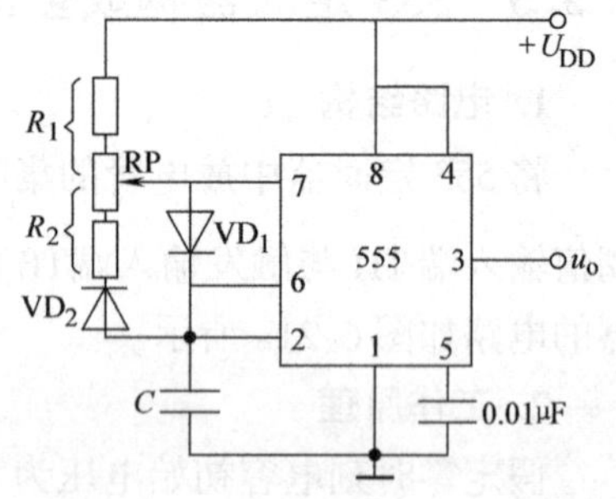

图 6-22　占空比可调的多谐振荡器

6.5.4　555 定时器构成施密特触发器

1. 电路结构

将 555 定时器的阈值输入端 TH 和触发输入端 $\overline{TR}$ 连在一起作为输入信号 u_i 的输入端即可构成施密特触发器，其电路如图 6-23a 所示。

2. 工作原理

设输入信号 u_i 为正弦波，正弦波幅值大于 555 定时器的参考电压 $U_{R1}=\frac{2}{3}U_{DD}$（控制端 CO 通过电容接地）。

当 $0<u_i<\frac{1}{3}U_{DD}$，即 $U_{TH}=U_{\overline{TR}}<\frac{1}{3}U_{DD}$ 时，输出 $u_o=1$。

当 $\frac{1}{3}U_{DD}<u_i<\frac{2}{3}U_{DD}$，即 $U_{TH}<\frac{2}{3}U_{DD}$、$U_{\overline{TR}}>\frac{1}{3}U_{DD}$ 时，输出保持 $u_o=1$ 不变。

当 $u_i>\frac{2}{3}U_{DD}$，即 $U_{TH}=U_{\overline{TR}}>\frac{2}{3}U_{DD}$ 时，输出 $u_o=0$。

当 u_i 从最大值下降，$\frac{1}{3}U_{DD} < u_i < \frac{2}{3}U_{DD}$，即 $U_{TH} < \frac{2}{3}U_{DD}$、$U_{\overline{TR}} > \frac{1}{3}U_{DD}$时，输出保持 $u_o = 0$ 不变。

当 $u_i < \frac{1}{3}U_{DD}$，即 $U_{TH} = U_{\overline{TR}} < \frac{1}{3}U_{DD}$时，输出 $u_o = 1$。

施密特触发器的工作波形如图 6-23b 所示。

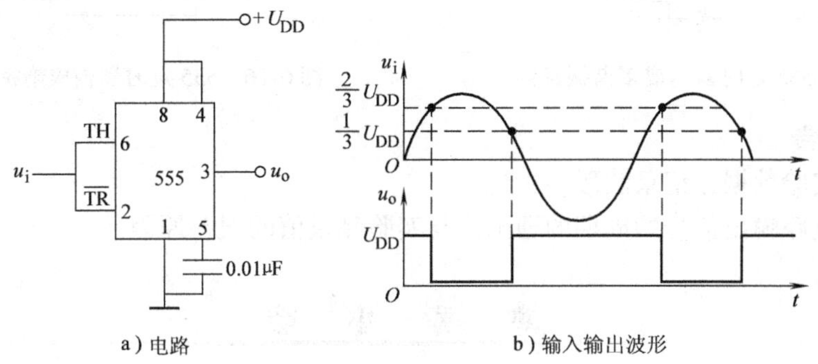

a）电路　　b）输入输出波形

图 6-23　施密特触发器

由上述分析可见，电路的正向阈值电压与负向阈值电压不同，其回差电压 $\Delta U_T = U_{T+} - U_{T-} = \frac{1}{3}U_{DD}$。

实验 6.2　555 定时器的应用

1. 实验目的

1）掌握555 定时器的电路结构、逻辑功能。

2）掌握用 555 定时器构成多谐振荡器的方法。

3）掌握用 555 定时器构成施密特触发器的方法。

2. 实验设备与元器件

1）双踪示波器。

2）数字电子技术实验仪或实验箱。

3）555 定时器集成块。

4）电阻、电容若干，二极管 2CK13。

3. 实验内容及步骤

（1）用 555 定时器构成多谐振荡器

1）在数字电子技术实验仪的合适位置选一个 8P 插座，按定位标记插好集成块，其引脚图如图 6-24 所示。

2）按图 6-25 所示电路图接好电路，用示波器观察输出信号的波形。

3）测量输出信号的周期 T，并与理论计算值比较。

（2）用 555 定时器构成施密特触发器　按图 6-26 所示电路图接好电路，在输入端加 1000Hz、4V 的正弦信号，用示波器观察输出信号的波形。

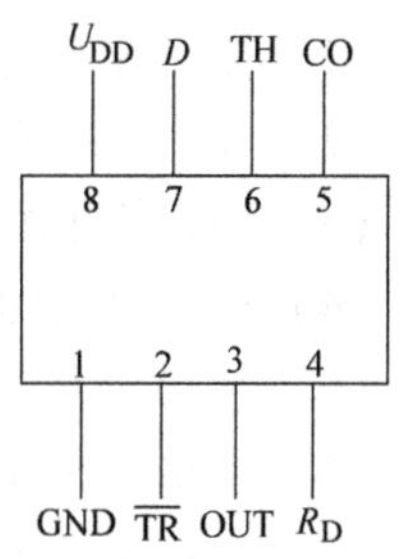

图 6-24　555 定时器的引脚图

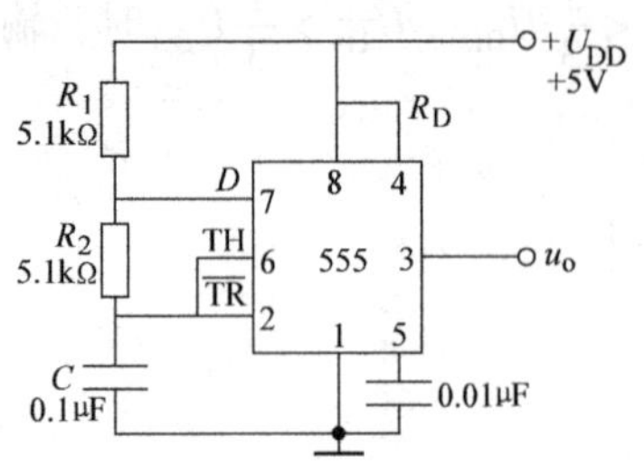

图 6-25　555 定时器构成多谐振荡器

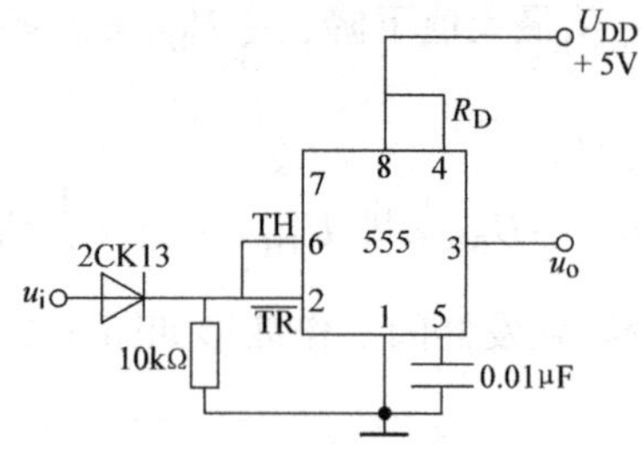

图 6-26　555 定时器构成施密特触发器

4. 实验报告

1）整理实验数据，记录波形。

2）分析电路输出信号的周期的理论值与实验测量值的误差原因。

本　章　小　结

1）单稳态触发器有一个稳态和一个暂稳态，其输出脉冲的宽度只取决于电路本身定时元件 R、C 的数值，与输入信号没有关系。输入信号只起到触发电路进入暂稳态的作用，改变定时元件 R、C 的数值可调节输出脉冲的宽度。

2）多谐振荡器没有稳定状态，只有两个暂稳态，暂稳态间的相互转换完全靠电路本身电容的充电和放电自动完成，因此多谐振荡器接通电源后就能输出周期性的矩形脉冲，改变定时元件 R、C 的数值，可调节振荡频率。

3）施密特触发器有两个稳定状态，有两个不同的触发电平，因此具有回差特性。它的两个稳定状态是靠两个不同的电平来维持的。输出脉冲的宽度由输入信号的波形决定，此外调节回差电压的大小，也可改变输出脉冲的宽度。

4）555 定时器是一种多用途的集成电路，只需外接少量阻容元件便可构成施密特触发器、单稳态触发器和多谐振荡器等。由于 555 定时器使用方便、灵活，有较强的负载能力和较高的触发灵敏度，因此在自动控制、仪器仪表及家用电器等许多领域都有着广泛的应用。

习　题　6

6-1　判断题

(1) 应用 555 定时器构成多谐振荡器等多种电路时，其复位端必须接“1”。(　　)

(2) 施密特触发器可以将边沿缓慢的输入信号变换成矩形脉冲输出。(　　)

(3) 555 定时器的电源电压为 +5V。(　　)

(4) 555 定时器的复位端接低电平时，定时器的输出为低电平，输入信号不起作用。(　　)

(5) 欲将三角波变换为矩形波，可以采用单稳态电路。(　　)

(6) 多谐振荡器有两个稳定状态。(　　)

(7) 多谐振荡器和单稳态电路都是常用的整形电路。(　　)

(8) 回差是施密特触发器的主要特性参数。(　　)

6-2　选择题

(1) 只有暂稳态的电路是(　　)。

A. 多谐振荡器　　B. 单稳态电路　　C. 施密特触发器　　D. 定时器

(2) 回差是(　　)电路的主要特性参数。

A. 单稳态电路　　B. 施密特触发器　　C. 多谐振荡器　　D. 以上都不对

(3) 单稳态电路可以用于(　　)。

A. 产生矩形波　　B. 做存储器

C. 把变化缓慢信号变为矩形波　　D. 以上都不对

(4) 能将三角波变换成矩形波，可以应用的电路是(　　)。

A. RS 触发器　　B. 555 定时器　　C. 施密特触发器　　D. 以上都不对

6-3　单稳态触发器、多谐振荡器和施密特触发器各有什么特点？

6-4　已知反相输出的施密特触发器及其输入波形如图 6-27 所示，画出输出信号的波形。

6-5　图 6-28 所示为环形振荡器，设每个门的平均传输延迟时间 $t_{pd}=50\text{ns}$，如输入 $u_i=0$ 时，电路能否产生振荡？当 $u_i=1$ 时，电路有无稳态？如果电路产生振荡，其输出脉冲的振荡周期为多少？

6-6　用 555 定时器构成的多谐振荡器如图 6-29 所示，$R_1=R_2=5.1\text{k}\Omega$，$C=0.01\mu\text{F}$，$U_{CC}=12\text{V}$，试计算电路的振荡频率。

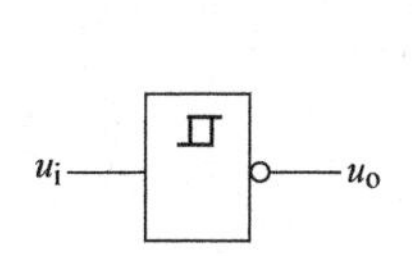

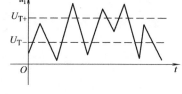

图 6-27　习题 6-4 图

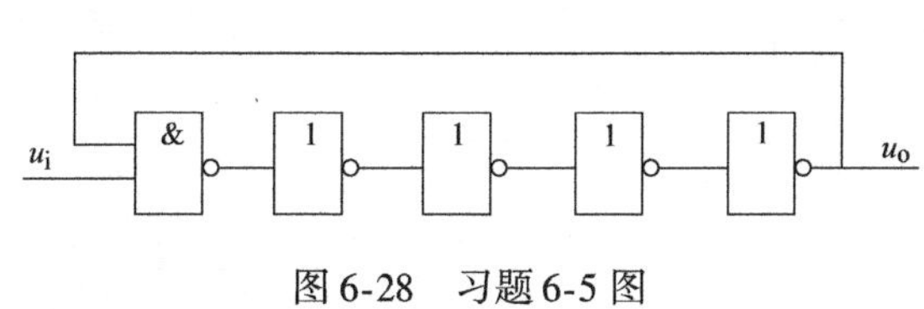

图 6-28　习题 6-5 图

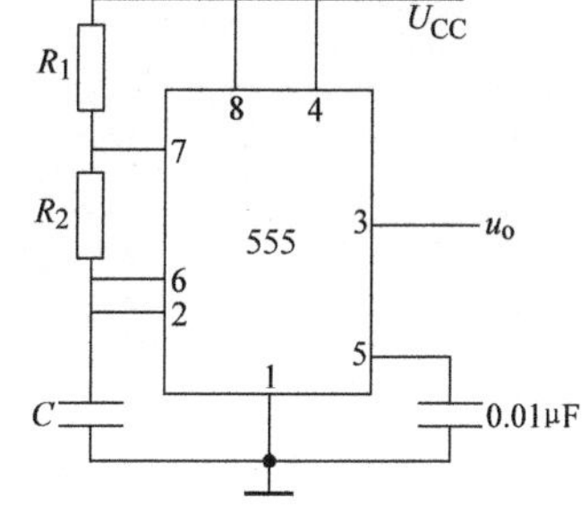

图 6-29　习题 6-6 图

6-7　用 555 定时器构成的单稳态触发器如图 6-30 所示，$R=1\text{M}\Omega$，$C=10\mu\text{F}$，试估算脉冲宽度 t_p。

6-8　图 6-31 所示为继电器点动时间可控电路，在 u_i 输入窄脉冲信号的触发下，调节电阻 R_P 可改变继电器 KA 的动作时间，求继电器动作时间的可调范围？

6-9　电路如图 6-32 所示，设二极管 VD_1、VD_2 为理想二极管，试求占空比 q 和工作频率 f_o。

6-10　用 555 定时器构成单稳态触发器，电源电压 $U_{CC}=10\text{V}$，定时电阻 $R=8.2\text{k}\Omega$，若要使单稳态触发器的

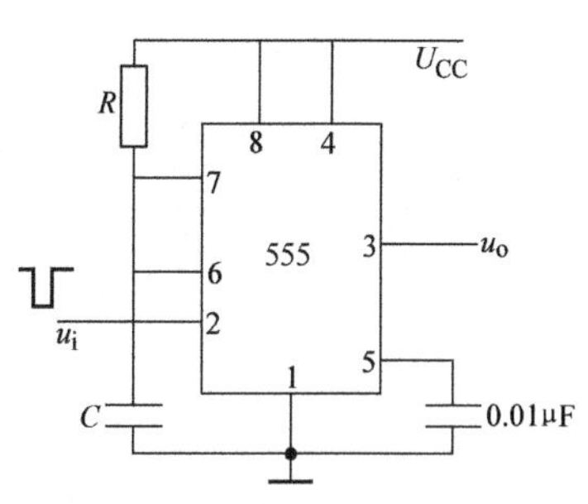

图 6-30　习题 6-7 图

输出脉冲宽度为50ms，试计算定时电容 C 的值。

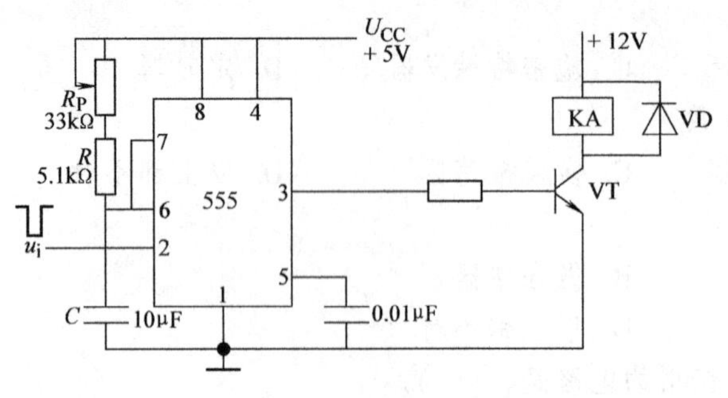

图6-31　习题6-8图

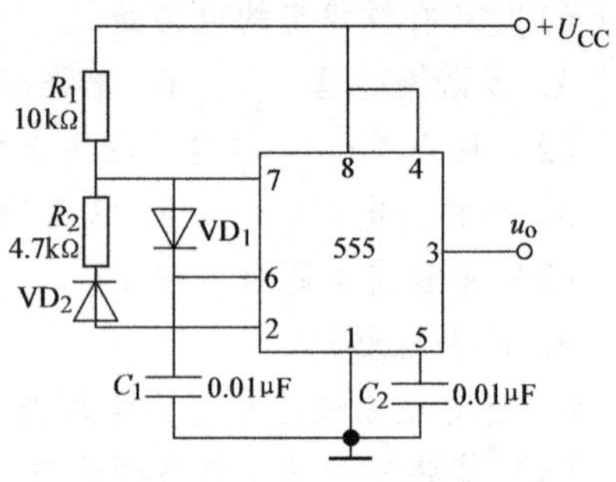

图6-32　习题6-9图

6-11　试用555定时器设计一个多谐振荡器，要求输出脉冲的频率为10kHz，占空比为30%，电源电压10V，画出电路并计算外接阻容元件的数值。

第7章 数-模和模-数转换器

内容提要：

本章主要介绍数-模转换和模-数转换的基本原理；常见的 A-D、D-A 典型电路及应用。

7.1 概述

由于数字电子技术的迅速发展，尤其是微型计算机在自动控制和自动检测系统中的广泛应用，使得用数字电路处理模拟信号的情况更加普遍了。

要想使用数字电路处理模拟信号，模拟信号必须被转换成相应的数字信号后，才能进入数字系统。有时，还需要把处理得到的数字信号再转换成相应的模拟信号，作为最后的输出。实现这种转换功能的电路称为模-数转换器(简称 A-D 转换器)和数-模转换器(简称 D-A 转换器)，它们是模拟系统和数字系统的接口电路，在现代电子系统中的作用如图 7-1 所示。现在人们所从事的许多工作，无论是工业生产过程控制，还是企业管理、生物工程、医疗及家用电器等各方面，几乎都借助于数字计算机来完成。而计算机只能接收和处理数字信号，因此在用计算机处理模拟量之前，必须要把模拟量，如工业生产过程中的温度、流量，通信系统中的语言、图像和文字等转换成数字量，才能由计算机处理，而计算机处理后的数字量也必须再还原成相应的模拟量，才能实现对模拟系统的控制。如数字音像信号如果不还原成模拟音像信号，那么就不能被人们的视觉系统和听觉系统接受。因此，D-A 转换器和 A-D 转换器是数字电子技术中的重要组成部分。

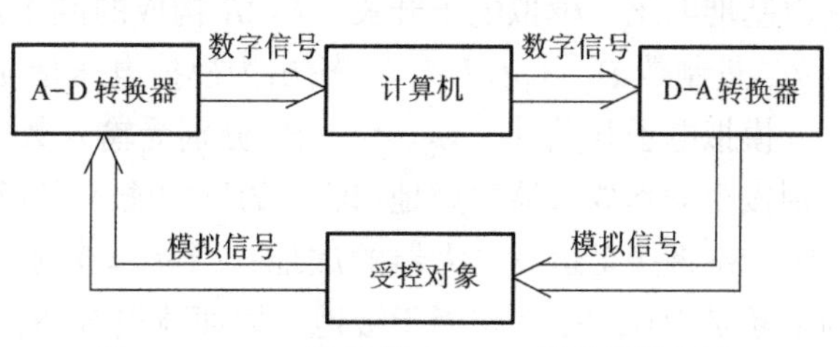

图 7-1 D-A 转换器和 A-D 转换器的用途

近年来 D-A 和 A-D 转换技术的发展颇为迅速，涌现出了许多新的转换方法和转换电路。本章只介绍最常用的 D-A 转换器和 A-D 转换器。

7.2 D-A 转换器

7.2.1 D-A 转换器的基本概念

数-模转换是将数字量转换为模拟量(电流或电压)，使输出的模拟量与输入的数字量成正比。

实现这种转换功能的电路叫数–模转换器(Digital-Analog Converter,简称 D－A 转换器或 DAC)。

D－A 转换器通常由译码网络、模拟电子开关、求和运算放大电路和基准电压源等部分组成。根据译码网络的不同，可以构成多种 D－A 转换电路，例如倒 T 形电阻网络 D－A 转换器和权电流网络 D－A 转换器等。

7.2.2　常用 D－A 转换器

1. 倒 T 形电阻网络 D－A 转换器

倒 T 形电阻网络 D－A 转换器是采用 R-$2R$ 两种电阻构成电阻网络，其基本思想是利用逐级分流传递原理和线性叠加原理。基准电流 $I=\frac{U_{REF}}{R}$经过倒 T 形电阻网络逐级分流，每级电流是前一级的 1/2。这样，每级电流就可以分别代表二进制数各位的权值。最高位权值对应支路电流 $I/2$ 只经过一次分流，次高位权值对应支路电流 $I/4$ 经过两次分流，其他各位权值对应支路电流分流关系依此类推。总输出电流值是各支路电流的线性叠加。图 7-2 所示是 4 位倒 T 形电阻网络 D－A 转换器的原理图，它由基准电压、模拟电子开关、R-$2R$ 构成的倒 T 形电阻网络及运算放大器组成。其输入为 4 位二进制数 $D_4(d_3d_2d_1d_0)$，输出为模拟电压量 u_o。

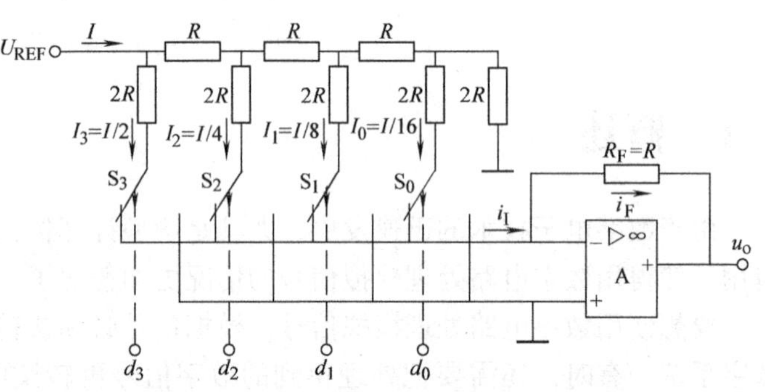

图 7-2　4 位倒 T 形电阻网络 D－A 转换器

模拟电子开关 S_3、S_2、S_1、S_0 分别受输入数字信号 $d_3d_2d_1d_0$ 的控制，开关的两种状态分别接至运算放大器的虚地(即 A 的反相输入端)和地(即 A 的同相输入端)。例如，当 $d_3=1$ 时，S_3 将接至运算放大器的虚地；当 $d_3=0$ 时，S_3 将接至运算放大器的地。由于无论 d_3 为 1 还是为 0，S_3 都相当于接地，因而流过 S_3 的电流不变，d_3 所控制的只是流过 S_3 的电流 I_3 是否作用于运算放大器。所以，运算放大器构成的反相求和电路的输入总电流取决于各开关的状态，即输入数字量的取值，其表达式为

$$i_I=d_3I_3+d_2I_2+d_1I_1+d_0I_0 \tag{7-1}$$

由于从基准电压 U_{REF} 看进去的等效电阻为 R，所以 U_{REF} 提供的电流 I 为

$$I=\frac{U_{REF}}{R} \tag{7-2}$$

由于电阻网络的电阻只有 R 和 $2R$，其中任意一个节点的两个分支的等效电阻都相等，均为 $2R$，因此 I 每经过一个节点都被衰减 1/2，因此流过每个开关的电流分别为

$$\begin{cases} I_3=I/2^1 \\ I_2=I/2^2 \\ I_1=I/2^3 \\ I_0=I/2^4 \end{cases} \tag{7-3}$$

将式(7-2)和(7-3)代入式(7-1)，得

$$i_I = \frac{U_{REF}}{2^4R}(d_3 2^3 + d_2 2^2 + d_1 2^1 + d_0 2^0) \tag{7-4}$$

反相求和运算电路的输出电压为 $u_o = -i_F R_F = -i_I R$，将式(7-4)代入，得

$$u_o = -\frac{U_{REF}}{2^4}(d_3 2^3 + d_2 2^2 + d_1 2^1 + d_0 2^0) \tag{7-5}$$

式中，u_o 与 D 的值成正比，从而完成了数-模转换。

同理也可构成 n 位倒 T 形电阻网络 D－A 转换器，转换计算式为

$$u_o = -\frac{U_{REF}R_F}{2^nR}(d_{n-1}2^{n-1} + d_{n-2}2^{n-2} + \cdots + d_1 2^1 + d_0 2^0) \tag{7-6}$$

例 7-1　在图 7-2 所示的倒 T 形电阻网络 D－A 转换器中，设 $U_{REF} = -8V$，$R_F = \frac{R}{2}$。

试求：1）当输入数字量 $d_3d_2d_1d_0 = 0001$ 时，输出电压的值。

2）当输入数字量 $d_3d_2d_1d_0 = 1111$ 时，输出电压的值。

解：将输入数字量的各位数值代入到式(7-6)中，可求得各输出电压值为

1）$u_o = -\frac{-8V}{2^4 \times 2}(0 \times 2^3 + 0 \times 2^2 + 0 \times 2^1 + 1 \times 2^0) = \frac{8V}{2^4 \times 2} \times 1 = 0.25V$

2）$u_o = -\frac{-8V}{2^4 \times 2}(1 \times 2^3 + 1 \times 2^2 + 1 \times 2^1 + 1 \times 2^0) = \frac{8V}{2^4 \times 2} \times 15 = 3.75V$

由于倒 T 形电阻网络中各权电阻支路都是直接通过模拟电子开关与运算放大器的反相输入端相连，不存在信号传输延迟问题；又由于在模拟电子开关切换过程中，各权电阻支路的电流不变，减小了电流建立时间，并减小了转换过程中的尖峰脉冲，所以提高了倒 T 形电阻网络 D－A 转换器的转换速度。电阻网络中的电阻取值只有 R 和 $2R$ 两种，便于网络集成化。倒 T 形电阻网络是目前 D－A 转换器中速度较快的一种，也是用得较多的一种。

2. 权电流网络 D－A 转换器

在上面讨论的倒 T 形电阻网络中，计算各支路的权电流时，把模拟电子开关当作理想开关。而实际的电子开关总存在一定的导通电阻，而且每个开关的导通电阻不可能完全相同，这些模拟电子开关与倒 T 形电阻网络的各 $2R$ 支路连接时，就会不可避免地引入转换误差，从而影响转换精度。

解决这个问题的方法之一是把倒 T 形电阻网络中各支路的权电流变为恒流源，这样就构成了权电流网络 D－A 转换器。

4 位二进制数权电流网络 D－A 转换器的原理图如图 7-3 所示，它由权电流网络、模拟电子开关和 I/U 转换电路组成。权电流网络由倒 T 形电阻网络和若干晶体管恒流源组成。由于恒流源的

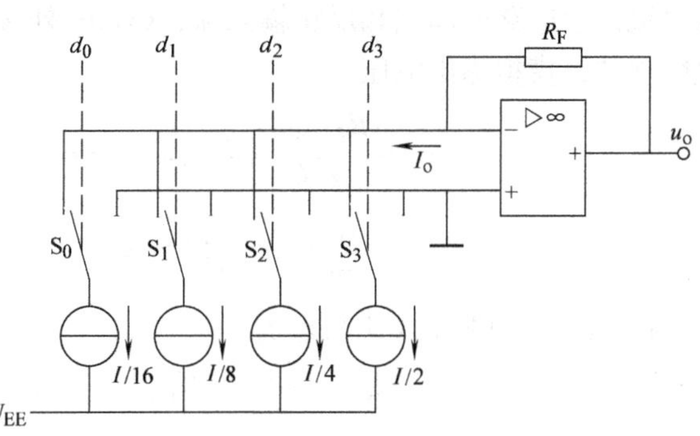

图 7-3　4 位权电流网络 D－A 转换器

输出电阻极大，模拟电子开关导通电阻的变化对权电流的影响极小，这样就大大提高了转换精度。

模拟电子开关和 I/U 转换电路的工作原理与倒 T 形电阻网络相同，分析从略。

4 位二进制数权电流网络 D－A 转换器的输出电压表达式为

$$u_o = \frac{U_{REF}R_F}{2^4 R}(d_3 2^3 + d_2 2^2 + d_1 2^2 + d_0 2^0) \tag{7-7}$$

7.2.3　集成 D－A 转换器及其应用

由于集成 D－A 转换器具有转换精度高、速度快和成本低等特点，在数字控制系统以及微型计算机系统中已得到了广泛的应用。集成 D－A 转换器品种繁多，电路各异，但其基本类型主要是前面讲过的几种形式。下面仅以 DAC0808 和 AD561 为例，简单介绍集成 D－A 转换器。

1. DAC0808

DAC0808 是一种常用的 8 位权电流网络 D－A 转换器，它具有功耗低(350mW)、转换速度快(150ns)、价格低及使用方便等特点。该 D－A 转换器应用时需外接运算放大器、基准电源及产生基准电流的电阻 R，其引脚图和典型应用电路如图 7-4 和图 7-5 所示。

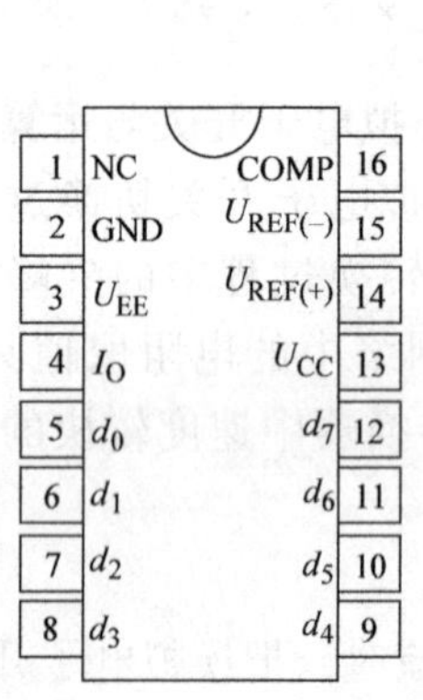

图 7-4　DAC0808 引脚图

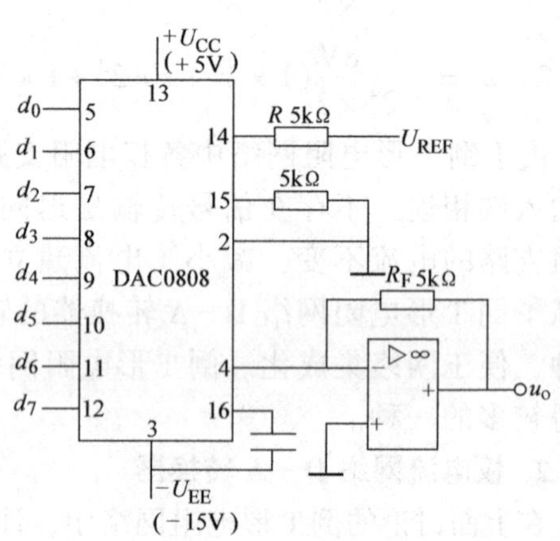

图 7-5　DAC0808 典型应用电路

图 7-4 所示引脚图中 $d_0 \sim d_7$ 是数据输入端，I_O 是电流输出端，$U_{REF(+)}$ 和 $U_{REF(-)}$ 是基准电流产生电路的同相和反相输入端，COMP 外接补偿电容。如按图 7-5 所示电路中给定的电阻参数，模拟输出电压

$$u_o = \frac{R_F U_{REF}}{2^8 R}(d_{n-1}2^{n-1} + d_{n-2}2^{n-2} + \cdots + d_1 2^1 + d_0 2^0)$$

$$= \frac{U_{REF}}{2^8}(d_{n-1}2^{n-1} + d_{n-2}2^{n-2} + \cdots + d_1 2^1 + d_0 2^0)$$

DAC0808 的典型应用参数为：

$$U_{CC} = +5V;\ U_{EE} = -15V;\ -10V \leqslant u_o \leqslant +18V$$

$$U_{REF(+)max} = +18V;\ \frac{U_{REF}}{R} \leqslant 5mA$$

2. AD561

AD561 集成 D－A 转换器是 10 位权电流网络 D－A 转换器，它将基准电源也集成在片内，使用时只需外接运算放大器即可。其引脚图和典型应用电路如图 7-6 和图 7-7 所示。

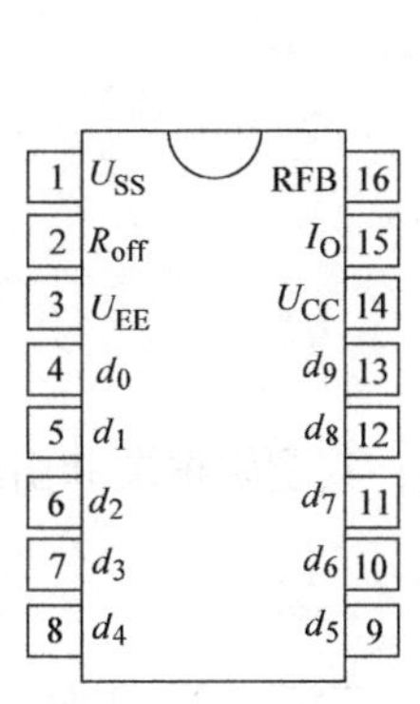

图 7-6　AD561 引脚图

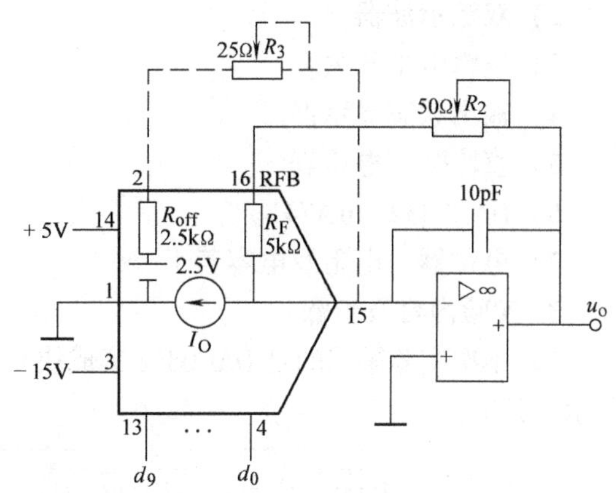

图 7-7　AD561 典型应用电路

AD561 内的基准电源电路产生 2.5V 高稳定度和高精度的基准电压，该基准电压用来产生 D－A 转换器的权电流，也可为偏移电压输入端提供一稳定的偏移电压。

当偏移电压输入端 2 脚悬空时，图 7-7 所示转换电路的输出电压 u_o 为

$$u_o = \frac{10}{2^{10}}(d_{n-1}2^{n-1} + d_{n-2}2^{n-2} + \cdots + d_1 2^1 + d_0 2^0)\text{V}$$

当输入 $d_{n-1}d_{n-2}\cdots d_0$ 从 00…0 到 11…1 变化时，可以得到 0～＋9.990V 的单极性输出电压。偏移电压输入端的作用是把单极性 D－A 转换变成双极性 D－A 转换。将 2 脚通过 R_3 接到运算放大器的反相输入端，如图 7-7 中虚线所示，则可以得到－5.000～＋4.990V 的双极性输出电压。

3. 集成 D－A 转换器的应用

集成 D－A 转换器用途很广，除了可以进行单、双极性数-模转换外，还可以构成乘法器和波形发生电路等。在这里介绍一种阶梯波形发生电路，如图 7-8a 所示，图中 DAC 的内部是图 7-5 所示的电路。在 8 位二进制计数器作用下，DAC 的输出波形如图 7-8b 所示。

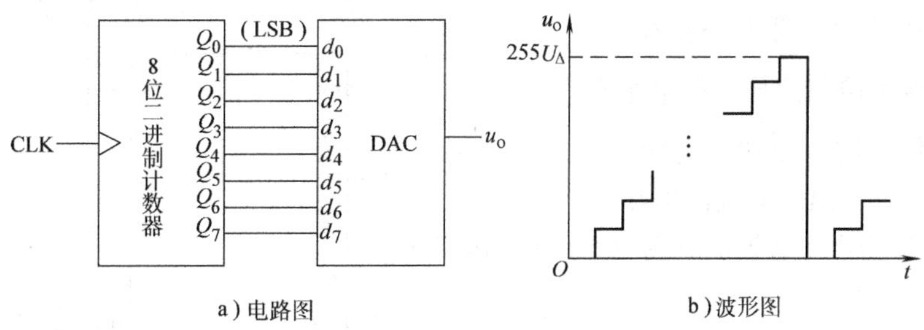

a）电路图　　b）波形图

图 7-8　阶梯波形发生电路

实验 7.1　D－A 转换器及其应用

1. 实验目的

1）了解 D－A 转换器的基本工作原理和基本结构。

2）掌握大规模集成 D－A 转换器的功能及其典型应用。

2. 实验设备与元器件

1）+5V、+15V 直流电源。

2）双踪示波器。

3）逻辑电平开关。

4）输出状态显示器。

5）直流数字电压表。

6）DAC0832　μA741。

7）电位器、电阻及电容若干。

3. 实验内容及步骤

1）本次实验采用的是 DAC0832 集成块来实现 D－A 转换，其逻辑框图和引脚图如图 7-9 所示。其中：

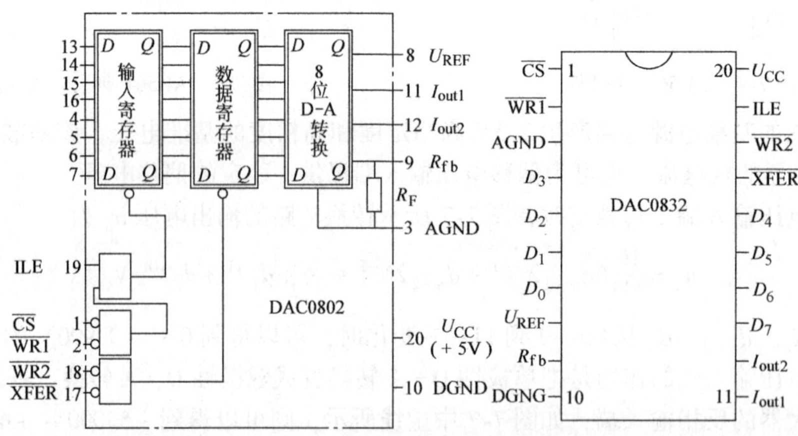

图 7-9　DAC0832 单片 D－A 转换器的逻辑框图和引脚图

$D_0 \sim D_7$：数字信号输入端。

ILE：输入寄存器允许信号，高电平有效。

$\overline{CS}$：片选信号，低电平有效。

$\overline{WR1}$：写信号 1，低电平有效。

$\overline{XFER}$：传送控制信号，低电平有效。

$\overline{WR2}$：写信号 2，低电平有效。

I_{OUT1}、I_{OUT2}：DAC 电流输出端。

R_{fb}：反馈电阻，是集成在片内的外接运算放大器的反馈电阻。

U_{REF}：基准电压（−10～10）V。

U_{CC}：电源电压（+5～+15）V。

AGND：模拟地。

DGND：数字地，可与 AGND 接在一起使用。

2）实验步骤。按图 7-10 所示 D－A 转换实

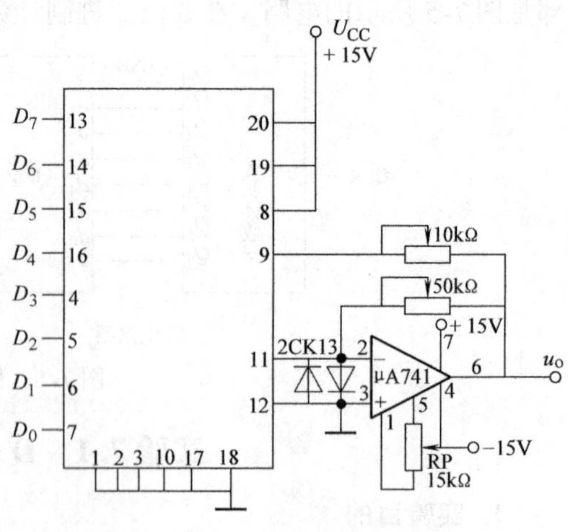

图 7-10　D－A 转换实验线路图

验线路图接线。

将 $D_0 \sim D_7$ 端接至逻辑开关的输出插口，输出端 u_o 接直流数字电压表。

① 令 $D_0 \sim D_7$ 全置零，调节运算放大器 μA741 的电位器使输出为零。

② 按表 7-1 所列输入数字信号，用数字电压表测量运算放大器的输出电压 u_o，并将测量结果填入表 7-1 中。

表 7-1　D－A 转换的功能测试表

输入数字信号								输出模拟量 u_o/V	
D_7	D_6	D_5	D_4	D_3	D_2	D_1	D_0	U_{CC} = +5V	U_{CC} = +12V
0	0	0	0	0	0	0	0		
0	0	0	0	0	0	0	1		
0	0	0	0	0	0	1	0		
0	0	0	0	0	1	0	0		
0	0	0	0	1	0	0	0		
0	0	0	1	0	0	0	0		
0	0	1	0	0	0	0	0		
0	1	0	0	0	0	0	0		
1	0	0	0	0	0	0	0		
1	1	1	1	1	1	1	1		

4. 实验报告要求

1）填写并整理测试结果。

2）分析实验结果。

5. 注意事项

1）在实验仪上插集成块时，要认清定位标记，不得插反。

2）注意集成块要求电源的范围，电源极性不允许接错。

7.3　A－D 转换器

7.3.1　A－D 转换器的基本概念

模-数转换是将模拟量转换为数字量，使输出的数字量与输入的模拟量成正比。实现这种功能转换的电路叫模-数转换器(Analog-Digital Converter,简称 A－D 转换器或 ADC)。

A－D 转换器在进行转换期间，要求输入的模拟电压保持不变，因此在对连续变化的模拟信号进行模-数转换前，需要对模拟信号进行离散处理，即在一系列选定时间上对输入的连续模拟信号进行取样，在样值的保持期间内完成对样值的量化和编码，最后输出数字信号。因此，A－D 转换过程是通过取样、保持、量化和编码四个步骤完成的。通常，取样和保持用同一个电路实现，量化和编码也是在转换过程同时实现的。

1. 取样与保持

取样是将在时间上连续变化的模拟量转换成时间上离散的模拟量，如图 7-11 所示。从图中可以看到，为了用取样信号 u_S 准确地表示输入信号 u_i，必须有足够高的取样频率 f_S，而且取样频率 f_S 越高就越能准确地反映 u_i 的变化。如何来确定取样频率呢？对任何模拟信号进行谐波分析时，均可以表示为若干正弦信号之和，若谐波中最高频率为 f_{Imax}，则根据取样定理，取样频率应满足

$$f_S > 2f_{Imax}$$

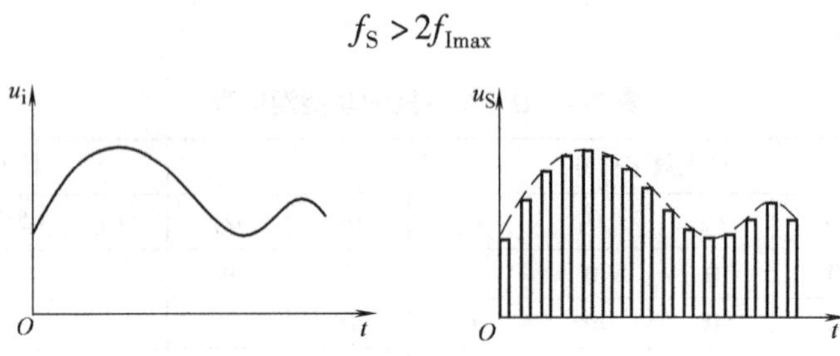

图 7-11　输入模拟电压信号 u_i 的取样信号 u_S

此时，取样信号 u_S 就能较为准确地反映输入信号 u_i。

由于取样时间极短，取样输出 u_S 为一串断续的窄脉冲。而要把一个取样信号数字化需要一定时间，因此在两次取样之间应将取样的模拟信号存储起来以便进行数字化，这一过程称之为保持。

2. 量化与编码

数字信号不仅在时间上是离散的，而且在数值上也是不连续的，即任何一个数字量的大小都是以某个最小数量单位的整数倍来表示的。因此，在用数字量表示取样电压时，也必须把它量化成这个最小数量单位的整数倍。所规定的最小数量单位称为量化单位，用 Δ 表示。将量化的结果用二进制代码表示称为编码。这个二进制代码就是 A－D 转换的输出信号。

7.3.2　常用 A－D 转换器

A－D 转换器的类型很多，原理各异，按照转换速度由高到低可分为并行比较型、逐次渐近型和双积分型；按照有无中间参数可分为直接 A－D 转换型和间接 A－D 转换型。间接A－D转换器一般又可以分为电压-频率转换型和电压-时间转换型两种。前者是把模拟输入信号通过中间信号频率，再转换成数字信号；后者是先把模拟信号转换成中间信号时间后，再转换成数字信号。还有其他一些 A－D 转换分类，在此不一一列举。

1. 并行比较型 A－D 转换器

3 位并行比较型 A－D 转换器的原理图如图 7-12 所示。整个电路由分压、比较和编码三部分组成。

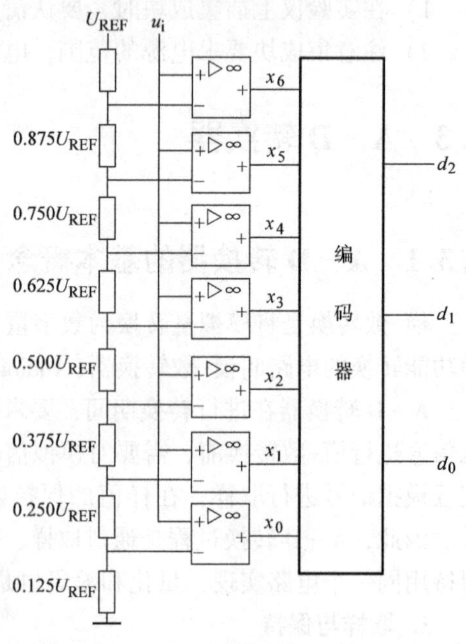

图 7-12　3 位并行比较型 A－D 转换器

分压电路由 8 个相同的电阻组成，它把基准电压 U_{REF}分成 8 级，每级电平可用 1 个二进制数码来表示。例如：000 代表 0V，001 代表 0.125U_{REF}，010 代表 0.250U_{REF}，…，111 代表 0.875U_{REF}。比

较电路由比较器组成，模拟输入电压 u_i 同时接到 7 个比较器的同相输入端，而比较器的反相输入端分别接到分压器的各级电压作为比较基准电压。这样，输入的模拟电压就可以与 7 个基准电压同时进行比较。若模拟电压 u_i 低于基准电压，则比较器输出为 0；反之，若模拟电压 u_i 高于基准电压，则比较器输出为 1。模拟电压、各比较器输出逻辑电平和输出代码之间的关系见表 7-2。

表 7-2　模拟电压、比较器输出逻辑电平和输出代码之间的关系

u_i	x_6	x_5	x_4	x_3	x_2	x_1	x_0	d_2	d_1	d_0
$(0.000\sim0.125)U_{REF}$	0	0	0	0	0	0	0	0	0	0
$(0.125\sim0.250)U_{REF}$	0	0	0	0	0	0	1	0	0	1
$(0.250\sim0.375)U_{REF}$	0	0	0	0	0	1	1	0	1	0
$(0.375\sim0.500)U_{REF}$	0	0	0	0	1	1	1	0	1	1
$(0.500\sim0.625)U_{REF}$	0	0	0	1	1	1	1	1	0	0
$(0.625\sim0.750)U_{REF}$	0	0	1	1	1	1	1	1	0	1
$(0.750\sim0.875)U_{REF}$	0	1	1	1	1	1	1	1	1	0
$(0.875\sim1.000)U_{REF}$	1	1	1	1	1	1	1	1	1	1

编码器是一个多输入多输出的组合逻辑电路，它的作用是将比较器的输入转换成二进制数。

由并行比较型 A－D 转换器工作原理可以看出，它的转换速度非常快，转换时间只取决于比较器的响应时间和编码器的延时时间，典型值为 100ns，甚至更小。

并行比较型 A－D 转换器的最大缺点是：随着分辨率的提高，比较器和有关器件按几何级数增加。如一个 n 位 A－D 转换器就需要 2^n-1 个比较器，使得并行比较型 A－D 转换器的制作成本较高。因此并行比较型 A－D 转换器一般用在转换速度快而精度要求不太高的场合。

2. 双积分型 A－D 转换器

双积分型 A－D 转换器是一种电压-时间变换型 A－D 转换器。它的转换原理是把输入电压先转换成与之成正比的时间间隔 Δt，然后利用计数器在 Δt 时间内对一已知的恒定频率 f_c 的脉冲进行计数，可以看出当 f_c 为定值时，计数值 N 与 Δt 成正比，从而把输入电压转换成为与之成正比的数字量。

图 7-13 所示是双积分型 A－D 转换器的原理图，它由积分器、过零比较器、时钟控制门、n 位二进制计数器和定时器组成。

双积分型 A－D 转换器在一次转换过程中要进行两次积分。第一次积分器对模拟输入电压 $+u_i$ 进行定时积分，第二次对恒定基准电压 $-U_{REF}$ 进行定值积分，二者具有不同的斜率，故称为双斜积分(简称为双积分)型 A－D 转换器。

首先控制信号提供清零脉冲 CR，n 位二进制计数器和定时器清零。S_2 瞬间闭合，积分电容放电。

第一次定时积分为采样积分。采样开始时，定时器 $Q=0$，使模拟电子开关 S_1 与 A 端接通。积分器对 $+u_i$ 积分，积分器的输出电压为：$u_o=-\int u_i\mathrm{d}t/(RC)$。由于此阶段 $u_o<0$，比较器的输出 u_c 为高电平，门 D 打开，n 位二进制计数器从 0 开始计数，在 2^n 个脉冲后，采

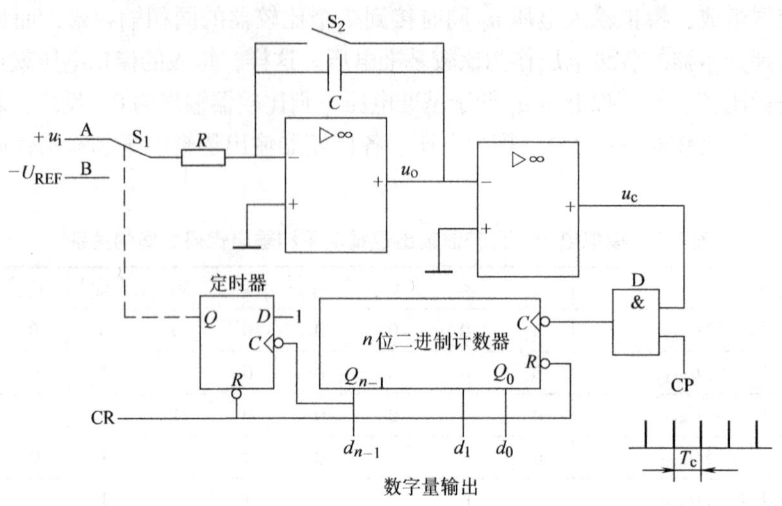

图 7-13　双积分型 A－D 转换器原理图

样在 t_1 时刻结束，积分器的输出电压

$$u_{o1} = -\int_0^{t_1} u_i \mathrm{d}t/(RC) = -T_1 u_i/(RC) \tag{7-8}$$

u_{o1}与 u_i 成正比，u_i 越大，u_{o1}也越大。对不同 u_i 的采样积分如图 7-14 所示。随着采样结束，定时器 $Q=1$，使模拟电子开关 S_1 与 B 端接通，积分器转入下一阶段。

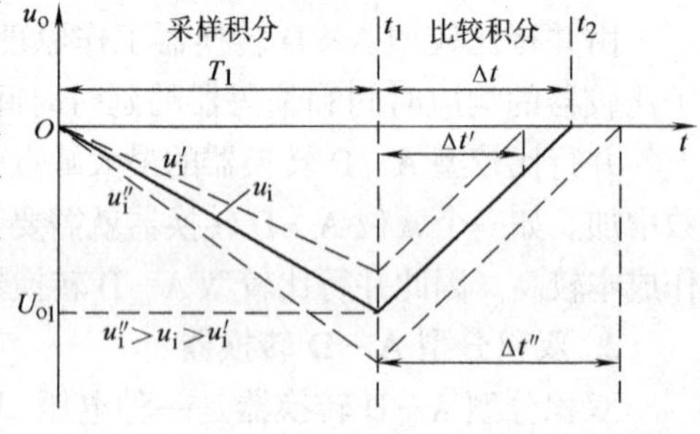

图 7-14　双积分型 A－D 转换的工作波形

第二次定值积分称为比较积分。积分器对基准电压 $-U_{REF}$进行反向积分，计数器从 0 开始重新计数。由于在采样结束时，电容已充有电压 U_{o1}，所以此时积分器输出电压为

$$u_o = U_{o1} + \int_{t_1}^{t} U_{REF}\mathrm{d}t/(RC) = U_{o1} + U_{REF}(t-t_1)/(RC) \tag{7-9}$$

也就是说，积分器输出电压从 U_{o1}开始按直线规律增加，如图 7-14 所示。当积分电压上升至零时，对应的时刻为 t_2，比较阶段结束，计数器停止计数。此时式(7-9)为

$$U_{o1} + U_{REF}(t-t_1)/(RC) = 0 \tag{7-10}$$

若令比较阶段的时间间隔为 Δt，则：$\Delta t = t_2 - t_1$。

由式(7-8)和式(7-10)可得

$$\Delta t = -\frac{RC}{U_{REF}}U_{o1} = \frac{RC}{U_{REF}}\frac{T_1}{RC}u_i = \frac{T_1}{U_{REF}}u_i$$

由此可见，比较阶段的时间间隔 Δt 正比于输入模拟电压 u_i，与积分的时间常数 RC 无关。图 7-14 中虚线表示了不同 u_i 时的 Δt。

第二次积分结束时，计数器的数值

$$N = \frac{\Delta t}{T_c} = \frac{T_1 u_i}{T_c U_{REF}}$$

为双积分型 A－D 转换器的转换结果。

双积分型 A-D 转换器具有极强的抗 50Hz 工频干扰的优点，但它的转换速度较慢，完成一次 A-D 转换的时间一般为几十毫秒以上。较慢的转换速度对数字测量仪表来说一般无关紧要，因为仪表的精度是关键，而速度一般不要求很快。可是在自动化设备中(如巡回检测、数字遥测等)，一个 A-D 转换器需对多路模拟信号进行转换，若一次 A-D 转换需几十到几百毫秒，则往往感到费时太长，这是双积分型 A-D 转换器美中不足之处。

目前已有许多型号的双积分型 A-D 转换器集成电路，其中一些把译码和驱动电路集成在了片内。例如，ILC7106 和 7107ADC 只需外接少量元器件即可构成数字电压表。此外，双积分型 A-D 转换器还常用来将温度传感器的输出电压转换成数字量。

7.3.3　集成 A-D 转换器及其应用

下面以 ADC0804 为例介绍集成 A-D 转换器及其应用。

ADC0804 是 8 位 CMOS 集成 A-D 转换器，它的转换时间为 100μs，输入电压为 0~5V，它能够方便地与微处理器相连接。ADC0804 的引脚图如图 7-15 所示。其中：

U_{IN+}、U_{IN-}：模拟信号输入端。

$D_0 \sim D_7$：数字信号输出端。

AGND、DGND：模拟地和数字信号地。

CLKIN：外接时钟输入端。

CLKR：内部时钟外接电阻输入端。

$\overline{CS}$：片选信号输入端。

$\overline{RD}$、$\overline{WR}$：读、写信号输入端。

$\overline{INTR}$：转换结束信号输出端。

ADC0804 各输入输出信号的时序图如图 7-16 所示，当$\overline{CS}$和$\overline{WR}$同时为低电平有效时，$\overline{WR}$的上升沿启动 A-D 转换。经过约 100μs 后，A-D 转换结束，$\overline{INTR}$信号变为低电平。当$\overline{CS}$和$\overline{RD}$同时为低电平有效时，可以由 $D_0 \sim D_7$ 输出端获得转换数据。

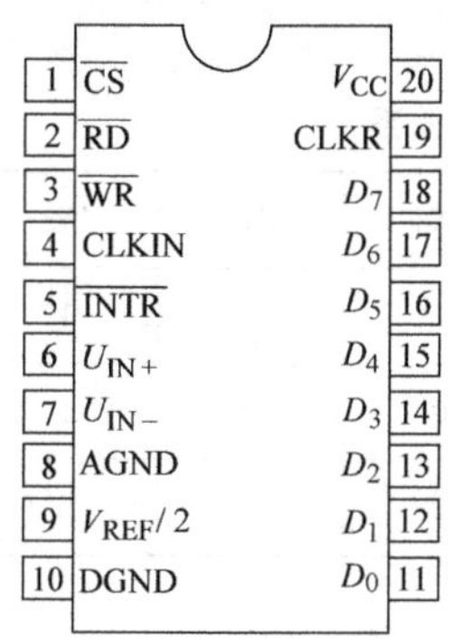

图 7-15　ADC0804 引脚图

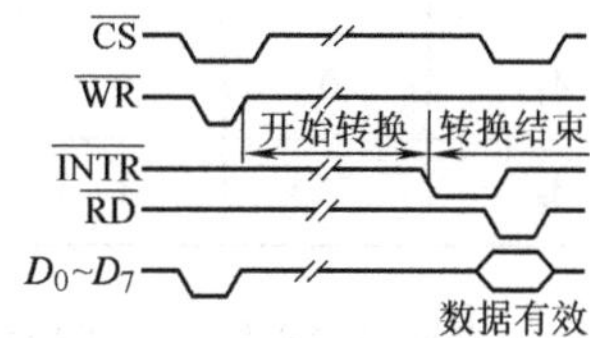

图 7-16　ADC0804 的转换时序图

实验 7.2　A-D 转换器及其应用

1. 实验目的

1）了解 A-D 转换器的基本工作原理和基本结构。

2）掌握大规模集成 A－D 转换器的功能及其典型应用。

2. 实验设备与元器件

1）＋5V 直流电源。

2）双踪示波器。

3）电位器、电阻若干。

4）输出状态显示器。

5）连续脉冲源。

6）ADC0809。

3. 实验内容及步骤

1）本次实验采用 ADC0809 集成块来实现 A－D 转换，其引脚图如图 7-17 所示。其中：

IN0～IN7：8 路模拟信号输入端。

A_2、A_1、A_0：地址输入端。

ALE：地址锁存允许输入信号，在此脚施加正脉冲，上升沿有效，此时锁存地址码，从而选通相应的模拟信号通道，以便进行 A－D 转换。

START：启动信号输入端，应在此脚施加正脉冲，当上升沿到达时，内部逐次逼近寄存器复位，在下降沿到达后，开始 A－D 转换过程。

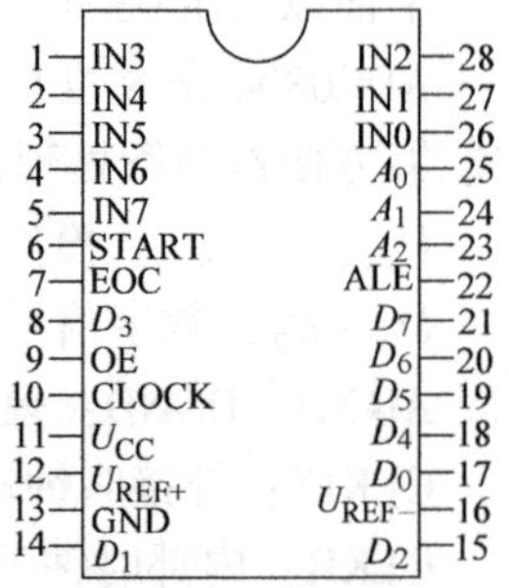

图 7-17　ADC0809 引脚图

EOC：转换结束输出信号(转换结束标志)，高电平有效。

OE：输入允许信号，高电平有效。

CLOCK：时钟信号输入端，外接时钟频率一般为 640kHz。

U_{CC}：＋5V 单电源供电。

U_{REF+}、U_{REF-}：基准电压的正极、负极。一般 U_{REF+} 接＋5V 电源，U_{REF-} 接地。

D_0～D_7：数字信号输出端。

由 A_2、A_1、A_0 三地址输入端选通 8 路模拟信号中的任何一路进行 A－D 转换。地址译码与模拟输入通道的选通关系见表 7-3。

表 7-3　地址译码与模拟输入通道的选通关系

被选模拟通道		IN0	IN1	IN2	IN3	IN4	IN5	IN6	IN7
地　址	A_2	0	0	0	0	1	1	1	1
	A_1	0	0	1	1	0	0	1	1
	A_0	0	1	0	1	0	1	0	1

2）实验步骤。按图 7-18 所示 ADC0809 实验线路图接线。

将 D_0～D_7 端接 LED 指示器输入插口，CP 时钟脉冲由脉冲信号源提供，$f=1\text{kHz}$。A_0～A_2 地址端“0”电平接地，“1”电平通过 1kΩ 电阻(R)接＋5V 电源。按表 7-4 所示的要求观察并记录 IN0～IN7 8 路模拟信号的转换结果，并将结果换算成十进制数表示的电压值，与数字电压表实测的各路输入电压值进行比较，分析误差原因。

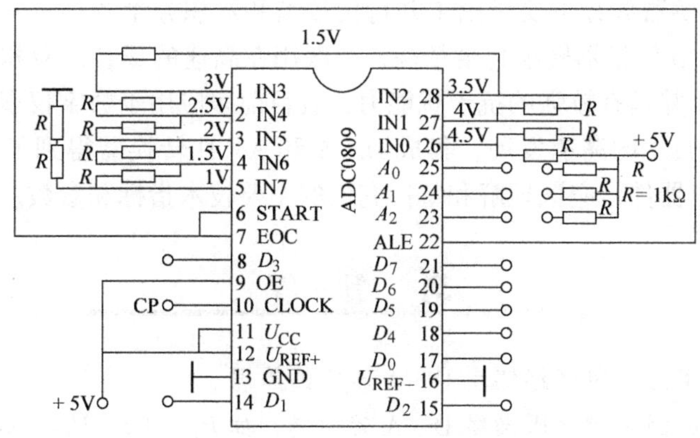

图 7-18　ADC0809 实验线路图

表 7-4　功能测试表

被选模拟通道	输入模拟量	地　址	输出数字量								
IN	u_i/V	A_2 A_1 A_0	D_7	D_6	D_5	D_4	D_3	D_2	D_1	D_0	十进制
IN0	4.5	0　0　0									
IN1	4.0	0　0　1									
IN2	3.5	0　1　0									
IN3	3.0	0　1　1									
IN4	2.5	1　0　0									
IN5	2.0	1　0　1									
IN6	1.5	1　1　0									
IN7	1.0	1　1　1									

4. 实验要求

1）填写表格并整理测试结果。

2）分析实验结果。

5. 注意事项

1）在实验仪上插集成块时，要认清定位标记，不得插反。

2）注意集成块要求电源的范围，电源极性不允许接错。

本 章 小 结

本章主要介绍数字信号与模拟信号相互转换的电路，解决数字电路和模拟电路的接口问题。

1）D-A 转换器的功能是将数字信号转换成与之成正比的模拟信号，通常由基准电压源、电阻网络、模拟电子开关和运算放大器组成。本章主要介绍了倒 T 形电阻网络和权电流网络 D-A 转换器，权电流网络 D-A 转换器的转换速度和转换精度都比较高。目前在双极型集成 D-A 转换器中大多采用权电流网络 D-A 转换电路。

2）在 A－D 转换器部分主要讨论了并行比较型和双积分型两种 A－D 转换器的工作原理。并行比较型 A－D 转换器转换速度最高，一般用在高速的场合。双积分型 A－D 转换器可获得较高的精度，并具有较强的抗干扰能力，故目前多应用于数字仪表中。

3）由于微电子技术的高速发展，集成 D－A 和 A－D 转换器得到了广泛的应用。为了较好地使用这些集成器件，应该理解和掌握它们的主要技术指标和参数。

习　题　7

7-1　试简述倒 T 形电阻网络实现 D－A 转换的原理。

7-2　一个 8 位的倒 T 形电阻网络 D－A 转换器，如 $R_F=3R$，$U_{REF}=6V$，试求输入数字为 00000001、10000000 和 01111111 时的输出电压值。

7-3　若将并行比较型 A－D 转换器输入数字量增加至 6 位，则比较器数量应为多少？

7-4　在图 7-13 所示的双积分型 A－D 转换器中，输入电压 u_i 的绝对值可否大于 U_{REF} 的绝对值？为什么？

第 8 章 半导体存储器和可编程逻辑器件

内容提要：

本章主要介绍存储器、ROM 和 RAM 的概念及分类；ROM 和 RAM 的电路结构，存储单元；可编程逻辑器件(PLD)的概念、表示方法和分类；PAL、GAL 的结构。

8.1 只读存储器

存储器是用来存储程序和数据等信息的器件。按照其读写功能的不同，半导体存储器可分为只读存储器(ROM)和随机存储器(RAM,也称为读写存储器)。

ROM 一般用来存放固定信息，不能随意修改，如计算机主板的 BIOS 程序等。ROM 中的数据由专门的仪器写入，正常使用时只能对其进行读取操作，不能写入(由此称为只读存储器)。在断电时，ROM 存储的信息不会丢失，即 ROM 具有非易失性的特点。

根据制造工艺的不同，ROM 分为二极管 ROM、双极型 ROM 和 MOS 型 ROM 三种。根据编程方法的不同，ROM 可分为固定 ROM 和可编程 ROM。可编程 ROM 又可分为一次可编程的 PROM、光电可擦除可编程的 EPROM、电可擦除可编程的 E^2PROM 和快闪存储器等。

8.1.1 固定 ROM

固定 ROM 在制造时，采用掩模技术把数据写入存储器，因此，固定 ROM 又称为掩模 ROM，一旦 ROM 制造成功，其数据也就固定不变。

ROM 的结构图如图 8-1 所示，它由地址译码器、存储矩阵和输出缓冲器三部分组成。

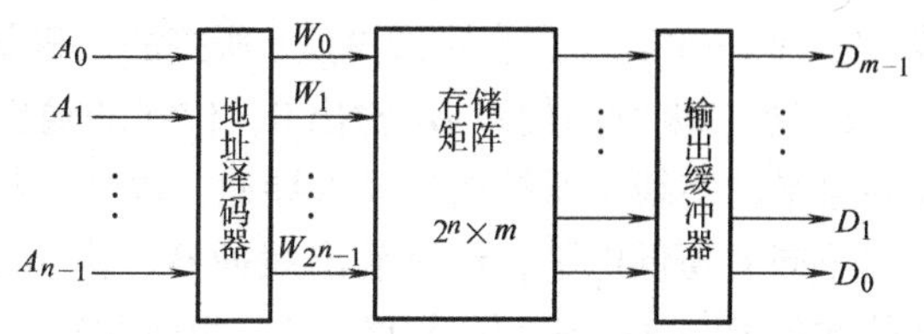

图 8-1 ROM 的结构图

地址译码器的作用是将输入的地址代码译成相应的地址单元(也称为字线)，去访问存储单元的内容。如果输入有 n 条地址线，那么决定了它有 2^n 个地址单元，每一个地址单元存放一个 2^n 位的二进制数。

存储矩阵由许多存储单元组成，每个存储单元存放 1 位二进制码。存储单元可以由二极管、晶体管或者场效应晶体管组成，分别构成二极管 ROM 电路、晶体管 ROM 电路和场效应晶体管 ROM 电路。

输出缓冲器的作用是提高带负载的能力，并将存储矩阵输出的高低电平转换为标准的逻辑电平输出。输出缓冲器通常由三态门或者 OC 门组成。

一个 $2^2 \times 4$ 位二极管 ROM 的电路如图 8-2 所示，其输出缓冲器用框图表示。通常 A_1、A_0 称为地址线，$W_0 \sim W_3$ 称为字线，$D_0 \sim D_3$ 称为位线。输入两条地址线 A_1 和 A_0，决定它有 $2^2 = 4$ 个地址单元，经过地址译码器输出后对应有 4 位数据 $W_0 \sim W_3$ 输出。地址译码器由二极管构成的与门组成，其输出 $W_0 \sim W_3$ 和输入 A_1、A_0 为与逻辑关系，即

$$W_0 = \overline{A}_1\,\overline{A}_0 \qquad W_1 = \overline{A}_1 A_0 \qquad W_2 = A_1\,\overline{A}_0 \qquad W_3 = A_1 A_0$$

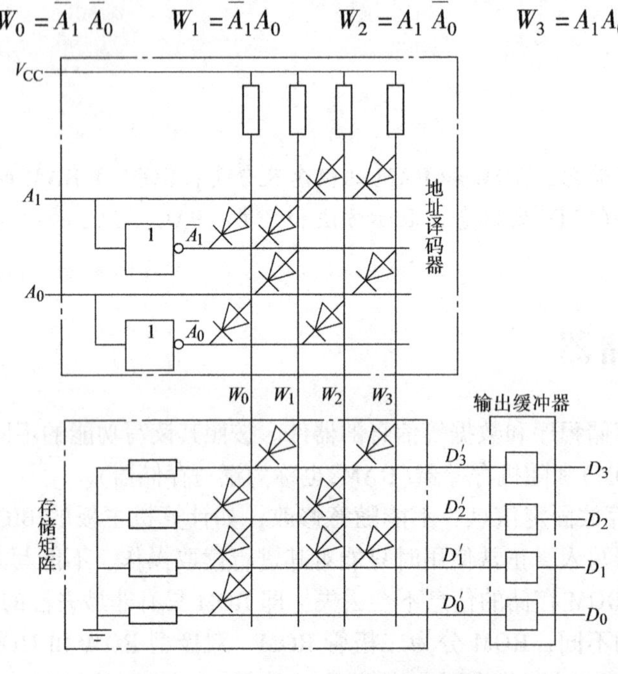

图 8-2　$2^2 \times 4$ 位二极管 ROM 电路

A_1、A_0 有四个地址 00、01、10、11，每一个地址都对应($W_0 \sim W_3$)一个唯一的输出，其输出为高电平 1，其余的输出都为低电平 0。例如：当 $A_1A_0 = 01$ 时，$W_1 = 1$，$W_0 = W_2 = W_3 = 0$。

存储矩阵电路由二极管构成的或门组成。当输入地址 $A_1A_0 = 00$ 时，字线 $W_0 = 1$，而字线 $W_1 = W_2 = W_3 = 0$，在字线 W_0 上所接的二极管导通，与之相连的位线 $D'_0 \sim D'_2$ 输出高电平 1，没有接二极管的位线 D'_3 输出 0，位线的输出为 0111。$W_0 \sim W_3$ 分别输出为高电平时，输出高电平的字线上所接的二极管导通，改变二极管连接的位置，或门的输出端 $D'_0 \sim D'_3$ 就会输出不同的高低电平，经过输出缓冲器，由 $D_0 \sim D_3$ 输出 4 位二进制数 $D_3D_2D_1D_0$。存储矩阵的输出 $D'_0 \sim D'_3$ 与其输入 $W_0 \sim W_3$ 为或逻辑关系，即

$$D'_3 = W_1 + W_3 = \overline{A}_1 A_0 + A_1 A_0 = A_0$$

$$D'_2 = W_0 + W_2 = \overline{A}_1\,\overline{A}_0 + A_1\,\overline{A}_0 = \overline{A}_0$$

$$D'_1 = W_0 + W_2 + W_3 = \overline{A}_1\,\overline{A}_0 + A_1\,\overline{A}_0 + A_1 A_0 = A_1 + \overline{A}_0$$

$$D'_0 = W_0 = \overline{A}_1\,\overline{A}_0$$

将 A_1A_0 作为输入，将 $W_0 \sim W_3$ 作为字线输出，将 $D'_0 \sim D'_3$ 作为位线数据输出，输入输出对照见表 8-1。

表 8-1 ROM 输入输出对照表

输入地址		字线输出				位线数据输出			
A_1	A_0	W_3	W_2	W_1	W_0	D_3'	D_2'	D_1'	D_0'
0	0	0	0	0	1	0	1	1	1
0	1	0	0	1	0	1	0	0	0
1	0	0	1	0	0	0	1	1	0
1	1	1	0	0	0	1	0	1	0

从上表可以看出，其输入有两条地址线 A_1A_0，对应有 4 个地址单元 00、01、10 和 11，与之相对应的字线 W_0、W_1、W_2、W_3 分别为 1，位线数据输出 $D_3D_2D_1D_0$ 分别为 0111、1000、0110、1010。字线 $W_0 \sim W_3$ 与位线 $D_0' \sim D_3'$的每一个交叉点都是一个存储单元，交叉点接有二极管的存储单元所存储的二进制数为 1，交叉点没有接二极管的存储单元所存储的二进制数为 0。改变二极管连接的位置，也就改变了存储的数据。

在二极管 ROM 电路图中，如果用晶体管或者 MOS 管来代替存储矩阵电路中的二极管，那么变成了晶体管 ROM 电路或者 MOS 管 ROM 电路，其电路原理图和工作原理，请读者自己分析。

8.1.2 可擦编程 ROM

由于固定 ROM 采用掩模技术，其数据固定，不能修改。为了能自己修改 ROM 中的数据，出现了可擦编程 ROM(PROM)。二极管 PROM 的电路结构图如图 8-3 所示，它采用熔丝烧断型 PROM，出厂时所有的熔丝都是连通的，每个存储单元的内容都为 1，用户可以采用编程器，通过编程的方法，一次性改变存储单元的内容，使其变为 0。要改变某些存储单元的内容，只需通过编程，使这些存储单元通过足够大的电流，将熔丝烧断即可。

如果用晶体管代替图 8-3 中的二极管，那么就变成了晶体管 PROM 电路。如果用 PN 结代替图 8-3 中的熔丝，那么就变成了 PN 结击穿型 PROM。PN 结击穿型 PROM 在出厂时，每个存储单元的内容都为 0。要改变某些存储单元的内容，只需通过编程，给这些存储单元的 PN 结加上反向工作电压，导致 PN 结击穿导通，使得这些存储单元的内容变为 1 即可。一旦编程，其存储单元的内容修改后，将无法再进行更改，PROM 只能进行一次编程，也就是说，其修改是破坏性的。

8.1.3 快擦编程 ROM

为了能多次改写 ROM 所存储的内容，又出现了快擦编程只读存储器，也称为 EPROM。

图 8-4 所示为 N 沟道 MOS 管的结构图和符号。N 沟道 MOS 管也称为 SIMOS 管，EPROM 就是利用这种 SIMOS 管来代替 PROM 的熔丝(或者 PN 结)做成的。要写入数据，必须在漏极和源极之间加上 +25V 电压(不同器件所加的电压有所不同)，使得漏极和 P 型衬底之间的 PN 结击穿，从而产生大量的高能电子，这些电子通过很薄的绝缘层注入到浮栅上(在写入前,浮栅是不带电的)，使浮栅上带上负电荷。移去外加电压后，浮栅被绝缘层包围着，浮栅上所带的电荷不能释放，就写入了数据，并且能长期保存。当要擦除 EPROM 里面的信息时，用紫外线或者 X 射线照射，给浮栅上的电荷提供放电的通路，浮栅上的电荷就会形成光电流释放掉，从而恢复到初始状态。这种写入数据和擦除数据可以反复进行多次，

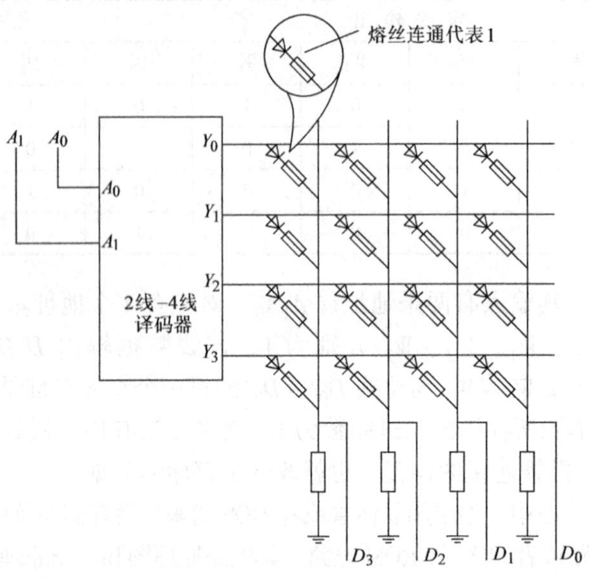

a）编程前的PROM

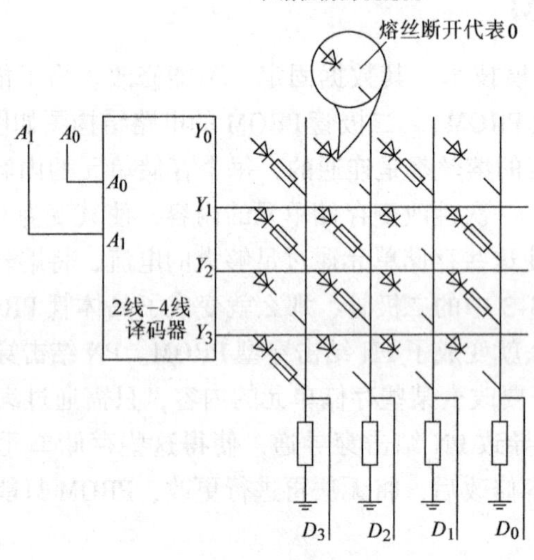

b）编程后的PROM

图 8-3　二极管 PROM 的电路结构图

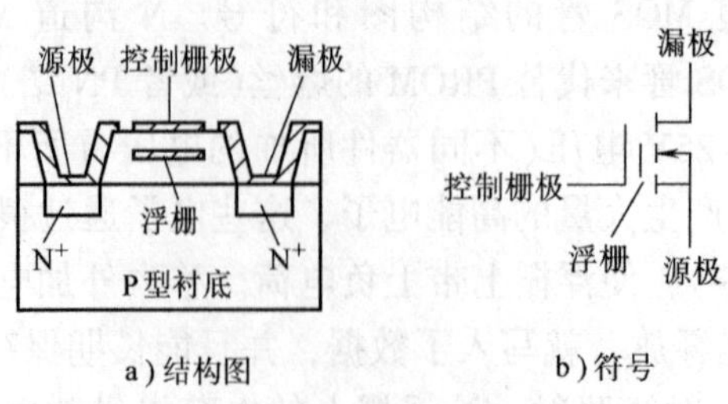

a）结构图　　　　b）符号

图 8-4　N 沟道 MOS 管的结构图和符号

也就是说，EPROM 可以进行多次编程，多次改写。

EPROM 数据的写入要用专用或通用的编程器来完成。为了便于擦除 EPROM 里的信息，在器件的表面专门留有一个石英玻璃窗口，平时为了避免太阳光线照射造成误擦除，就在石英玻璃窗口的上面贴上不透光的薄膜。

8.2　随机存储器

随机存储器(RAM)，也称为读写存储器，工作时它能够从任意存储单元里读出数据，也能将数据写入到任意选中的存储单元。停电后，RAM 里存储的所有信息都将丢失，所以 RAM 是易失性存储器。

按照工作方式的不同，RAM 分为静态 RAM(SRAM)和动态 RAM(DRAM)两种。按照所使用器件的不同，RAM 又分为双极型 RAM 和 MOS 型 RAM 两种。双极型 RAM 的工作速度快、功耗大、价格高、集成度低，用于速度要求高的场合；MOS 型 RAM 的功耗低、价格低、集成度高、工作速度较慢，使用比较普及。

8.2.1　RAM 的基本结构

RAM 的基本结构如图 8-5 所示，它由地址译码器、存储矩阵和输入/输出控制电路三个部分组成。从图 8-5 中可以看出，RAM 电路中有地址线、控制线和数据线三类信号线。

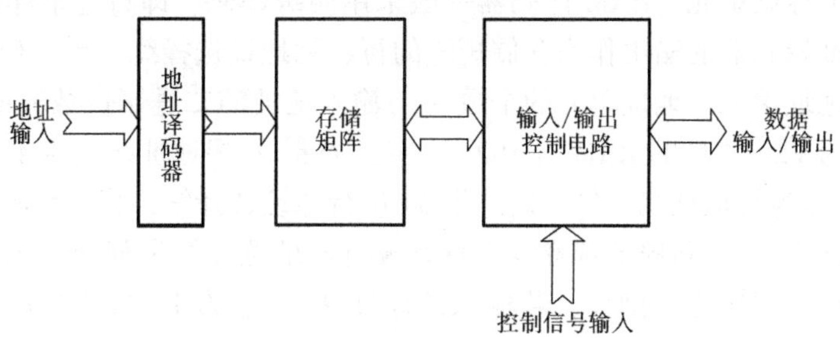

图 8-5　RAM 的基本结构

1. 存储矩阵

存储矩阵由许多存储单元构成，存储单元通常排成矩阵的形式，每个存储单元存放 1 位二进制数据。存储器以字为单位组织内部结构，一个字含有若干个存储单元，1 个字所包含存储单元的个数称为字长，存储器的字长也叫存储器的位数。字数与字长的乘积叫作存储器的容量，存储器的容量越大，存储的信息就越多。

RAM 有多字一位和多字多位两种结构形式。在多字一位结构中，存储器的容量就是字数的大小，例如一个容量为 1024 ×1 位的 RAM，总共有 1024 个存储单元。在多字多位结构中，每个存储器都有多位，例如一个容量为 1K ×4 位的 RAM，总共有 4096 个存储单元，这些存储单元可以排成 64 行 ×64 列的矩阵形式，其存储矩阵的电路如图 8-6 所示。图中每行有 64 个存储单元，可存储 16 个字；每 4 列存储单元连接在相同的列地址译码线上，组成一个字列，每个字列可存储 64 个字。每一根行地址线选中一行，每一根列地址线选中一个字列，这样就有 64 根行地址选择线，有 16 根列地址选择线。

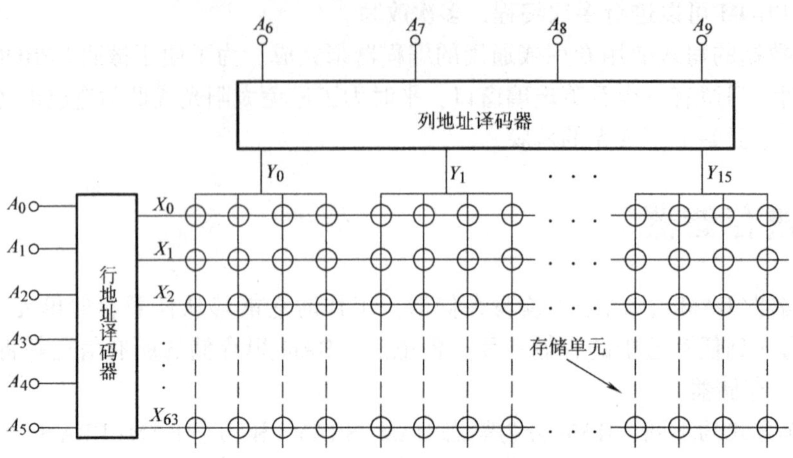

图 8-6 1K×4 位 RAM 的存储矩阵

2. 地址译码器

存储器以字为单位进行访问，为了区分不同的字单元，将每一个字单元赋一个代号，称为地址。不同的存储单元具有不同的地址。在进行读、写操作过程中，要将外部输入的地址经过地址译码器译码后，再找到对应的地址单元进行读、写操作。

地址译码器的作用是将输入的地址译成相应的控制信号，这些控制信号通过输出缓冲器访问存储矩阵中的存储单元。RAM 译码器一般采用两级译码，即行地址译码器和列地址译码器。行、列地址译码器的输出作为存储矩阵的行、列地址选择线，行、列地址选择线的交点就是要选择的地址单元。地址单元的个数 N 与输入地址的二进制位数 n 的关系是 $N=2^n$。例如，一个容量为 1K×4 位的 RAM 有 1024 个字，需要 10 根地址线 $A_0 \sim A_9$。可以将地址码的低 6 位 $A_0 \sim A_5$ 作为行地址线，经译码产生 64 位行地址选择线；将地址码的高 4 位作为列地址线，经译码产生 16 位列地址选择线。只有被行地址选择线和列地址选择线同时选中的单元，才能进行读、写操作。例如，若输入的地址 $A_0 \sim A_9$ 为 1111111010，则行地址线 X_{63} 和列地址线 Y_{10} 输出有效电平，只有位于 X_{63} 和 Y_{10} 交叉处的地址单元才被选中，才可以进行读、写操作。

3. 输入/输出控制电路

输入/输出控制电路用来对电路的工作状态进行控制，其电路图如图 8-7 所示。一般，电路中有读写控制信号 $R/\overline{W}$ 和片选信号 $\overline{CS}$ 两种控制信号。片选信号 $\overline{CS}$ 决定芯片是否被选中，即是否工作；读写控制信号 $R/\overline{W}$ 决定电路是处于读取状态还是处于写入状态。

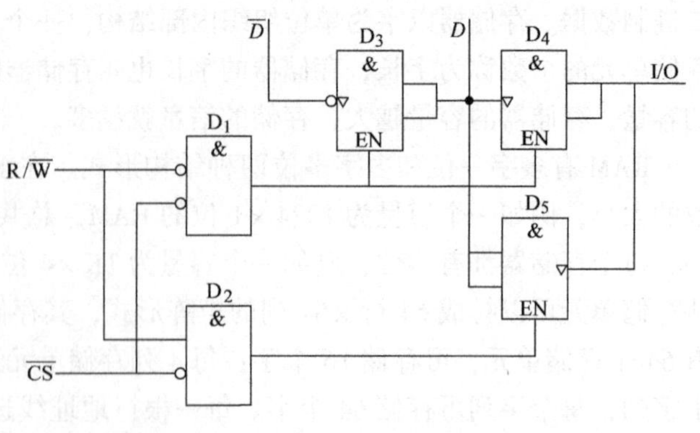

图 8-7 输入/输出控制电路

写入操作：当 $\overline{CS}=0$ 时，芯片被选中。当 $R/\overline{W}=0$ 时，D_2 输出低电平，三态门 D_5 处于高阻状态，被关闭。D_1 输出高电平，三态门 D_3、D_4

被打开，I/O 端所加的数据通过 D_4 门在 D 处输出，通过 D_3 门在 $\overline{D}$ 处输出。输出的数据加到被选中的单元，存储器进行写入操作。

读取操作：当 $\overline{CS}=0$、$R/\overline{W}=1$ 时，D_1 输出低电平，三态门 D_3、D_4 关闭；D_2 输出高电平，三态门 D_5 被打开，被选中单元的数据经过 D_5 输出到 I/O 端，存储器进行读取操作。

禁止读/写操作：当 $\overline{CS}=1$ 时，D_1、D_2 都输出低电平，三态门 D_3、D_4、D_5 都处于高阻状态，输入/输出(I/O)端与存储单元(D)被隔离，存储器不工作，禁止读/写操作。

8.2.2　RAM 的存储单元

1. 六管静态存储单元

六管静态存储单元(SRAM)的电路如图 8-8 所示。图中 MOS 管 VF_1、VF_2、VF_3 和 VF_4 组成了一个双稳态电路，即基本 RS 触发器，用于存储一位二进制数。假如 VF_1 导通，A 点为低电位，使 VF_2 截止，导致 C 点为高电位，C 点的高电位又会使 VF_1 可靠地导通，VF_1 导通使得 A 点为低电位，A 点的低电位使 VF_2 可靠地截止，这是一个稳态；反之 VF_1 截止，VF_2 就导通，将使 A 点为高电位，C 点为低电位，这又是另一个稳态。假设 A 点输出高电位用“1”表示，输出低电位用“0”表示，这个触发器就能存储 1 位二进制数。VF_5、VF_6、VF_7 和 VF_8 都是门控管，由行地址译码器输出的行地址选择线 X_i 控制 VF_5 和 VF_6 的导通与截止，由列地址译码器输出的列地址选择线 Y_j 控制 VF_7 和 VF_8 的导通与截止。

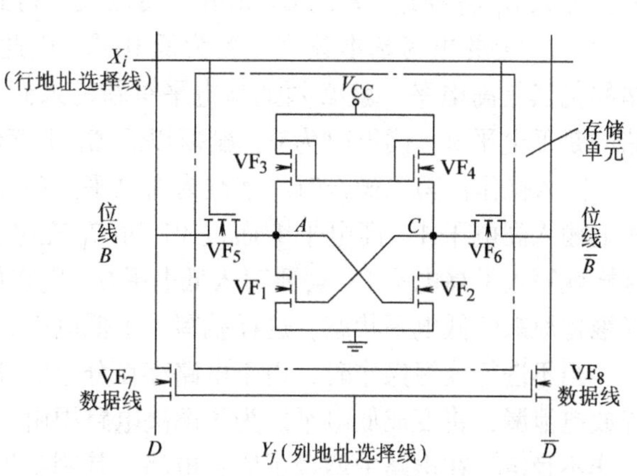

图 8-8　六管静态存储单元电路

读取操作：若要读取某单元的数据，该单元必须被选中，则与之对应的 X_i 和 Y_j 都为高电平，VF_5 ~ VF_8 都导通，A 点与数据输出端 D 点连通，C 点与数据输出端 $\overline{D}$ 点连通，存储单元的数据就被互补地读出到数据输出端 D 点和 $\overline{D}$ 点。在 D 点和 $\overline{D}$ 点接上电流计，可以判断读出的信息是 1 还是 0。

写入操作：若要写入高电平 1，则在数据线 D 点输入高电平 1，在 $\overline{D}$ 点输入低电平 0。写入操作时，与之对应的 X_i 和 Y_j 都为高电平，VF_5 ~ VF_8 都导通，D 点与 A 点连通，$\overline{D}$ 点与 C 点连通，A 点为高电位，C 点为低电位，使得 VF_1 截止、VF_2 导通，当行、列地址选择线 X_i、Y_j 消失后，VF_5 ~ VF_8 都截止，VF_1 和 VF_2 就保持这种稳定状态，从 D 点输入的高电平 1 经过 VF_7、VF_5 到达 A 点，就写入到由 X_i 和 Y_j 决定的存储单元。写入低电平 0 的情况类似。

静态存储单元的信息是靠 RS 触发器来记忆的，一旦断电，VF_1 ~ VF_4 都不工作，所有信息就会丢失。

2. 单管动态存储单元

SRAM 所用的管子数目多、功耗大、集成度低，为了克服这些缺点，研制了动态存储单元，即 DRAM。

常见的 DRAM 有四管、三管和单管几种电路结构形式。为了进一步提高 DRAM 的集成度，缩小体积，现在常采用单管 DRAM 的电路结构。

单管动态存储单元电路如图 8-9 所示，它由门控管 VF 和存储电容 C_1 组成，C_2 是电路中的分布电容。为了提高集成度，存储电容 C_1 做得不是很大，而位线上连接的元件较多，分布电容大，使得 C_2 远大于 C_1。

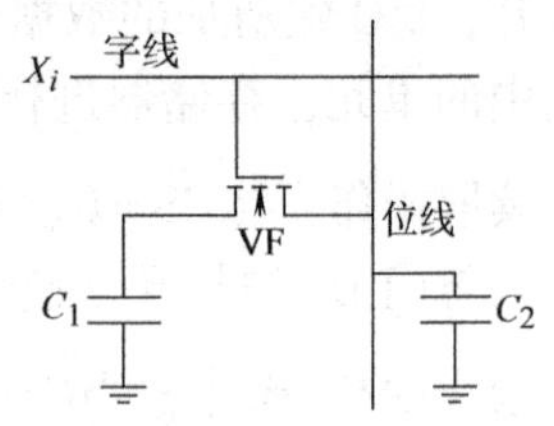

图 8-9　单管动态存储单元电路

读取操作：读取操作时，字线 X_i 为高电平，门控管 VF 导通，如果 C_1 存储的是高电平，那么 C_1 将经过 VF 向 C_2 充电，使位线上得到读出的高电平。由于 C_2 远大于 C_1，读出后，C_1 上的电荷基本放完，变为低电平，因此读出是破坏性的。要使数据读出后 C_1 存储的仍然是高电平，就必须把高电平重新写入到 C_1，这个过程叫作刷新。假如电容 C_1 存储的是低电平 0，读出时为 0，刷新以后 C_1 上存储仍然为低电平 0。

写入操作：写入操作时，字线为高电平，门控管 VF 导通。若要写入高电平 1，则在位线上输入高电平 1，高电平 1 通过 VF 对 C_1 充电，使 C_1 变成高电平或者保持高电平状态，这样就写入了高电平 1；若要写入低电平 0，则在位线上输入低电平，C_1 放电变成低电平或者维持原来的低电平状态，这样就写入了低电平 0。

当不进行读写操作时，由于电路存在分布电容，若原来存储的是高电平，则经过分布电容放电泄漏，将变成低电平。为了解决电路中由于漏电流或者分布电容的充放电引起的电路工作不稳定，在电路中增设了刷新电路，其刷新过程伴随着 RAM 的整个工作过程，并且要反复进行刷新，故又称为动态刷新。

8.2.3　集成 RAM 介绍

1. 常见的集成 SRAM 芯片

常见的集成 SRAM 芯片有：1K×4 位，如 Intel 2114；2K×8 位，如 Intel 2118、6116；4K×8 位，如 Intel 6132、6232；8K×8 位，如 Intel 6164、6264、3264、7164；32K×8 位，如 Intel 61256、62256、71256；64K×8 位，如 Intel 64C512、74512 等。

部分 SRAM 芯片的引脚图如图 8-10 所示。

其中，Intel 6116 是 2K×8 位的 SRAM，有 11 条地址线 $A_0 \sim A_{10}$；8 条双向数据线 $D_0 \sim D_7$；$\overline{CE}$为片选信号线，低电平有效；$\overline{WE}$为写允许信号线，低电平有效；$\overline{OE}$为读允许信号线，低电平有效。

Intel 6264 是 8K×8 位的 SRAM，它采用 CMOS 工艺制造，+5V 单电源供电，额定功耗为 200mW，典型读取时间为 200ns，封装形式为 DIP28。其中有 13 条地址线 $A_0 \sim A_{12}$；8 条双向数据线 $D_0 \sim D_7$；$\overline{CE}$为片选信号线 1，低电平有效；CE0 为片选信号线 2，高电平有效；$\overline{OE}$为读允许信号线，低电平有效；$\overline{WE}$为写允许信号线，低电平有效。

2. 常见的集成 DRAM 芯片

常见的集成 DRAM 芯片有：8K×8 位，如 Intel 2186、2187；16K×1 位，如 Intel 2116；64K×1 位，如 Intel 2164、4564；256K×1 位；256K×4 位；1M×1 位；1M×4 位；4M×1 位等。

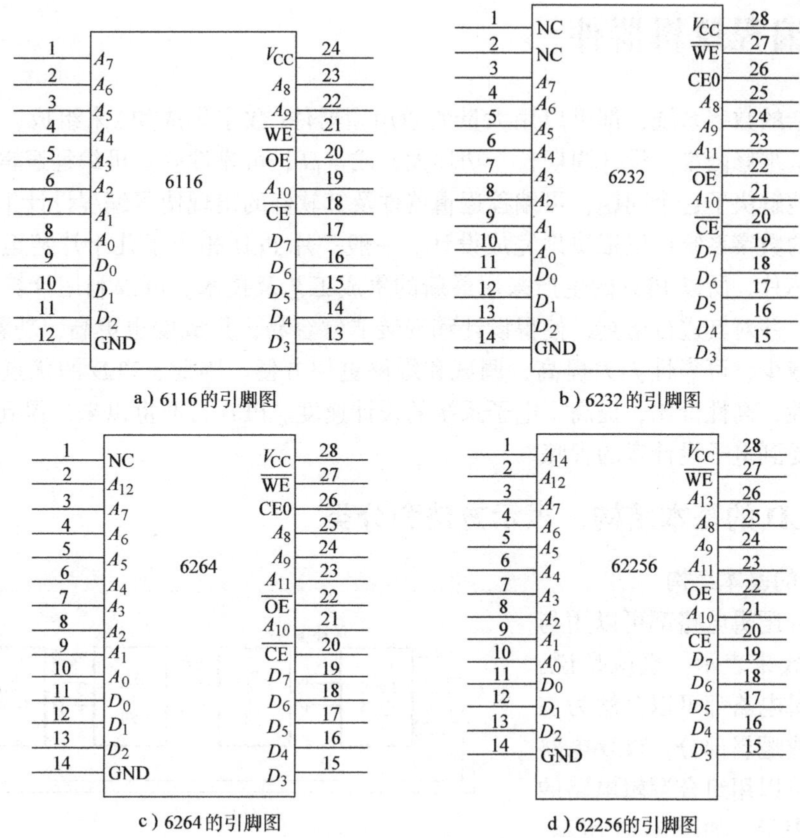

a）6116的引脚图　b）6232的引脚图

c）6264的引脚图　d）62256的引脚图

图 8-10　部分 SRAM 芯片引脚图

下面给出了 Intel 2164 的引脚图，如图 8-11 所示。

后来又出现了一种新型的集成动态 RAM（iRAM），如 Intel 公司的 iRAM 芯片有 iRAM 2186 和 iRAM 2187 等，它们兼有静态 RAM 和动态 RAM 的优点，其引脚图如图 8-12 所示。iRAM 2186/2187 片内具有 8K×8 位集成动态 RAM，+5V 单电源供电，工作电流为 70mA，维持电流为 20mA，存取时间为 250ns。

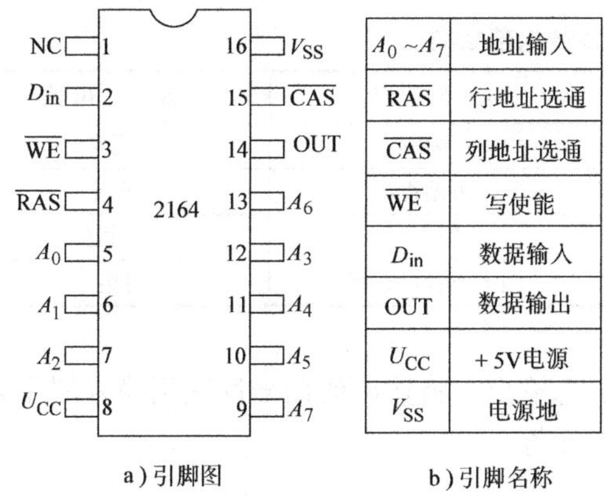

A_0 ~ A_7	地址输入
$\overline{RAS}$	行地址选通
$\overline{CAS}$	列地址选通
$\overline{WE}$	写使能
D_{in}	数据输入
OUT	数据输出
U_{CC}	+5V电源
V_{SS}	电源地

a）引脚图　b）引脚名称

图 8-11　Intel 2164 引脚图

iRAM 2186/2187

RDY/REFEN A_{12} A_7 A_6 A_5 A_4 A_3 A_2 A_1 A_0 I/O0 I/O1 I/O2 GND

V_{CC} $\overline{WE}$ NC A_8 A_9 A_{11} $\overline{OE}$ A_{10} $\overline{CE}$ I/O7 I/O6 I/O5 I/O4 I/O3

图 8-12　iRAM 2186/2187 引脚图

8.3　可编程逻辑器件

任何复杂的数字系统，都可以用大量的通用型器件(数字集成块)来组成，但其设计工作复杂，调试维修困难，设计周期长，功耗大，成本高，可靠性差。可编程逻辑器件(PLD)的出现很好地解决了这个问题，可编程逻辑器件及其软件的出现使可编程设计工作变得非常容易，复杂的数字系统可以很快地完成设计。一般一片 PLD 相当于几十片甚至更多的中规模通用集成芯片，所以 PLD 的生产采用最新的集成工艺及技术。可以利用计算机辅助设计来设计电路，并对其进行仿真，使得设计和安装非常容易，集成度也更高，功耗大大降低，外围元器件减少，可靠性大大提高，调试和维修更加方便。因此，PLD 的优点是：高集成度，高可靠性，高性价比，提高了电子系统的设计速度。PLD 自面世以来，得到了迅猛的发展，很快便受到电子设计者的青睐。

8.3.1　PLD 的基本结构、表示方法和分类

1. PLD 的基本结构

任何组合逻辑电路都可以用与或、或与函数来表示，也就是说，任何组合逻辑电路都可以分解为与逻辑部分和或逻辑部分。PLD 电路的基本结构可以用组合逻辑电路的基本结构来表示，如图 8-13 所示。它由输入电路、与阵列、或阵列和输出电路四部分组成。

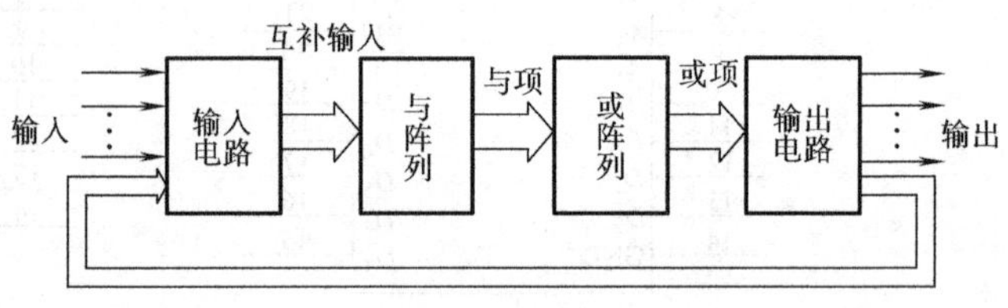

图 8-13　PLD 电路的基本结构

输入电路将输入的信号互补输出，产生原信号和原信号的反信号并输入到与阵列；与阵列和或阵列用于实现各种与或函数，产生 PLD 的逻辑功能；输出电路用于实现各种不同的输出方式。

与、或阵列根据不同的器件可以是固定的，也可以是可编程的，用以实现不同的逻辑功能，表 8-2 所示为常用 PLD 的内部结构。

表 8-2　常用 PLD 的内部结构

分　类	与 阵 列	或 阵 列	输 出 电 路
PROM	固定	可编程	固定
PLA	可编程	可编程	固定
PAL	可编程	固定	固定
GAL	可编程	固定或者可编程	可组态

输出电路有多种不同的形式：双向输出，三态输出，将输出的信号反馈到输入端作为输入信号的输出反馈结构，可编程的输出逻辑宏单元等。

2. PLD 的表示方法

1）PLD 的连接方式，如图 8-14 所示。

图 8-14　PLD 的连接方式

2）基本逻辑门的画法，如图 8-15 所示。

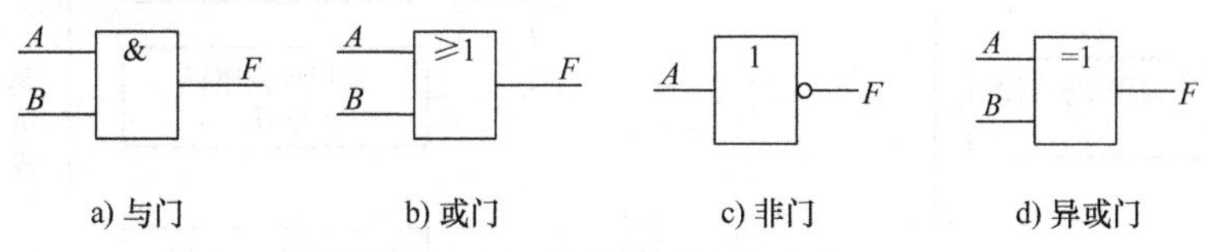

图 8-15　基本逻辑门的画法

3）PLD 输入缓冲器和输出三态门的画法，如图 8-16 所示。

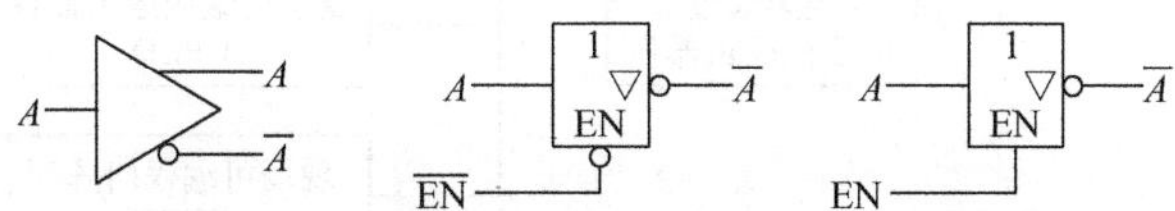

图 8-16　PLD 输入缓冲器和输出三态门的画法

4）PLD 与门、或门的简化画法，如图 8-17 所示。

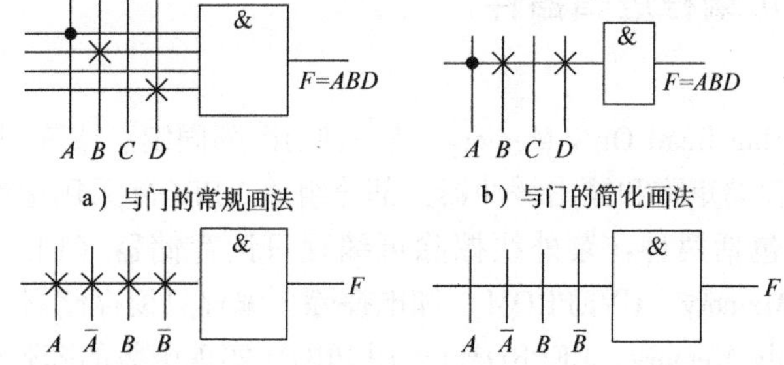

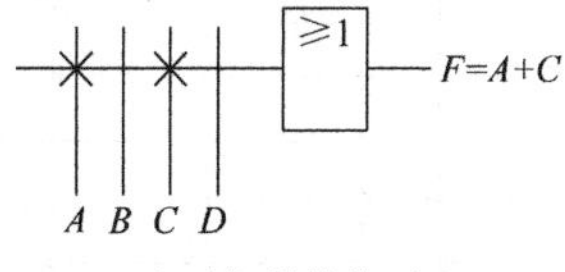

e）或门的简化画法

图 8-17　PLD 与门、或门的简化画法

3. PLD 的分类

PLD 按集成度的高低分为两大类，一类是简单 PLD，芯片集成度较低，如可编程只读存储器(PROM)、可编程逻辑阵列(PLA)、可编程阵列逻辑(PAL)和通用阵列逻辑(GAL)；另一类是复杂 PLD，或者称为高密度 PLD，芯片集成度较高，如复杂可编程逻辑器件(CPLD)和现场可编程门阵列(FPGA)。按 PLD 的内部结构分为乘积项结构器件和查找表结构器件两大类。按编程工艺，可分为熔丝和反熔丝结构型、EPROM 型、E^2PROM 型和 SRAM 型等。

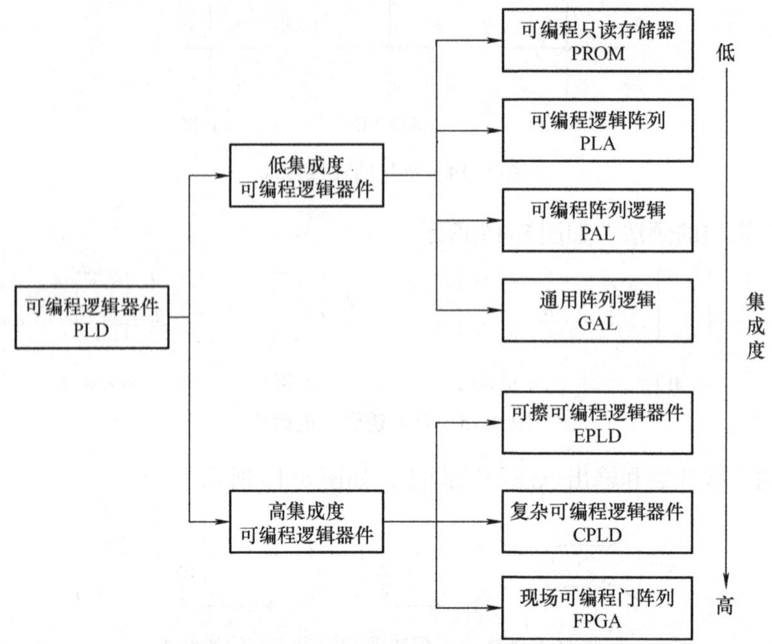

图 8-18　可编程逻辑器件的分类

8.3.2　低集成度可编程逻辑器件

1. PROM

PROM(Programmable Read Only Memory)是一种与阵列固定、或阵列可编程的与或阵列，通常由地址译码器、存储矩阵和输出缓冲器三部分组成。PROM 采用熔丝工艺编程，是一次性的。常用的 PROM 包括两种：紫外线擦除可编程只读存储器（Ultra Violet Erasable Programmable Read Only Memory，UVEPROM）和电擦除可编程只读存储器（Electrically Erasable Programmable Read Only Memory，EEPROM）。用 PROM 实现函数的阵列图如图 8-19 所示。

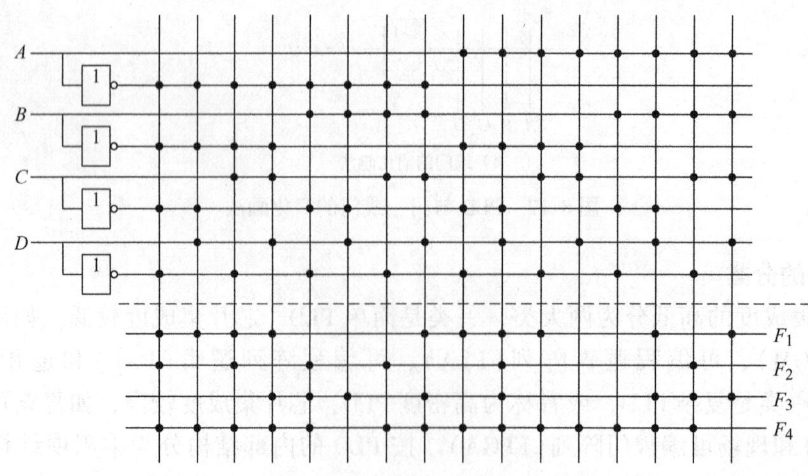

图 8-19　用 PROM 实现函数的阵列图

2. PLA

PLA(Programmable Logic Array)是一种与阵列可编程、或阵列也可以编程的与或阵列。PLA 把 PROM 结构中的地址译码器改为乘积项发生器。三输入的 PLA 结构如图 8-20 所示。

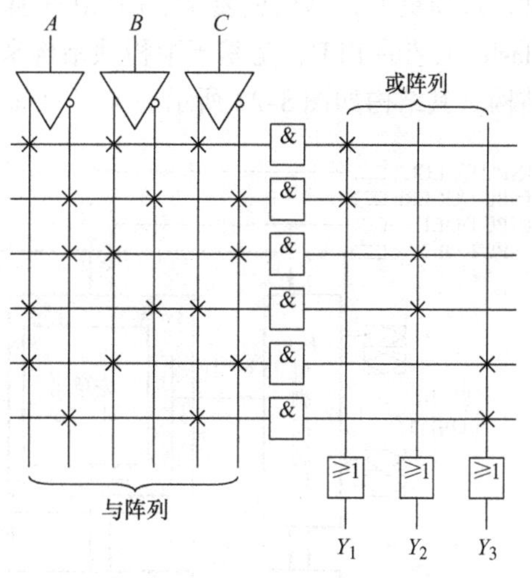

图 8-20　三输入的 PLA 结构

3. PAL

PAL(Programmable Array Logic)是一种与阵列可编程、或阵列固定的与或阵列。与阵列可编程指它产生的乘积项可以根据设计的要求来进行安排，或阵列固定指 PAL 的每个输出所分配的乘积项是固定不变的。三输入的 PAL 结构如图 8-21 所示。

4. GAL

GAL(Generic Array Logic)是一种在 PAL 器件的基础上发展起来的新型可编程逻辑器件，与 PAL 相比，它采用 E^2CMOS 工艺，进行电擦除和重写操作。另外，GAL 采用一个可编程的逻辑宏单元输出（OLMC），通过对 OLMC 进行配置就可以得到多种形式的输出和反馈。现在 GAL 已经逐渐取代 PAL。

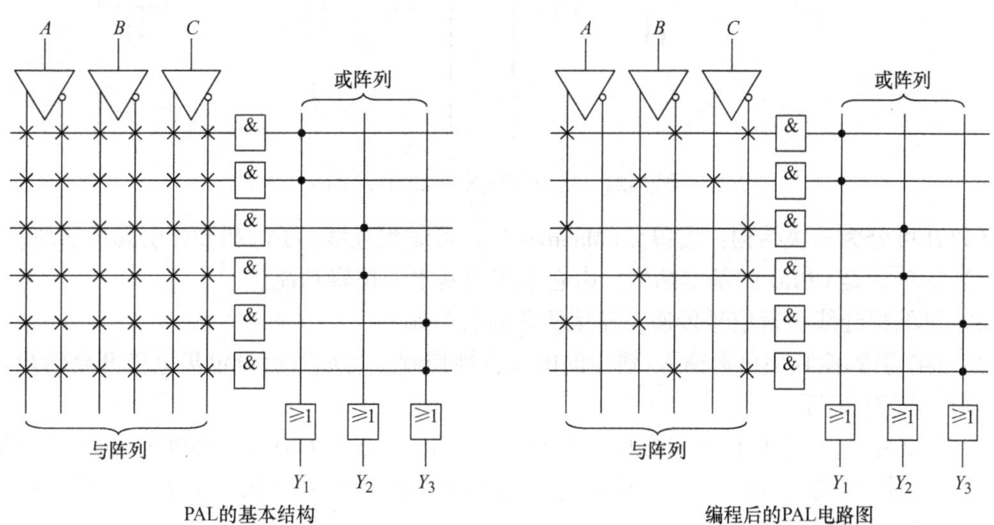

图 8-21　三输入的 PAL 结构

8.3.3　高集成度可编程逻辑器件

1. EPLD

EPLD(Erasable Programmable Logic Device)采用 UVEPROM 和 EEPROM 工艺。其基本逻辑单位是宏单元，宏单元由可编程的与或阵列、可编程的寄存器和可编程的输入/输出(I/O)组成。

2. CPLD

CPLD(Complex Programmable Logic Device)称为复杂可编程逻辑器件。它是 EPLD 的改

进，规模更大，结构更复杂。CPLD 是基于乘积项(Product-Term)结构技术以及 EEPROM(或 Flash)工艺的 PLD，是基于乘积项结构来实现逻辑的，采用可编程的与阵列和固定的或阵列结构。其结构如图 8-22 所示。

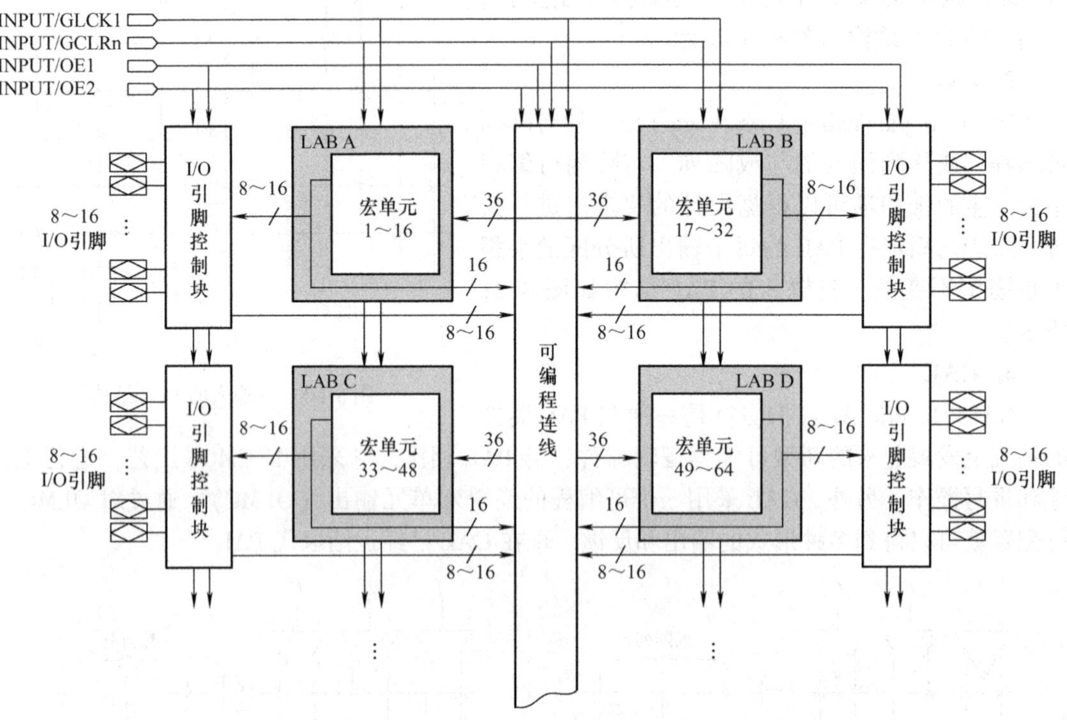

图 8-22 基于乘积项的 CPLD 结构

CPLD 可分为三块结构：宏单元(Macrocell)、可编程连线(PIA)和 I/O 引脚控制块。

1）宏单元是 CPLD 的基本结构，由它来实现基本的逻辑功能。

2）可编程连线负责信号传递，连接所有的宏单元。

3）I/O 引脚控制块负责输入/输出的电气特性控制，比如可以设定集电极开路输出、摆率控制和三态输出等。

图 8-22 中左上的 INPUT/GCLK1、INPUT/GCLRn、INPUT/OE1、INPUT/OE2 是全局时钟、清零和输出使能信号，这几个信号有专用连线与 PLD 中每个宏单元相连，信号到每个宏单元的延时相同并且延时最短。

3. FPGA

FPGA(Field Programmable Gate Array)称为现场可编程门阵列。FPGA 是基于查找表(LUT)结构技术原理来实现逻辑的，查找表 LUT(Look-Up-Table)的本质是一个 SRAM，目前 FPGA 多采用 4 输入的 LUT，每个 LUT 可以看作一个有 4 位地址线的 16×1 的 RAM。当我们通过原理图或 HDL 语言描述了一个逻辑电路后，FPGA 开发软件会自动计算逻辑电路的所有可能的结果，并把结果事先写入 RAM。这样，在 FPGA 工作时，每输入一个信号进行逻辑运算就等于输入一个地址进行查表，找出地址对应的内容，然后输出。以 4 输入为例，具体见表 8-3。

表 8-3　4 输入 LUT 实现方法说明

实际电路		LUT 实现方法	
a b c d → & → out		地址线 a b c d → 16×1 RAM (LUT) → 输出	
输入 a　b　c　d	输出 out	地址	RAM 中存储的内容
0　0　0　0	0	0　0　0　0	0
0　0　0　1	0	0　0　0　1	0
……	0	……	0
1　1　1　1	1	1　1　1　1	1

一个查找表(LUT)要实现 N 输入的逻辑功能，需要 2^N 位的 SRAM 存储单元。显然，N 不可能很大，否则 LUT 的利用率很低；因此当 N 较大时，要用几个 LUT 分开实现。具体如图 8-23 所示。

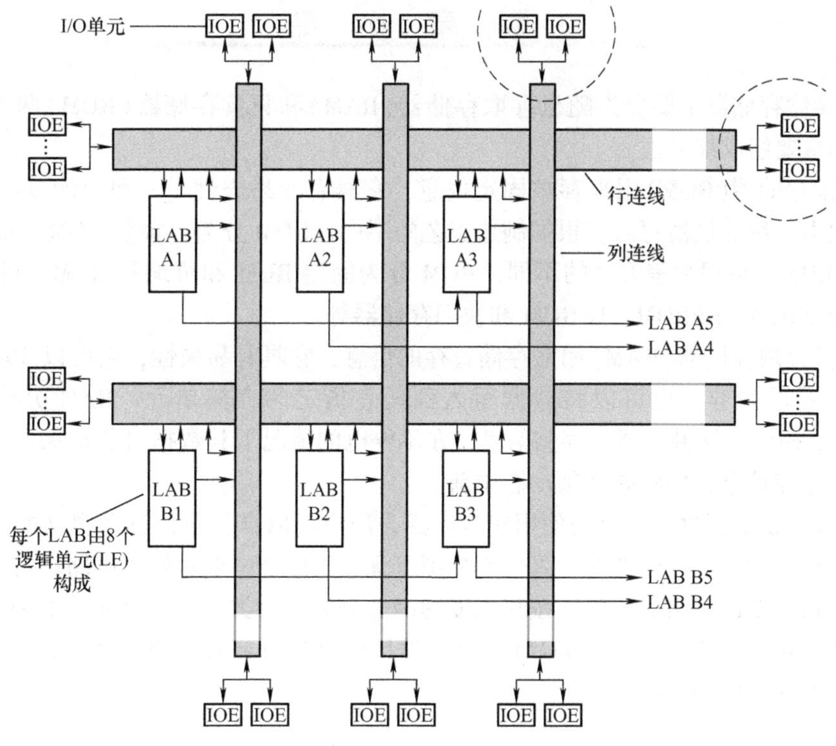

图 8-23　基于查找表的 FPGA 结构

FPGA 芯片主要由三部分组成，分别是 IOE(Input Output Element，输入输出单元)、LAB(Logic Array Block，逻辑阵列块)和 Interconnect(内部连接线)。

(1) IOE　IOE 是芯片与外部电路的物理接口，主要完成不同电气特性下输入/输出信号的驱动与匹配要求，比如从基本的 LVTTL/LVCMOS 接口到 PCI/LVDS/RSDS 甚至各种各样的差分接口，从 5V 兼容到 3.3V/2.5V/1.8V/1.5V 的电平接口。

FPGA 的 IOE 按组分类，每组都能够独立支持不同的 I/O 标准，通过软件的灵活配置，可匹配不同的电器标准与 I/O 物理特性，而且可以调整驱动电流的大小，可以改变上/下拉电阻。

（2）LAB　LAB 是 FPGA 的基本逻辑单元，其实际的数量和特性依据所采用的器件不同而不同，每个 LAB 的布局包括逻辑单元(Logic Elements，LE)、LAB 控制信号、LE 进位链(LE Carry Chains)、寄存器链(Register Chains)和 LAB 内部互连线(Local Interconnect)。LE 是 FPGA 最小的逻辑单元，每个 LE 主要由 LUT 和寄存器组成。

（3）Interconnect　FPGA 内部连接线(Interconnect)很丰富，主要有以下 5 种：行互连线(Row Interconnect)、列互连线(Column Interconnect)、直接链接互连线(Direct Link Interconnect)、内部互连线(Local Interconnect)和寄存器链互连线(Register Chain Interconnect)。

内部连接线连通 FPGA 内部的所有单元，而连线的长度和工艺决定着信号在连接线上的驱动能力和传输速度。在实际开发中，设计者不需要直接选择连接线，布局布线器可自动地根据输入逻辑网表(综合生成)的拓扑结构和约束条件选择连接线来连通各个逻辑单元，所以，从本质上来说，布线资源的使用方法和设计的结果有直接关系。

本　章　小　结

1）半导体存储器主要分为随机存取存储器(RAM)和只读存储器(ROM)两大类，它是数字电路的重要组成部分。

2）只读存储器(ROM)用来存放固定信息，它具有非易失性，一般只能读出，ROM 中的数据必须由专用的仪器写入。根据制造工艺的不同，ROM 分为二极管 ROM、双极型 ROM 和 MOS 型 ROM；根据编程方法的不同，ROM 分为固定 ROM 和可编程 ROM，可编程 ROM 又可以分为 PROM、EPROM、E^2ROM 和快闪存储器等。

3）随机存取存储器(RAM)用来存储暂存的信息，它具有易失性，它可以读取任何被选中的存储单元的内容，也可以将数据写入到任意指定的存储单元。RAM 分为 SRAM 和 DRAM 两种，SRAM 靠触发器来存储信息，在不停电的情况下其数据可长期保持；DRAM 靠存储电容来存储信息，DRAM 必须动态刷新。

4）可编程逻辑器件(PLD)的使用非常广泛，用户可以自己设计其逻辑功能。PLD 具有集成度高、可靠性高、保密性好、可仿真模拟等优点。PLD 一般由输入电路、与阵列、或阵列和输出电路四个部分组成。PLD 按集成度的高低分为两大类，一类是简单 PLD，芯片集成度较低，如 PROM、PLA、PAL 和 GAL；另一类是复杂 PLD 或者称为高密度 PLD，芯片集成度较高，如 CPLD 和 FPGA。

习　题　8

8-1　ROM 有哪些种类？各有什么特点？

8-2　RAM 的存储单元有哪几种类型？它们是如何存储信息的？

8-3　一个存储容量为 2K×8 位的 SRAM 有多少根地址线？有多少根位线？

8-4　一个存储器，其地址线有 10 根为 $A_0 \sim A_{11}$，数据线有 4 根为 $D_0 \sim D_4$，它的存储容量为多大？

8-5　PLD 有哪几个组成部分？各有什么作用？

8-6　CPLD 器件的结构有哪些？

8-7　FPGA 器件的结构有哪些？

第9章 综合实训

实训一 循环彩灯控制电路

1. 实训目的

1）掌握移位寄存器的左移控制和右移控制。

2）安装调试循环彩灯控制电路。

2. 实训设备与元器件

1）移位寄存器 74LS194 三块。

2）数字电子技术实验仪或实验箱。

3）万用表 1 只，示波器 1 台。

4）单刀双掷开关 6 个，电源开关 1 个。

5）数字集成测试仪 1 台。

3. 实训内容

1）测试移位寄存器的功能。

2）安装循环彩灯控制电路。

3）自己编程，设计出开关 $S_2 \sim S_5$ 的各种组合，观察循环彩灯所出现的流动情况。

4. 电路工作原理

以移位寄存器 74LS194 为核心，设计出循环彩灯控制电路，如图 9-1 所示。

图中 U_1、U_2、U_3 都采用移位寄存器 74LS194，它们连接成 12 位双向移位寄存器，每个集成电路块的输出接发光二极管。为了简化电路的设计，电路中的 +5V 电源、CP 脉冲和发光二极管都用实验操作台上现成的设备。

当电源开关 S 闭合时，通过积分电路给移位寄存器 74LS194 的$\overline{CR}$清零端提供一个低电平，使 U_1、U_2、U_3 都清零。将开关 S_1、S_0 打到高电平，此时所有灯都亮。$S_2 \sim S_5$ 可自己编程，$S_2 \sim S_5 = 1000$ 时，单灯流动；$S_2 \sim S_5 = 1100$ 时，双灯流动；$S_2 \sim S_5 = 1010$ 时，双灯隔开流动。若将 S_0 接低电平，S_1 接高电平，则彩灯根据输入的 $S_2 \sim S_5$ 向左移动；若将 S_0 接高电平，S_1 接低电平，则彩灯根据输入的 $S_2 \sim S_5$ 向右移动。如果 S_0 和 S_1 的动作再受编程控制的话，那么这时彩灯会自动地左移、右移，或者多种组合方式。

5. 电路的安装步骤和验证

所有电路在面包板上安装完成。

安装：先用数字集成测试仪测试每个集成块的好坏，然后按照图 9-1 所示的电路连接好电路。在连接的过程中，若出现连线不通的情况，则可用万用表测量检查。CP 脉冲由函数

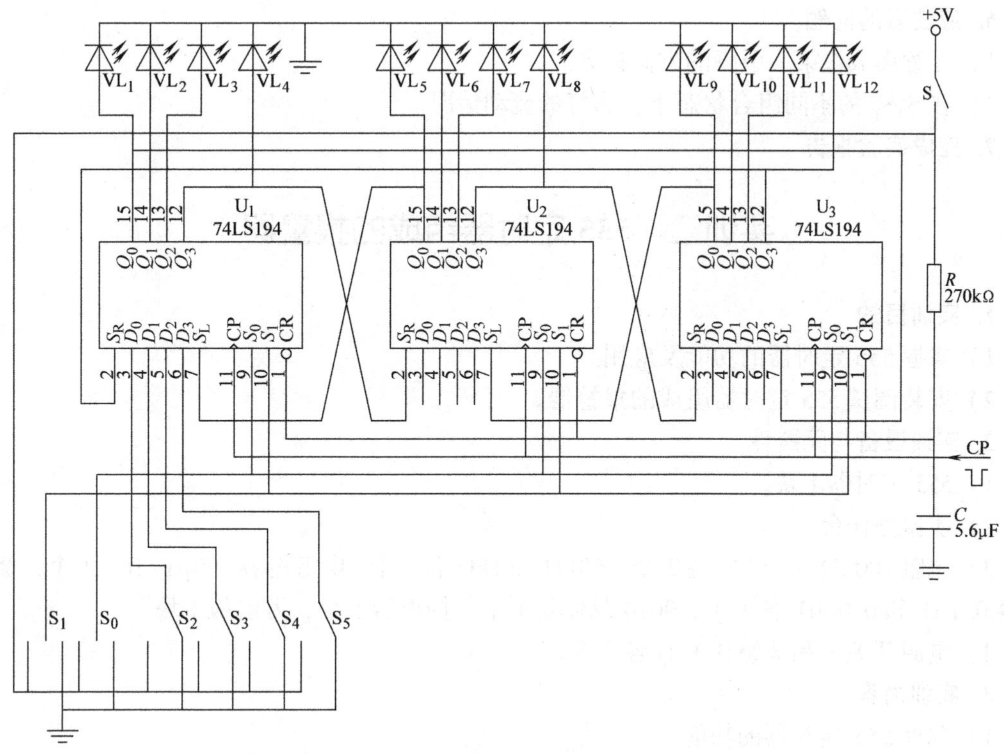

图 9-1 循环彩灯控制电路

信号发生器产生，彩灯用逻辑电平指示器代替，+5V 电源可用实验操作台上的稳压电源。

验证：合上开关 S，使 $S_0S_1=11$，观察指示灯是否亮。自己设计 $S_2 \sim S_5$ 的高低电平，拨动开关，使 $S_0S_1=01$，观察彩灯的流动情况；使 $S_0S_1=10$，观察彩灯的流动的情况；使 $S_0S_1=00$，观察彩灯的流动情况；调低实验台上的函数信号发生器的频率(频率低到要示波器能够观察到现象)，用示波器观察 CP 脉冲为低电平时，彩灯是否亮，将看到的情况记录在表 9-1 中。

表 9-1 彩灯流动情况

输入						彩灯流动情况
$\overline{CR}$	S_1	S_0	CP	S_R	S_L	
0	×	×	×	×	×	
1	×	×	0	×	×	
1	0	0	×	×	×	
1	0	1	↑	×	0	
1	0	1	↑	×	1	
1	1	0	↑	0	×	
1	1	0	↑	1	×	
1	1	1	↑	×	×	

上表中“×”表示高电平或者低电平都可以，“↑”表示 CP 脉冲的上升沿。

6. 应注意的问题

1）注意集成块第一引脚的方向标志。

2）在 S_0S_1 的不同组合状态下，彩灯的流动情况。

7. 完成实验报告

实训二　555 定时器组成的报警器

1. 实训目的

1）掌握 555 定时器的功能及应用。

2）安装调试 555 定时器组成的报警器。

2. 实训设备与元器件

1）555 定时器 1 块。

2）实验操作台。

3）电阻 100kΩ 和 15kΩ 各 2 个，68kΩ 和 1kΩ 各 1 个，电解电容 100μF/16V 1 个，涤纶电容 0.1μF 和 0.01μF 各 1 个，9014 晶体管 1 个，扬声器 1 个，万能板 1 块。

4）电源开关 S 和报警开关 Q 各 1 个。

3. 实训内容

1）掌握 555 定时器的功能。

2）安装调试 555 定时器组成的报警器。

4. 电路工作原理

555 定时器的功能表见表 9-2，表中的 × 表示输入任意电平。R_D 为复位输入端，当 R_D 为低电平时，不管其他输入端的状态如何，输出端 u_o 都为低电平，即 R_D 的控制级别最高。555 定时器组成的报警器电路如图 9-2 所示。其中 555 定时器构成多谐振荡器，振荡频率 $f_0 = 1.43/[(R_1 + 2R_2)C_1]$。利用操作台上的稳压电源作为 +5V 电源，将电源开关 S 闭合，经过电阻 R_1、R_2 分压后，复位端 4 脚得到低电平，电路停振，输出端 u_o 为低电平，晶体管 VT 截止，扬声器不发声。当按下报警开关 Q 时，+5V 电源直接加到复位端 4 脚，多谐振荡器工作，其输出信号 u_o 经晶体管放大后推动扬声器发出报警声音，直到有人关闭电源开关为止。

表 9-2　555 定时器的功能表

复位 R_D	阈值输入 U_{TH}	触发输入 $U_{\overline{TR}}$	输出 u_o	7 脚放电管 VT
0	×	×	0	导通
1	$>\frac{2}{3}U_{DD}$	$>\frac{1}{3}U_{DD}$	0	导通
1	$<\frac{2}{3}U_{DD}$	$<\frac{1}{3}U_{DD}$	1	截止
1	$<\frac{2}{3}U_{DD}$	$>\frac{1}{3}U_{DD}$	不变	不变

5. 电路的安装步骤和验证

安装：安装前，555 定时器要先经过数字集成测试仪进行测试。按照图 9-2 所示的电路，将元器件安装在万能板上，焊接完成即可。

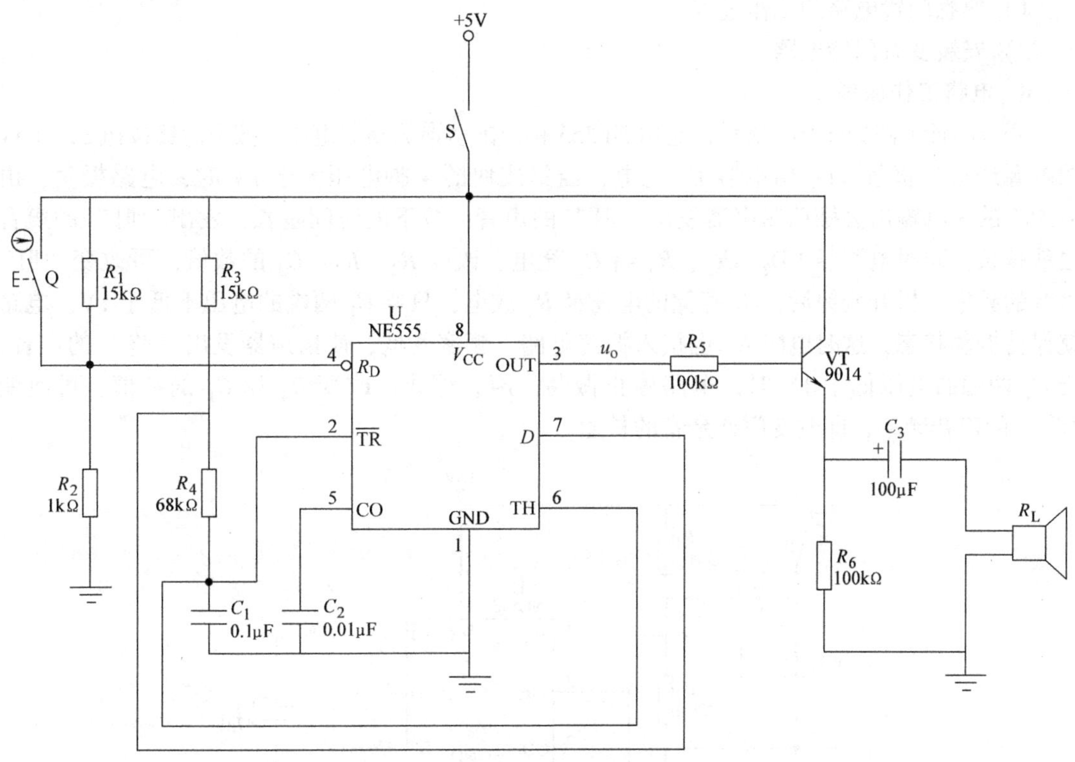

图 9-2　555 定时器组成的报警器

验证：接通电源时，无报警声；当报警开关 Q 闭合时，有报警声音。

6. 应注意的问题

1）集成块的安装要使用集成块管座。

2）利用万能板安装，有利于同学清理电路的连接图。

3）由于电路简单，注意安装要正确，提高焊接工艺，减少虚焊。

7. 完成实验报告

实训三　变音门铃

1. 实训目的

1）掌握 NE555 的应用。

2）掌握变音门铃电路的制作。

2. 实训设备与元器件

1）NE555 集成块 1 块。

2）22kΩ 的电阻 2 个，30kΩ 和 47kΩ 的电阻各 1 个，47μF/10V 的电解电容 2 个，0. 033μF 的涤纶电容 1 个，IN4148 的二极管 2 个，8Ω/0. 25W 的扬声器 1 个，门铃按钮 1 个，万能板 1 块。

3）带稳压电源的实验操作台。

3. 实训内容

1）熟悉门铃电路的工作过程。

2）安装变音门铃电路。

4. 电路工作原理

变音门铃电路如图9-3所示，它由NE555构成的多谐振荡器组成。按下门铃按钮S，+5V的电源经过二极管VD_1给电容C_1充电，当集成块的4脚电压大于1V时，电路振荡，由NE555的3脚输出去推动扬声器发出“叮”的声音，按下的时间越长，发出“叮”的声音也就越长；同时电源经VD_2、R_2、R_3给C_2充电，改变R_2、R_3、C_2的数值，可改变“叮”声音的频率。松开按钮后，C_1存储的电荷经R_4放电，只要C_1两端的电压不低于1V，电路就保持振荡状态，这时电阻R_1也接入振荡电路，频率变低，使扬声器发出“咚”的声音，当C_1两端的电压低于1V时，电路停止振荡，声音停止；改变R_4和C_1的数值，可改变“咚”的声音频率，即改变门铃余音的长短。

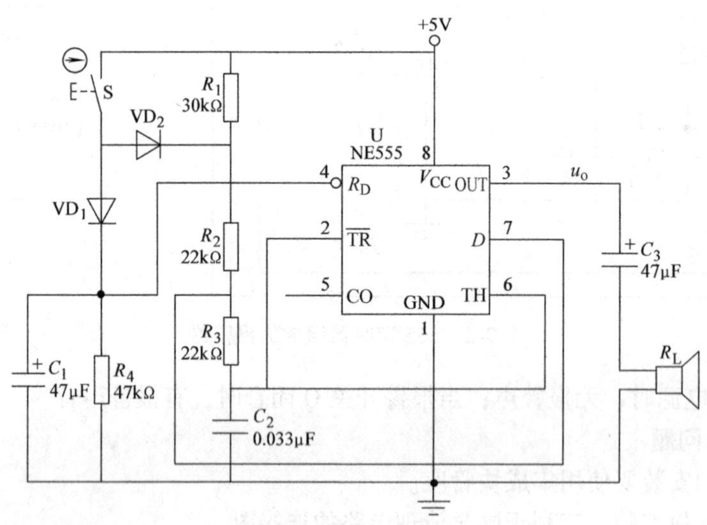

图9-3　变音门铃电路

5. 电路的安装步骤和验证

安装：先用数字集成测试仪测试NE555集成块的好坏。按照图9-3所示电路图，在万能板上安装好元器件，焊接完成即可。

验证：按下S，看扬声器中是否发出“叮”的声音，若连续按下S，则扬声器连续发出“叮”的声音；松开按钮后，扬声器中要发出“咚”的声音。只要安装无误，按下开关S，都能发出“叮咚”的声音，鸣叫时测量集成块的各脚电压，并记录在表9-3中。不按开关S，或者将VD_1接反，电路不振荡，扬声器不鸣叫，再测量集成块的各脚电压，也记录在表9-3中。

表9-3　NE555各引脚的电压

测　量　点	电压值/V							
NE555的引脚	1	2	3	4	5	6	7	8
鸣叫时								
不鸣叫时								

6. 应注意的问题

1）集成块的安装要使用集成块管座。利用万能板安装，有利于同学清理电路的连接图。

2）注意元器件安装要正确，提高焊接工艺，元器件排列美观，减少虚焊。

7. 完成实验报告

实训四　智力竞赛抢答器

1. 实训目的

1）掌握主电路、控制电路、数据采集电路和音响电路的工作原理。

2）掌握各种集成块的使用方法。

3）掌握数字集成块的测试方法。

4）学会综合安装、调试的方法。

2. 实训设备与元器件

1）+5V 直流电源。

2）数字电子技术实验仪或实验箱。

3）共阴极的七段数码管 3 块。

4）电阻、电容若干(见电路图 9-5)，扬声器。

5）万用表 1 只。

6）单刀双掷开关。

7）双踪示波器 1 台。

8）数字集成测试仪 1 台。

9）集成块：74LS249(显示译码器)3 块、74LS192(同步可逆计数器)2 块、74LS83(4 位二进制加法器)1 块、74LS148(8 线-3 线编码器)1 块、74LS373(八 D 数据锁存器)1 块、NE555(集成定时器)2 块、74LS10(三 3 输入与非门)1 块、74LS04(六反相器)1 块、74LS32(四 2 输入或门)1 块、共阴极的数码管 3 块。

3. 实训内容

1）显示译码器的安装调试。

2）六十进制计数器的安装调试。

3）数据采集电路的安装调试。

4）控制电路的安装调试。

5）音响电路的安装调试。

6）统调。

4. 电路工作原理

（1）任务和要求

1）设置一个工作人员清零的开关，以便新一轮的抢答。

2）抢答器能容纳 8 名选手，并给出相应的编号 1、2、3、4、5、6、7、8，为每名选手设置一个按键。

3）用共阴极数码管 LED 显示获得优先权的选手编号，一直保持到工作人员清零或者

60s 倒计时答题时间结束为止。

4）用共阴极数码管 LED 显示有效抢答后的 1 分钟倒计时答题时间。

5）1s 信号可利用数字电子技术实验仪上所提供的方波脉冲。

6）用扬声器的声音提示有效抢答及答题时间结束。

（2）原理框图　根据设计的任务和要求，画出电路的框图如图 9-4 所示。可将系统分为四大组成部分：主电路、控制电路、数据采集电路和音响电路。主电路分为 60s 倒计时计数器、显示译码电路。控制电路分为锁存控制、倒计时控制和音响控制。数据采集电路分为 8 路抢答开关、八 D 数据锁存器、优先编码器和加 1 电路。音响电路分为单稳态触发器、音频振荡电路及扬声器控制电路。

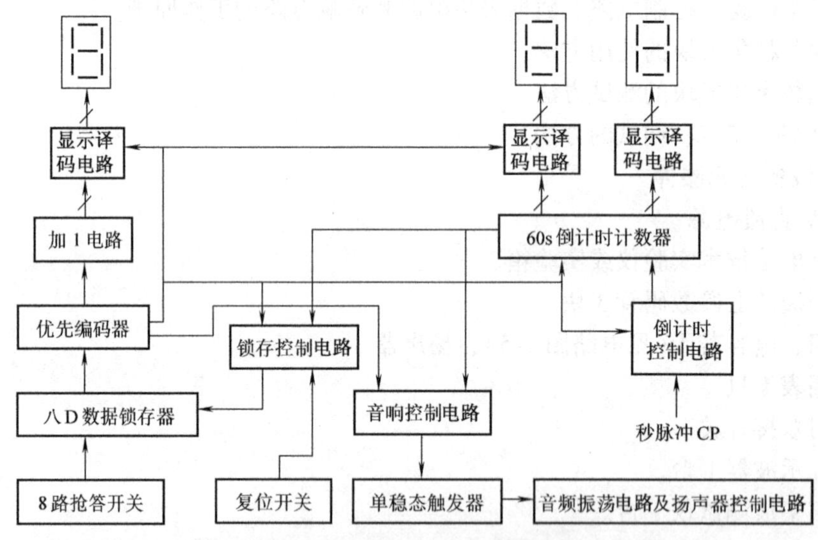

图 9-4　8 路智力竞赛抢答器框图

（3）参考电路与工作原理　根据电路框图，画出参考电路图如图 9-5 所示。电路中的与非门 D1、D2、D3 由三 3 输入与非门 74LS10 来完成，或门 D4 由四 2 输入或门 74LS32 来完成，非门 D5 由六反相器 74LS04 来完成。

下面简单介绍一下各部分的工作原理。

1）主电路。

① 显示译码电路。所有译码显示只有在有效抢答之后和抢答时间结束之前才有效，其他时间都不显示。数码显示采用共阴极的七段数码显示管，待点亮的段应给予高电平驱动信号，要求集成块要与之配套。七段数码显示管输入 8421 码，利用实验箱中的逻辑电平，分别输入到集成块 U1、U2、U3 的输入脚第 7、1、2 脚和第 6 脚(注意从低到高的顺序,7 脚是低位,6 脚是高位)，七段数码显示管就显示相应的十进制数码。

② 60s 倒计时计数器。由 60s 倒计时计数器，经过 U2、U3 驱动数码管组成六十进制计数器。计数器必须采用倒计时，先置数 60s，当置数信号变为无效、时钟信号有效加入后，可进行倒计时计数。

2）数据采集电路。

① 8 路抢答开关。为 8 位选手提供抢答的按键，即为 8 个按钮。按下按钮时选手抢答，

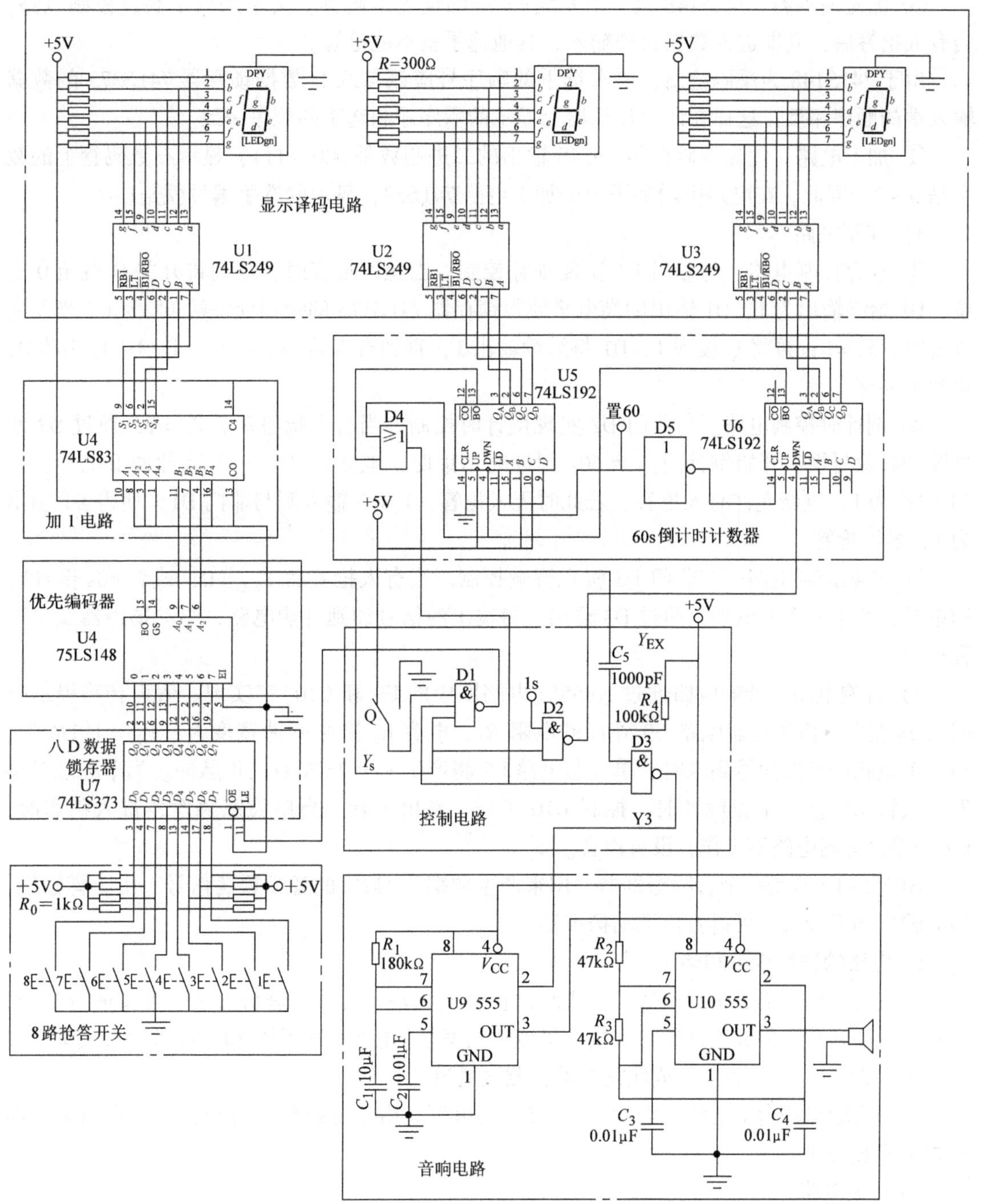

图 9-5　8 路智力竞赛抢答器的原理图

松开按钮后自动复位。

② 八 D 数据锁存器。采用八 D 数据锁存器 74LS373，通过控制电路来控制，抢答前应使锁存允许端 LE =1，此时允许数据输入，即允许选手抢答；当某位选手抢答后，应利用控制电路使 LE =0，使数据锁存，其他选手就不能抢答。

③ 优先编码器。74LS148 是一个 8 线-3 线的优先编码器。由于采用了高速控制电路，当有人抢答后，立即进入数据封锁输入，其他选手就不能抢答。

由于 74LS148 为反码输出，要求选手的顺序号应该与八 D 数据锁存器 74LS373 的数据输入端的顺序相反，这样在译码显示器上显示的顺序才和选手的顺序一致。

④ 加 1 电路。优先编码器 74LS148 输出的二进制数是 000～111，显示在数码管上的数字是 0～7，因此，在电路中增加了一个加 1 电路 74LS83，显示的选手编号就是1～8。

3）控制电路。

① 锁存控制电路。与非门 D1 实现锁存控制。当允许抢答时，裁判将开关 Q 拨至 0 复位，D1 始终输出为 1，D1 输出的高电平使得锁存器 74LS373 的锁存允许端 LE 为 1，当无人按键时，$Y_s=0$；再将 Q 拨到 1，D1 将继续输出 1，直到有人抢答后，$Y_s=1$，D1 输出为 0，将数据锁存。

② 倒计时控制电路。与非门 D2 实现倒计时控制。当有人抢答后，$Y_s=1$，通过 D2 使秒脉冲解除封锁，开始倒计时。当 60s 倒计时结束时，电路将产生一个负脉冲低电平，使 D1 输出为 1，重新允许有人抢答。若此时无人抢答，$Y_s=0$ 输入到与非门 D1，使得 D1 输出为 1，继续抢答。

③ 音响控制电路。与非门 D3 实现音响控制。当有人抢答后 $Y_{EX}=0$，或者 60s 倒计时结束时将产生一个低电平，通过 D3 输出，将输出的信号加到音响电路，驱动扬声器发出声音提示。

4）音响电路。音响电路通过 NE555（电路图中的 U9 和 U10）来实现。假设音响提示时间为 2s 左右，由单稳态电路 U9 外接的电阻 R_1、电容 C_1 产生脉冲宽度为：$T_W=1.1R_1C_1$。当一个负脉冲触发信号到来时，单稳态电路 U9 将产生一个 2s 左右的正脉冲。当单稳态触发器进入暂态产生一个正脉冲时，控制 U10 工作，发出声音。当单稳态触发器进入稳态时，U9 清零，音响电路不工作，没有声音。

NE555（U10）是一个音频振荡器，用来产生频率为 1kHz 的音频振荡信号，由 3 脚输出，因为输出功率较大，可以直接推动扬声器。

5. 电路的安装步骤和验证

安装前，所有集成块都用数字集成测试仪测试其好坏后，再进行安装。测试的方法为：将集成块插到数字集成测试仪上，输入集成块的型号，按好坏判别按钮，在数字集成测试仪上显示“PASS”时，表示集成块是好的，测试通过。

利用实验操作台上的稳压电源作为 +5V 的电源。由于电路较为复杂，所有电路都在面包板上安装完成。

（1）主电路

1）显示译码电路的安装和验证。安装：按照图 9-5 所示的电路图，在面包板上接好电路，安装好显示译码电路。安装时注意集成块 1 脚的方向。

验证：利用数字电子技术实验仪上的逻辑电平开关，分别在集成块 U1、U2、U3 的 6 脚、2 脚、1 脚和 7 脚（即 *D*、*C*、*B* 和 *A* 端）输入 0001～1000，如果在数码管上显示的是 1～8，那么表示电路工作正常。将所测试的数据填入到表 9-4 中。

表 9-4　显示译码电路的测试数据表

输入端信号				数码管显示的数值
D	C	B	A	
0	0	0	1	
0	0	1	0	
0	0	1	1	
0	1	0	0	
0	1	0	1	
0	1	1	0	
0	1	1	1	
1	0	0	0	

2）60s 倒计时计数器的安装和验证。安装：按照图 9-5 所示的电路图，在面包板上连接线路，安装好 60s 倒计时计数器。

验证：利用数字电子技术实验仪上的逻辑电平开关，产生暂时的置数信号，观察是否可靠地置数 60s。再将置数信号置于无效状态，利用数字电子技术实验仪上的函数信号发生器产生低频方波，加入到计数器的时钟输入端，观察计数器是否实现 60 进制减法。当计数器减到 0 时，利用示波器观察(也可以利用数字电子技术实验仪上的 LED 灯来指示)是否产生一个负脉冲控制信号。

（2）数据采集电路

1）八 D 数据锁存器的安装和验证。安装：按照图 9-5 所示的电路图，在面包板上连接线路，安装好八 D 数据锁存器。

验证：将数字电子技术实验仪上的 8 个逻辑电平开关，按照正确的顺序接到八 D 数据锁存器的 8 个输入端(集成块的 18、17、14、13、8、7、4、3 脚分别接 1 ~ 8 位选手)，特别要注意顺序是否正确。再将八 D 数据锁存器的控制端 LE 接上高电平，用数字电子技术实验仪上的 LED 逻辑电平指示灯观察数据是否正确显示。然后将八 D 数据锁存器的控制端 LE 改接为低电平，改变输入逻辑电平开关，观察输出状态，若输出保持不变，则表明数据被锁存。将测试的数据填入到表 9-5 中。

表 9-5　八 D 数据锁存器的测试数据表

输　　入			输　　出
$\overline{OE}$	LE	D	Q_{n+1}
0	1	1	
0	1	0	
0	0	0	
0	0	1	
1	0	0	
1	0	1	
1	1	0	
1	1	1	

2）优先编码器的安装和验证。安装：按照图 9-5 所示的电路图，在面包板上连接线路，安装好优先编码器。

验证：利用数字电子技术实验仪上的 LED 逻辑电平指示灯，观察输出端，即选通输出 Y_s 和扩展输出 Y_{EX} 在不同情况下的状态是否正确，假设 4 号选手抢答，应该有 $Y_s=1$，$Y_{EX}=0$，$A_2A_1A_0=011$。将测试的数据填入表 9-6 中的编码输出栏。

表 9-6　编码器的测试数据表

选手编号								编码输出			加 1 输出			
8	7	6	5	4	3	2	1	A_2	A_1	A_0	S_4	S_3	S_2	S_1
1	1	1	1	1	1	1	0							
1	1	1	1	1	1	0	1							
1	1	1	1	1	0	1	1							
1	1	1	1	0	1	1	1							
1	1	1	0	1	1	1	1							
1	1	0	1	1	1	1	1							
1	0	1	1	1	1	1	1							
0	1	1	1	1	1	1	1							

3）加 1 电路的安装和验证。通过加 1 电路 74LS83 修正以后，当 4 号选手抢答时，加 1 电路的输出应该为 $S_4S_3S_2S_1=0100$。将此时的输出接到显示译码电路，显示的是 4 号选手；当没有选手抢答时，所有灯灭，无显示。将修正以后的测试数据填入到表 9-6 中的加 1 输出栏。

（3）控制电路　安装：控制电路的所有与非门电路都是通过三 3 输入与非门 74LS10 来完成的。首先按照图 9-5 所示的电路图接好控制电路。

验证：

1）倒计时控制电路的验证：当某个选手抢答时，观察是否倒计时，以验证倒计时控制的好坏。

2）锁存控制电路的验证：当某个选手抢答后，在倒计时期间，按下其他任意选手的按钮，此时与这位选手相应的灯不亮，数据锁存。裁判将开关 Q 拨到 0 后再拨回到 1，观察是否在任意时间都能重新抢答。当倒计时到达 0 时，观察是否产生一个负脉冲输出信号(数字电子技术实验仪上 LED 灯不亮)。

3）音响控制电路的验证：当某个选手抢答后，或者当倒计时为 0 时，用示波器观察是否产生一个负脉冲输出信号(数字电子技术实验仪上 LED 灯不亮)。

（4）音响电路　安装：按照图 9-5 所示的电路图，在面包板上接好电路，安装好音响电路。

验证：

1）单稳态触发器的验证：先单独安装单稳态触发器，将数字电子技术实验仪上的函数信号发生器产生的负脉冲信号送入到 U9 输入端，将 U9 的输出端 3 脚暂时接到数字电子技术实验仪的 LED 逻辑电平指示灯，用示波器观察是否产生一个 2s 左右的正脉冲信号。

2）音频振荡电路及扬声器控制电路的验证：将安装好的单稳态触发器的输出端，接到

U10 的复位端 4 脚，看扬声器是否发出声音。

所有电路安装好后进行统调。先置数 60s，当计数器减至 0 时，是否有声音提示。当裁判将开关 Q 由 0 拨到 1 时，是否允许抢答。当 4 号选手抢答时，数码管是否显示 4，同时扬声器中是否有声音提示 2s，然后开始倒计时 60s，当减到 0 时，再次音响提示。

6. 应注意的问题

1）安装集成块时，先要用数字集成测试仪测试其好坏后，再进行安装。注意集成块的第 1 脚的标志，不能装反。

2）选择器件时应注意译码器与数码显示管的匹配，包括功率的匹配和逻辑电平的匹配。共阴极的数码管只能采用高电平有效的驱动译码器，共阳极的数码管只能采用低电平有效的驱动译码器。

3）这是一个比较复杂的电路，在安装的过程中，注意连线的规范，将各部分电路集中安装在一个地方，便于安装后的检查。

4）测试某一部分的功能时，尽量把这一部分的功能测试完。

5）如果在连接过程中，出现线路不通等情况，那么可用万用表检查连线，一个部分一个部分地检查，绝大多数都归因于接触不良。

7. 完成实验报告

实训五　电子秒表

1. 实训目的

1）学习数字电路中基本 RS 触发器、单稳态触发器、时钟发生器、计数及译码显示电路等单元电路的综合应用。

2）学习电子秒表的调试方法。

2. 实训设备与元器件

1）+5V 直流电源。　2）双踪示波器。

3）直流数字电压表。　4）数字频率计。

5）单次脉冲源。　6）连续脉冲源。

7）逻辑电平开关。　8）逻辑电平显示器。

9）译码显示器。　10）74LS00 ×1、74LS04 ×1、555 ×1、74LS90 ×3，电阻若干。

3. 实训内容

1）设计基本 RS 触发器构成的控制电路。

2）设计单稳态触发器。

3）设计时钟发生器。

4）设计计数及译码显示电路。

5）掌握电子秒表的工作原理。

6）安装电子秒表电路。

4. 电路工作原理

电子秒表总体框图如图 9-6 所示。

图中单元 I 为用集成与非门 74LS00 构成的基本 RS 触发器，属低电平直接触发的触发器，有直接置位、复位的功能；单元Ⅱ为集成与非门 74LS00 构成的单稳态触发器，其作用是为计数器提供清零信号；单元Ⅲ为555 定时器，构成多谐振荡器，作为时钟源；单元Ⅳ为74LS90N 构成的计数器；单元Ⅴ为译码显示器，显示数字。

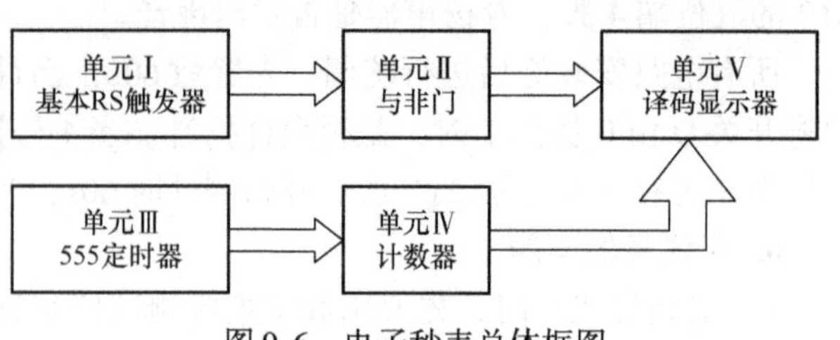

图 9-6　电子秒表总体框图

图 9-7 为电子秒表的原理图。按功能分成 4 个单元电路进行分析。

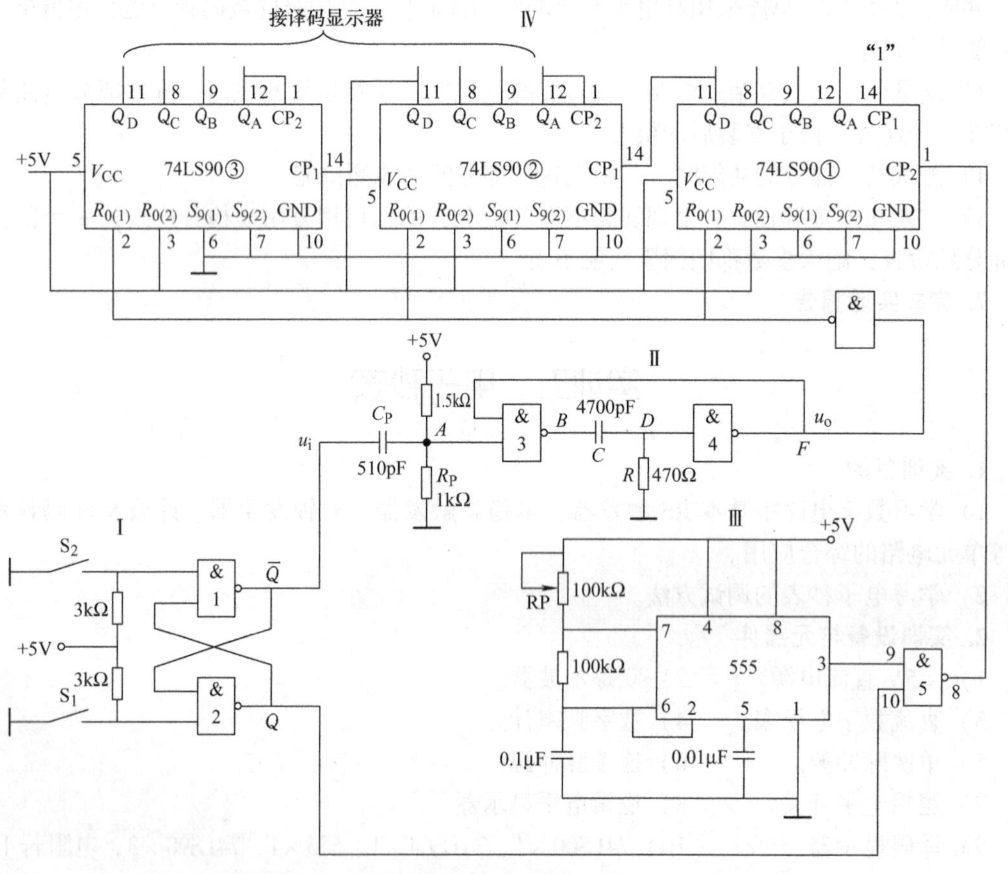

图 9-7　电子秒表原理图

（1）基本 RS 触发器　图 9-7 中单元 I 为用集成与非门构成的基本 RS 触发器，它的一路输出$\overline{Q}$作为单稳态触发器的输入，另一路输出 Q 作为与非门 5 的输入控制信号。

闭合开关 S_2（接地），则门 1 输出$\overline{Q}=1$，门 2 输出 $Q=0$，S_2 断开后 Q、$\overline{Q}$状态保持不变。再闭合开关 S_1，则 Q 由 0 变为 1，门 5 开启，为计数器启动做好准备；$\overline{Q}$由 1 变 0，送出负脉冲，启动单稳态触发器工作。

基本 RS 触发器在电子秒表中的作用是启动和停止秒表的工作。

（2）单稳态触发器　图 9-7 中单元Ⅱ为用集成与非门构成的微分型单稳态触发器，图 9-8 为各点波形图。

单稳态触发器的输入触发负脉冲信号 u_i 由基本 RS 触发器 $\overline{Q}$ 端提供，输出负脉冲 u_o 通过非门加到计数器的清除端。

静态时，门 4 应处于截止状态，故电阻 R 必须小于门 4 的关门电阻 R_{Off}。定时元件 RC 取值不同，输出脉冲宽度也不同。当触发脉冲宽度小于输出脉冲宽度时，可以省去输入微分电路的 R_P 和 C_P。

单稳态触发器在电子秒表中的作用是为计数器提供清零信号。

（3）时钟发生器　图 9-7 中单元Ⅲ为用 555 定时器构成的多谐振荡器，是一种性能较好的时钟源。调节电位器 RP，使输出端 3 获得频率为 50Hz 的矩形波信号，当基本 RS 触发器 $Q=1$ 时，门 5 开启，此时 50Hz 脉冲信号通过门 5 作为计数脉冲加于计数器①的计数输入端 CP_2。

（4）计数及译码显示电路　二-五-十进制加法计数器 74LS90 构成电子秒表的计数单元，如图 9-7 中单元Ⅳ所示。其中计数器①接成五进制形式，对频率为 50Hz 的时钟脉冲进行五分频，在输出端 Q_D 取得周期为 0.1s 的矩形脉冲，作为计数器②的时钟输入。计数器②及计数器③接成 8421 码十进制形式，其输出端与实验装置上译码显示单元的相应输入端连接，可显示 0.1～0.9s、1～9.9s 计时。

注：集成异步计数器 74LS90 是异步二-五-十进制加法计数器，它既可以作二进制加法计数器，又可以作五进制和十进制加法计数器。

图 9-9 为 74LS90 引脚排列，表 9-7 为 74LS90 功能表。

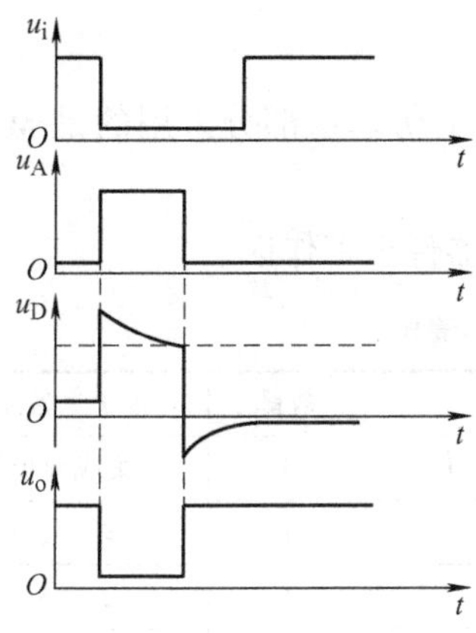

图 9-8　单稳态触发器波形图

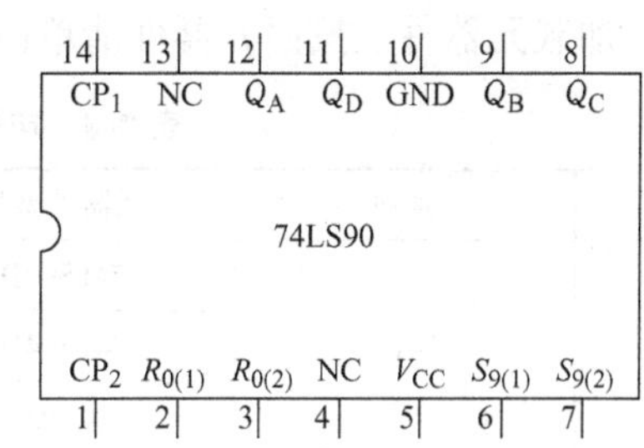

图 9-9　74LS90 引脚排列

通过不同的连接方式，74LS90 可以实现四种不同的逻辑功能，还可借助 $R_0$①、$R_0$②对计数器清零，借助 $S_9$①、$S_9$②将计数器置 9。具体功能详述如下：

1）计数脉冲从 CP_1 输入，Q_A 作为输出端，为二进制计数器。

2）计数脉冲从 CP_2 输入，Q_D、Q_C、Q_B 作为输出端，为异步五进制加法计数器。

3）若将 CP_2 和 Q_A 相连，计数脉冲由 CP_1 输入，Q_D、Q_C、Q_B、Q_A 作为输出端，则构成异步 8421 码十进制加法计数器。

4）若将 CP_1 与 Q_D 相连，计数脉冲由 CP_2 输入，Q_A、Q_D、Q_C、Q_B 作为输出端，则构成异步 5421 码十进制加法计数器。

5）清零、置 9 功能。

① 异步清零。当 $R_0$①、$R_0$②均为“1”，$S_9$①、$S_9$②中有“0”时，实现异步清零功能，

即 $Q_DQ_CQ_BQ_A=0000$。

② 置9功能。当 $S_{9(1)}$、$S_{9(2)}$ 均为“1”，$R_{0(1)}$、$R_{0(2)}$ 中有“0”时，实现置9功能，即 $Q_DQ_CQ_BQ_A=1001$。

表 9-7　74LS90 功能表

输　入						输　出				功　能
清零		置9		时钟		Q_D	Q_C	Q_B	Q_A	
$R_{0(1)}$、$R_{0(2)}$		$S_{9(1)}$、$S_{9(2)}$		CP_1	CP_2					
1	1	0 ×	× 0	×	×	0	0	0	0	清零
0 ×	× 0	1	1	×	×	1	0	0	1	置9
0 ×	× 0	0 ×	× 0	↓	1	Q_A输出				二进制计数
				1	↓	$Q_DQ_CQ_B$输出				五进制计数
				↓	Q_A	$Q_DQ_CQ_BQ_A$输出 8421BCD码				十进制计数
				Q_D	↓	$Q_AQ_DQ_CQ_B$输出 5421BCD码				十进制计数
				1	1	不　变				保　持

5. 电路的仿真、安装与验证

（1）电路的仿真　电路截屏如图9-10所示。由于本书仿真这部分采用的是Multisim软件的符号标准，有些与国家标准不符，特提醒读者注意。

1）加载元器件。按照元器件清单(见表9-8)加载元器件至工作区。

表 9-8　电子秒表电路的元器件清单

组	系列	元器件型号	标号	数量	备注
TTL	74LS	74LS90D	U3，U2，U1	3	集成异步计数器
		74LS04D	U5	1	非门（逆变器）
		74LS00	U4	1	2输入与非门
Basic	RESISTOR	100kΩ	R7	1	电阻
		470Ω	R5	1	电阻
		1kΩ	R4	1	电阻
		1．5kΩ	R3	1	电阻
		3kΩ	R2，R1	2	电阻
Basic	CAPACITOR	510pF	CP	1	电容
		47nF	C1	1	电容
		100nF（0.1μF）	C2	1	电容
		10nF（0.01μF）	C3	1	电容
Mixed	TIMER	LM555CM	U6	1	555定时器
Basic	SWITCH	SPST	K1，K2	2	单刀单掷开关

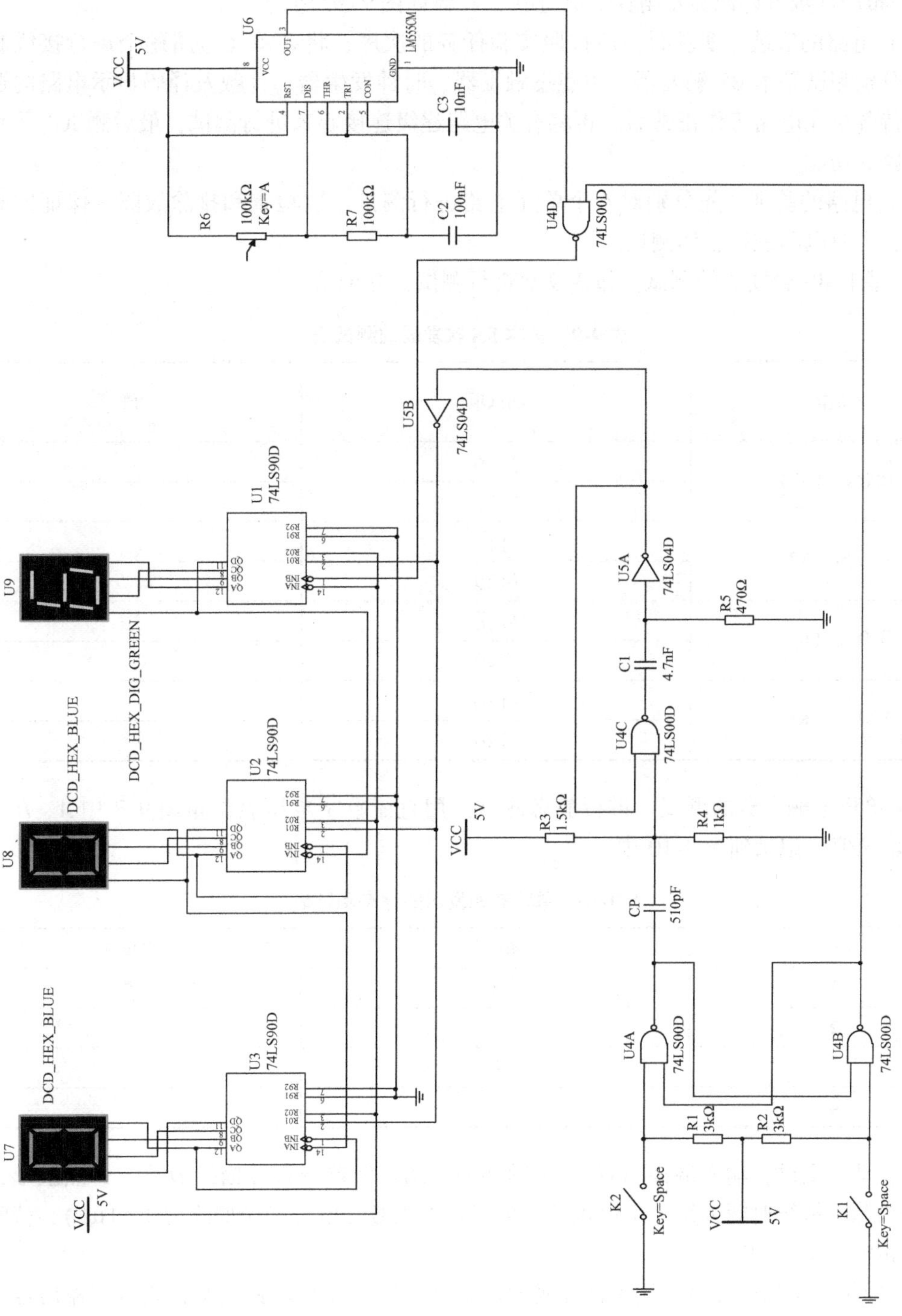

图9-10　电子秒表的仿真电路截屏

2）布局基本 RS 触发器电路，并连接，具体如图 9-10 所示。

3）布局单稳态触发器电路，并连接，具体如图 9-10 所示。

4）布局时钟发生器电路，并连接，具体如图 9-10 所示。

5）布局计数及译码显示电路，并连接，具体如图 9-10 所示。

（2）电路的安装　实验时，应按照实验任务的次序，将各单元电路逐个进行接线和调试，即分别测试基本 RS 触发器、单稳态触发器、时钟发生器、计数及译码显示电路的逻辑功能，待各单元电路工作正常后，再将有关电路逐级连接起来进行测试，最后测试电子秒表整个电路的功能。

（3）电路的验证　先分别对 4 个单元电路进行测试，以检查和排除故障，保证实验顺利进行，再对电路进行整体测试。

1）基本 RS 触发器的测试。按表 9-9 进行测试，并记录。

表 9-9　基本 RS 触发器的测试表

动作	测试项	值
闭合 S_2（K2）	门 1$\overline{Q}$	
	门 2Q	
打开 S_2（K2）	门 1$\overline{Q}$	
	门 2Q	
闭合 S_1（K1）	门 1$\overline{Q}$	
	门 2Q	
打开 S_1（K1）	门 1$\overline{Q}$	
	门 2Q	

2）单稳态触发器的测试。进行静态测试，用直流数字电压表测量图 9-7 中 A、B、D、F 各点电位值。记录到表 9-10 中。

表 9-10　单稳态触发器的静态测试表

序号	测试点	电位值
1	A	
2	B	
3	D	
4	F	

进行动态测试，输入端接 1kHz 连续脉冲源，用示波器观察并描绘 D 点、F 点波形，如单稳输出脉冲持续时间太短，难以观察，可适当加大微分电容 C（如改为0. 1μF），待测试完毕，再恢复 4700pF。

3）时钟发生器的测试。用示波器观察输出电压波形并测量其频率，调节使输出矩形波频率为 50Hz。

4）计数器的测试。计数器①接成五进制形式，$R_{0(1)}$、$R_{0(2)}$、$S_{9(1)}$、$S_{9(2)}$ 接逻辑开关

输出插口，CP_2 接单次脉冲源，CP_1 接高电平“1”，$Q_D \sim Q_A$ 接实验设备上译码显示输入端 D、C、B、A，按表 9-7 测试其逻辑功能，记录之。

计数器②及计数器③接成 8421 码十进制形式，进行逻辑功能测试。记录之。

将计数器①、②、③级联，进行逻辑功能测试。记录之。

5）电子秒表的整体测试。各单元电路测试正常后，按图 9-7 把几个单元电路连接起来，进行电子秒表的总体测试。

先闭合开关 S_2，此时电子秒表不工作，再闭合开关 S_1，则计数器清零后便开始计时，观察数码管显示计数情况是否正常，如不需要计时或暂停计时，闭合开关 S_2，计时立即停止，但数码管保留所计时之值。

6）电子秒表准确度的测试。利用电子钟或手表的秒计时对电子秒表进行校准。

6. 应注意的问题

1）复习数字电路中 RS 触发器、单稳态触发器、时钟发生器及计数器等部分内容。

2）除了本实验中所采用的时钟源外，选用另外两种不同类型的时钟源，可供本实验用。画出电路图，选取元器件。

3）列出电子秒表单元电路的测试表格。

4）列出调试电子秒表的步骤。

7. 完成实验报告

1）总结电子秒表整个调试过程。

2）分析调试中发现的问题及故障排除方法。

实训六　直流数字电压表

1. 实训目的

1）了解双积分型 A – D 转换器的工作原理。

2）熟悉三位半 A – D 转换器 CC14433 的性能及其引脚功能。

3）掌握用 CC14433 构成直流数字电压表的方法。

2. 实训设备与元器件

1）±5V 直流电源。　　2）双踪示波器。

3）直流数字电压表。　　4）按图 9-17 要求自拟元器件清单。

3. 实训内容

1）掌握双积分型 A – D 转换器电路。

2）掌握译码显示电路。

3）熟悉直流数字电压表的工作原理。

4）安装直流数字电压表电路。

4. 电路工作原理

直流数字电压表的核心器件是一个间接型 A – D 转换器，它首先将输入的模拟电压信号变换成易于准确测量的时间量，然后在这个时间宽度里用计数器计时，计数结果就是正比于输入模拟电压信号的数字量。

（1）双积分型 A – D 转换器原理　图 9-11 是双积分型 A – D 转换器的原理框图。它由积分器(包括运算放大器 A_1 和 RC 积分网络)、过零比较器 A_2、n 位二进制计数器、控制电路、门控电路(门 G)、参考电压 U_R 与时钟脉冲源 CP 组成。

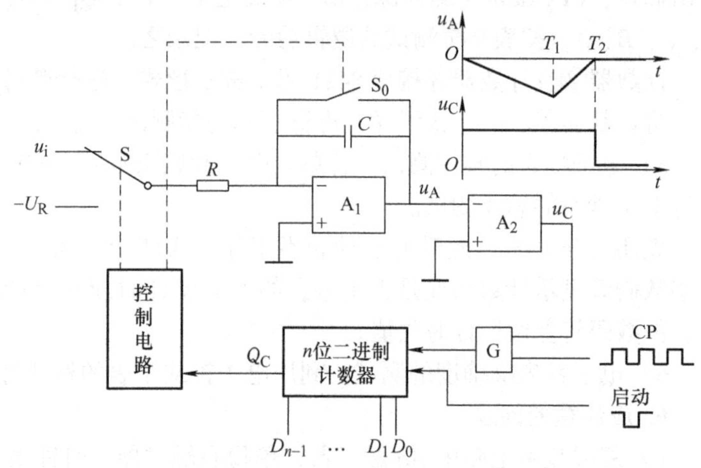

图 9-11　双积分型 A - D 转换器原理框图

转换开始前，先将计数器清零，并通过控制电路使开关 S_0 接通，将电容 C 充分放电。由于计数器进位输出 $Q_C=0$，控制电路使开关 S 接通 u_i，模拟电压与积分器接通，同时，门 G 被封锁，计数器不工作。积分器输出 u_A 线性下降，经零值比较器 A_2 获得一方波 u_C，打开门 G，计数器开始计数，当输入 2^n 个时钟脉冲后 $t=T_1$，各触发器输出端 $D_{n-1}\cdots D_0$ 由 1…1 回到 0…0，其进位输出 $Q_C=1$，作为定时控制信号，通过控制电路将开关 S 转换至基准电压源 $-U_R$，积分器向相反方向积分，u_A 开始线性上升，计数器重新从 0 开始计数，直到 $t=T_2$，u_A 下降到 0，比较器输出的正方波结束，此时计数器中暂存的二进制数字就是 u_i 相对应的二进制数码。

（2）双积分型 A - D 转换器 CC14433 的性能特点　CC14433 是采用 CMOS 工艺制作的一种常用的三位半双积分型 A - D 转换器，被广泛应用于数字电压表及低速 A - D 控制系统。

CC14433 的主要特性是：

1）转换精度较高。

2）转换速率为 8 ~ 10 次/s，在实际使用中可以达到 25 次/s。

3）输入阻抗较高（100MΩ）。

4）片内提供时钟发生电路，使用时只需外接一只电阻即可，也可以使用外接时钟。时钟频率范围为 40 ~ 200kHz。

5）片内具有自动调零、自动极性转换功能。

6）有过量程和欠量程标志信号输出，配上控制电路可以实现自动量程转换。电压量程有 0 ~ 200mV 和 0 ~ 2V 两档。

7）线路简单，外接元器件少；功耗低，价格低，工作电压为 ±4.5 ~ ±8V。

CC14433 芯片有 24 只引脚，其引脚排列如图 9-12 所示。

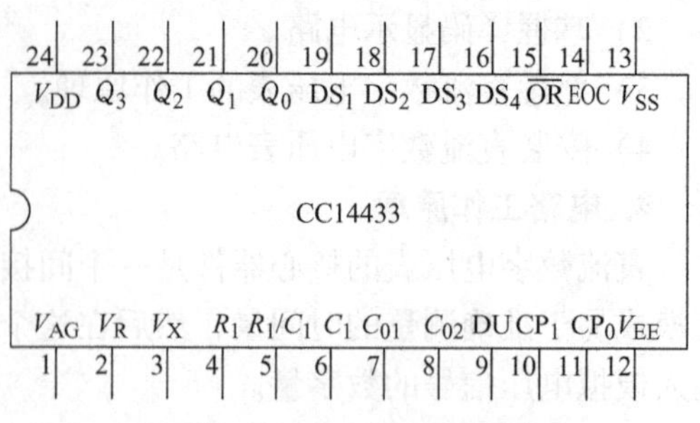

图 9-12　CC14433 引脚排列

引脚功能说明：

V_{AG}（1 脚）：被测电压 V_X 和基准电压 V_R 的参考地。

V_R（2 脚）：外接基准电压（2V 或 200mV）输入端。

V_X（3 脚）：被测电压输入端。

R_1（4 脚）、R_1/C_1（5 脚）、C_1（6 脚）：外接积分阻容元件端。C_1 = 0.1μF（聚酯薄膜电容器）；R_1 = 470kΩ（2V 量程）；R_1 = 27kΩ（200mV 量程）。

C_{01}（7 脚）、C_{02}（8 脚）：外接失调补偿电容端，典型值为 0.1μF。

DU（9 脚）：实时显示控制输入端。若与 EOC（14 脚）端连接，则每次 A－D 转换均显示。

CP_1（10 脚）、CP_0（11 脚）：时钟振荡外接电阻端，典型值为 470kΩ。

V_{EE}（12 脚）：电路的电源最负端，接 −5V。

V_{SS}（13 脚）：除时钟输入外所有输入端的低电平基准（通常与 1 脚连接）。

EOC（14 脚）：转换周期结束标记输出端，每次 A－D 转换周期结束时，EOC 输出一个正脉冲，宽度为时钟周期的二分之一。

$\overline{OR}$（15 脚）：过量程标志输出端，当 $|V_X| > V_R$ 时，$\overline{OR}$ 输出低电平。

DS_4 ~ DS_1（16 ~ 19 脚）：多路选通脉冲输入端，DS_1 对应于千位，DS_2 对应于百位，DS_3 对应于十位，DS_4 对应于个位。

Q_0 ~ Q_3（20 ~ 23 脚）：BCD 码数据输出端，DS_2、DS_3、DS_4 选通脉冲期间，输出三位完整的十进制数；在 DS_1 选通脉冲期间，输出千位(0 或 1)及过量程、欠量程和被测电压极性标志信号。

CC14433 具有自动调零及自动极性转换等功能，可测量正或负的电压值。当 CP_1、CP_0 端接入 470kΩ 电阻时，时钟频率≈66kHz，每秒钟可进行 4 次 A－D 转换。其使用调试简便，能与微处理机或其他数字系统兼容，广泛用于数字面板表、数字万用表、数字温度计、数字量具及遥测遥控系统。

（3）三位半直流数字电压表的组成（实验电路）　三位半直流数字电压表的电路结构如图 9-13 所示。

1）被测直流电压 V_X 经 A－D 转换后以动态扫描形式输出，数字量输出端 Q_0 Q_1 Q_2 Q_3 上的数字信号(8421 码)按照时间先后顺序输出。位选信号 DS_1、DS_2、DS_3、DS_4 通过位选开关 MC1413 分别控制着千位、百位、十位和个位上的 4 个 LED 数码管的公共阴极。

数字信号经七段译码器 CC4511 译码后，驱动 4 个 LED 数码管的各段阳极。这样就把 A－D 转换器按时间顺序输出的数据以扫描形式在四只数码管上依次显示出来，由于选通重复频率较高，工作时从高位到低位以每位每次约 300μs 的速率循环显示，即一个 4 位数的显示周期是 1.2ms，所以人的肉眼就能清晰地看到四位数码管同时显示三位半十进制数字量。

2）当参考电压 V_R = 2V 时，满量程显示 1.999V；V_R = 200mV 时，满量程为 199.9mV。可以通过小数点选择开关经限流电阻来控制千位和十位数码管的 h 笔段实现对小数点显示的控制。

3）最高位（千位）显示时只有 b、c 两根线与 LED 数码管的 b、c 脚相接，所以千位只显示 1 或不显示，用千位的 g 笔段来显示模拟量的负值（正值不显示），即由 CC14433 的 Q_2 端通过 NPN 晶体管 9013 来控制 g 段。

4）A－D 转换需要外接标准电压源作为参考电压。标准电压源的精度应当高于 A－D 转换器的精度。本实验采用 MC1403 集成精密稳压源作为参考电压，MC1403 的输出电压为 2.5V，当输入电压在 4.5 ~ 15V 范围内变化时，输出电压的变化不超过 3mV，一般只有 0.6mV 左右，输出最大电流为 10mA。

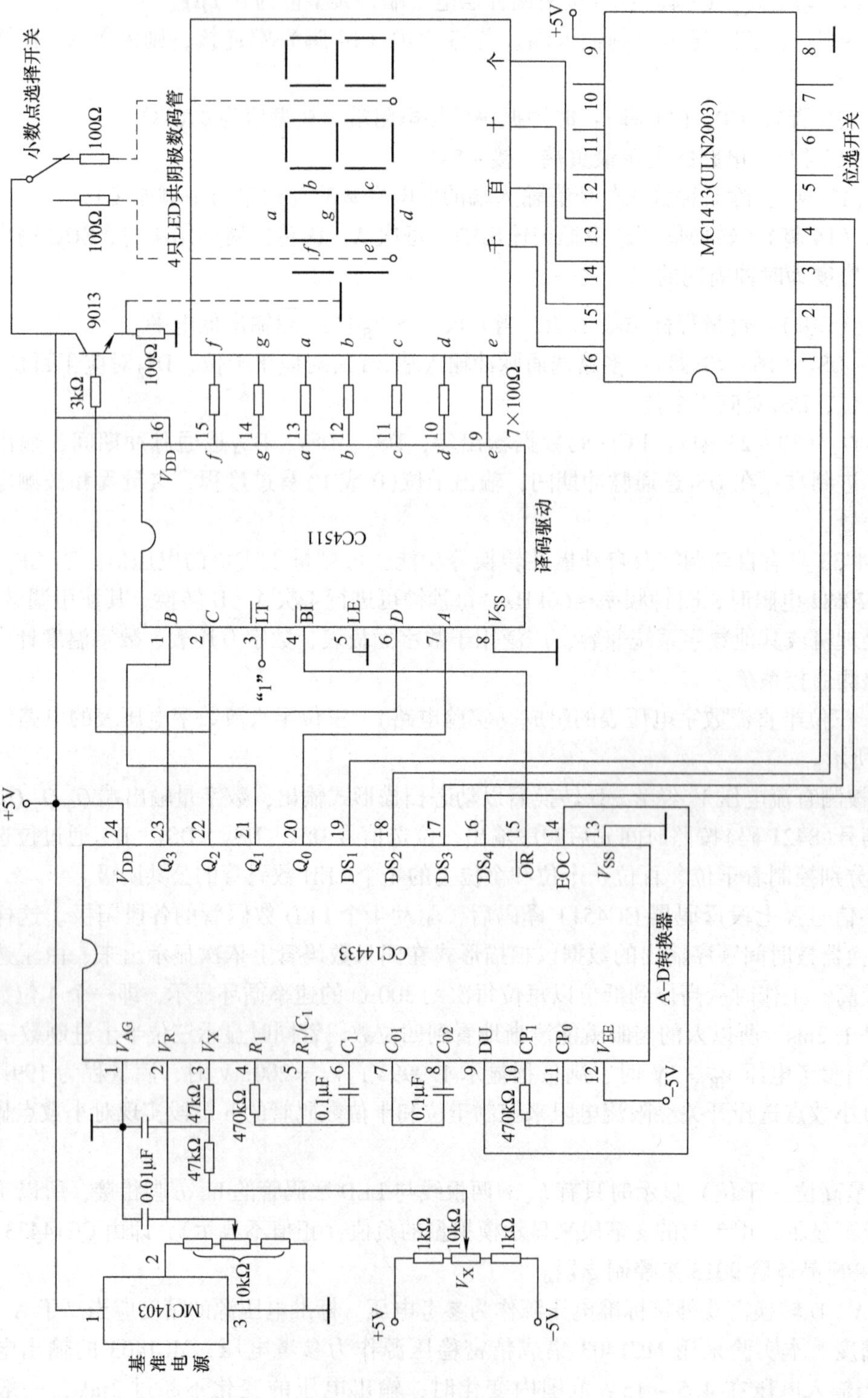

图 9-13　三位半直流数字电压表电路结构

5. 电路的仿真、安装与验证

（1）电路的仿真　使用 Multisim 软件进行直流数字电压表电路的仿真，电路截屏如图 9-14 所示。

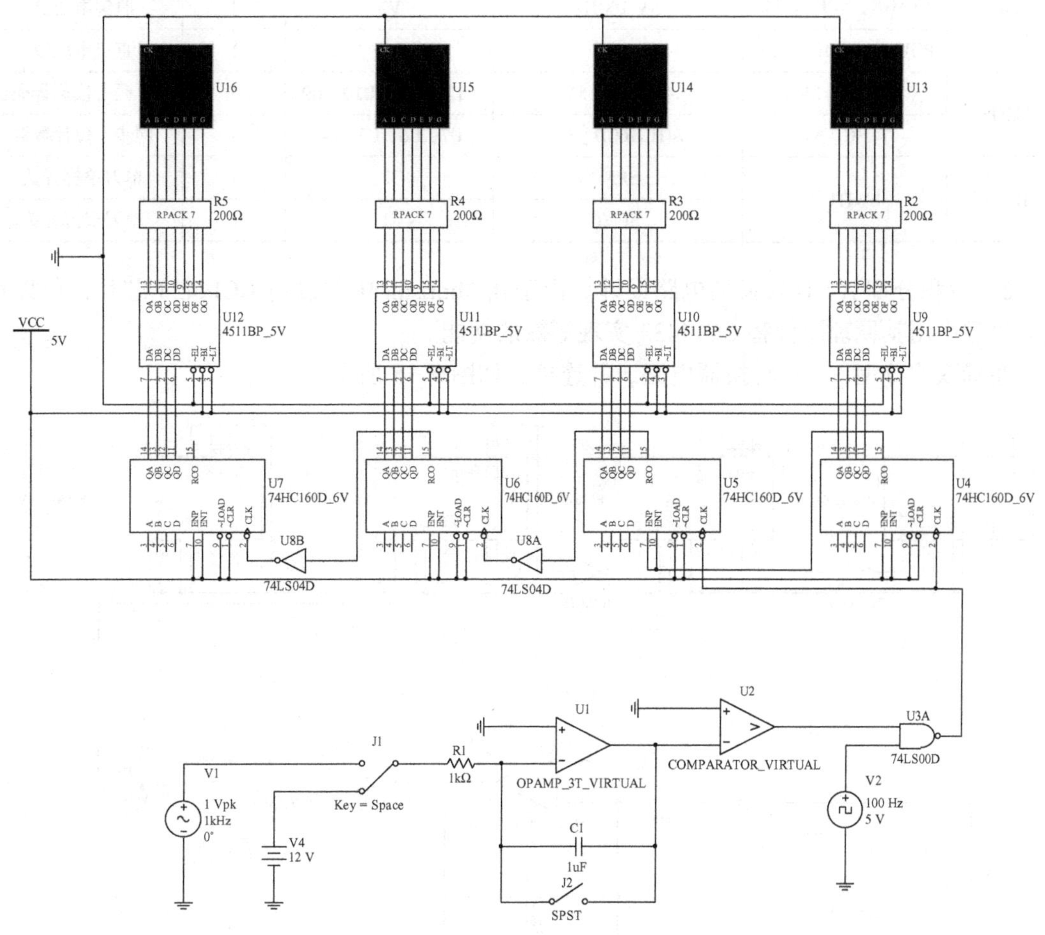

图 9-14　直流数字电压表的仿真电路截屏

具体步骤如下：

1）加载元器件。按照元器件清单(见表 9-11)加载元器件至工作区。

表 9-11　直流数字电压表的元器件清单

组	系列	元器件型号	标号	数量	备注
TTL	74LS	74LS90D	U2，U1	2	比较器
		74LS04D	U8	1	非门（逆变器）
		74LS00	U3	1	2 输入与非门
Basic	RPACK	RPACK_ VARIABLE_ 2X7，200Ω	R3，R2，R5，R4	4	排阻
	RESISTOR	1kΩ	R1	1	电阻
Basic	CAPACITOR	1μF	C1	1	电容

（续）

组	系列	元器件型号	标号	数量	备注
Sources	SIGNAL_ VO	1V 1kHz	V1	1	交流电压源
	LTAGE_ SOU RCES	5V 100Hz	V2	1	时钟电压源
	POWER_ SOU RCES	12V	V4	1	直流电压源
CMOS	CMOS_ 5V	4511BP_ 5V	U12，U11，U10，U9	4	BCD 码七段码译码器
	74HC_ 6V	74HC160D_ 6V	U7，U6，U5，U4	4	同步 4 位计数器
Basic	SWITCH	SPST	J2	1	单刀单掷开关
		SPDT	J1	1	单刀双掷开关

2）双积分型 A－D 转换器电路设计。由于在 Multisim 中并没有 CC14433 芯片，所以在设计过程中用其原理图代替 CC14433 实现等效的功能。

布局双积分型 A－D 转换器电路，并连接，如图 9-15 所示。

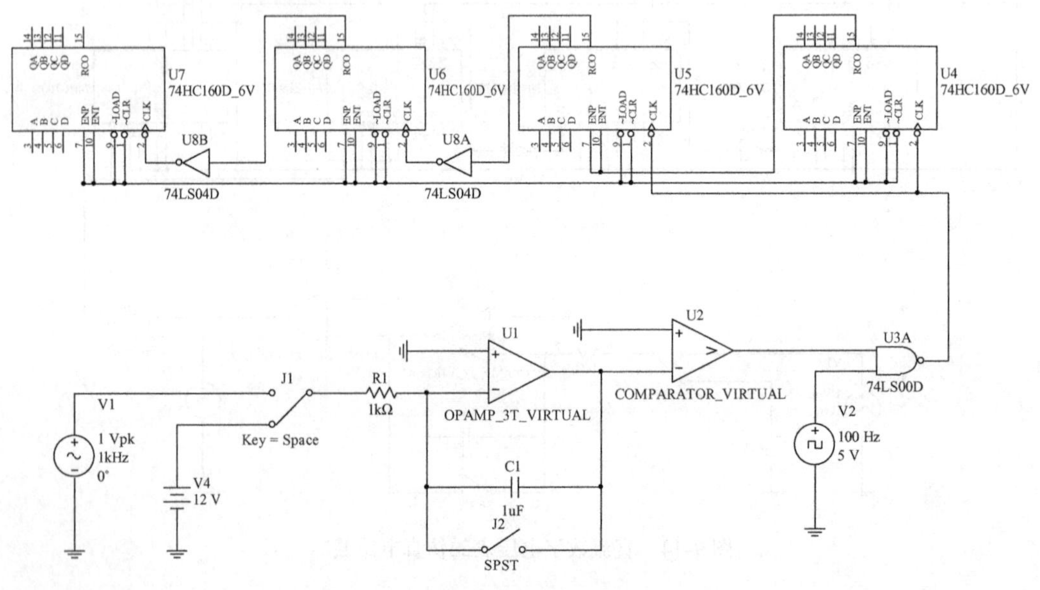

图 9-15　双积分型 A－D 转换器电路

3）译码驱动显示电路设计。布局译码驱动显示电路，并连接，如图 9-16 所示。

（2）电路的安装　本实验要求按图 9-13 组装并调试好一台三位半直流数字电压表，步骤如下：

1）数码显示部分的组装与调试

① 将 4 只数码管插入 40P 集成电路插座上，将 4 个数码管同名笔段与显示译码的相应输出端连在一起，其中最高位只要将 *b*、*c*、*g* 三笔段接入电路，按图 9-13 接好连线，但暂不插所有的芯片，待用。

② 插好芯片 CC4511 与 MC1413，并将 CC4511 的输入端 *A*、*B*、*C*、*D* 接至拨码开关对应的 *A*、*B*、*C*、*D* 四个插口处；将 MC1413 的 1、2、3、4 脚接至逻辑开关输出插口上。

③ 将 MC1413 的 2 脚置 "1"，1、3、4 脚置 "0"，接通电源，拨动码盘（按 "＋" 或

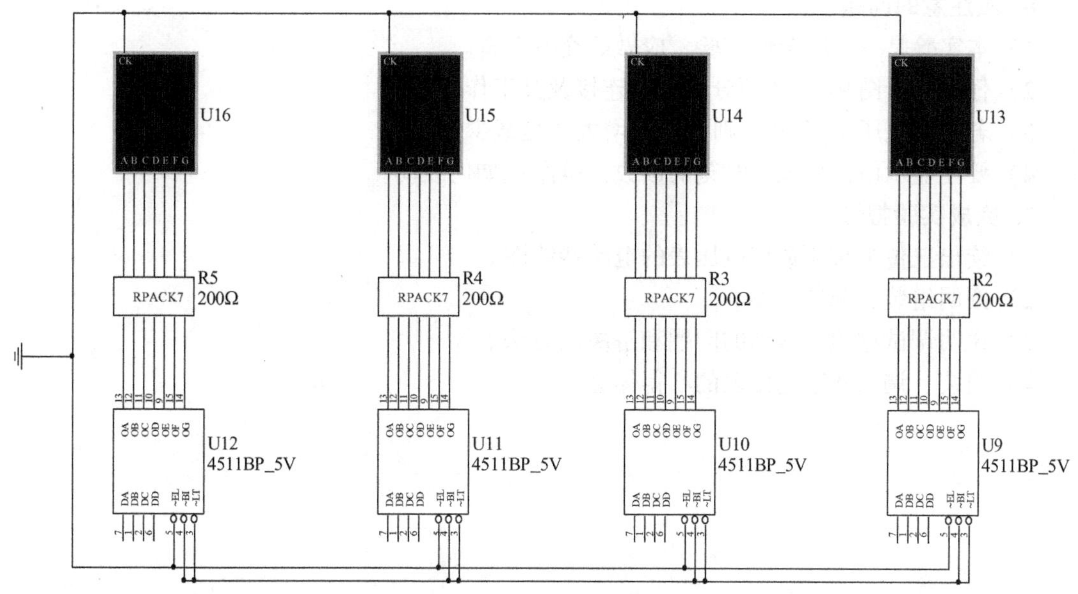

图9-16 译码驱动显示电路

“-”键）自0~9变化，检查数码管是否按码盘的指示值变化。检查译码显示是否正常。再分别将MC1413的3、4、1脚单独置“1”，重复测试译码显示内容。

如果所有4位数码管显示正常，则去掉数字译码显示部分的电源，备用。

2）标准电压源的连接和调整。插上MC1403基准电源，用标准数字电压表检查输出是否为2.5V，然后调整10kΩ电位器，使其输出电压为2.000V，调整结束后去掉电源线，供总装时备用。

3）总装总调。插好芯片CC14433，按图9-13接好全部电路。

将输入端接地，接通+5V、-5V电源(先接好地线)，此时显示器将显示“000”值，如果不是，应检测电源正负电压。用示波器测量、观察DS_1~DS_4、Q_0~Q_3波形，判别可能存在的故障。

用电阻、电位器构成一个简单的输入电压V_X调节电路，调节电位器，4位数码将相应变化，然后进入下一步精调。

用标准数字电压表(或用数字万用表代)测量输入电压，调节电位器，使V_X=1.000V，这时被调电路的电压指示值不一定显示“1.000”，应调整基准电压源，使指示值与标准电压表误差低于0.005V。

改变输入电压V_X极性，使V_X=-1.000V，检查“-”是否显示，并校准显示值。

在+1.999V~0~-1.999V量程内再一次仔细调整(调基准电源电压)，使全部量程内的误差低于0.005V。

至此一个测量范围在±1.999V的三位半数字直流电压表调试成功。

（3）电路的验证

1）记录输入电压为±1.999V、±1.500V、±1.000V、±0.500V、0.000时（标准数字电压表的读数）被调数字电压表的显示值，列表记录之。

2）用自制数字电压表测量正、负电源电压。

6. 应注意的问题

1）本实验是一个综合性实验，应做好充分准备。

2）仔细分析图9-13各部分电路的连接及其工作原理。

3）若参考电压 V_R上升，则显示值增大还是减少？

4）要使显示值保持某一时刻的读数，电路应如何改动？

7. 完成实验报告

1）绘出三位半直流数字电压表的电路接线图。

2）阐明组装、调试步骤。

3）说明调试过程中遇到的问题和解决的方法。

4）组装、调试数字电压表的心得体会。

附　　录

附录 A　我国半导体集成电路型号命名方法

GB/T 3430—1989 为我国半导体集成电路型号命名方法的现行国家标准，于 1989 年开始实施。我国集成电路器件型号由五个部分组成，其符号及意义如下：

第一部分		第二部分		第三部分	第四部分		第五部分	
用字母表示器件符合国家标准		用字母表示器件的类型		用阿拉伯数字表示器件的系列和品种代号	用字母表示器件的工作范围		用字母表示器件的封装	
符号	意义	符号	意　义		符号	意　义	符号	意　义
C	符合国家标准	T	TTL 电路	其中 TTL 电路分为四个系列：	C	0～70℃	F	多层陶瓷扁平
		H	HTL 电路	1000—中速系列	G	-25～70℃	B	塑料扁平
		E	ECL 电路	2000—高速系列	L	-25～85℃	H	黑瓷扁平
		C	CMOS 电路	3000—肖特基系列	E	-40～85℃	D	多层陶瓷双列直插
		M	存储器	4000—低功耗肖特基系列	R	-55～85℃	J	黑瓷双列直插
		μ	微型机电路		M	-55～125℃	P	塑料双列直插
		F	线性放大器				S	塑料单列直插
		W	稳压器				T	金属圆壳
		B	非线性电路				K	金属菱形
		J	接口电路				C	陶瓷芯片载体
		AD	A-D 转换器				E	塑料芯片载体
		DA	D-A 转换器				G	网格阵列
		D	音响、电视电路					
		SC	通信专用电路					
		SS	敏感电路					
		SW	钟表电路					

示例：

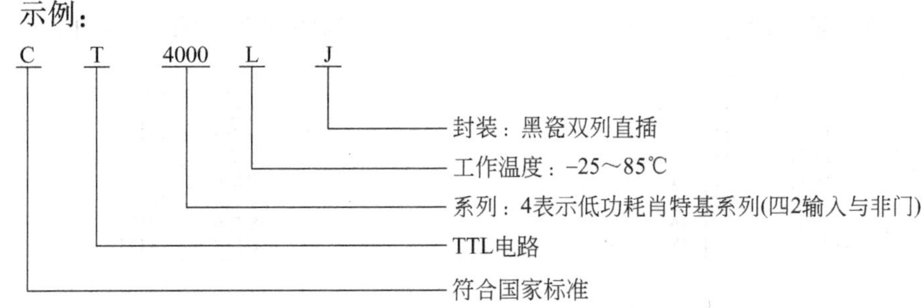

附录 B 常用逻辑符号对照表

名称	国标符号	旧符号	国外流行符号
与门	&		
或门	≥1	+	
非门	1		
与非门	&		
或非门	≥1	+	
与或非门	& ≥1	1	
异或门	=1	⊕	

附录 C 部分常用器件引脚图

1. TTL 系列

7408 系列二输入四与门

引脚	功能	引脚	功能
1	1A	14	U_{CC}
2	1B	13	4B
3	1Y	12	4A
4	2A	11	4Y
5	2B	10	3B
6	2Y	9	3A
7	GND	8	3Y

7432 系列二输入四或门

引脚	功能	引脚	功能
1	1A	14	U_{CC}
2	1B	13	4B
3	1Y	12	4A
4	2A	11	4Y
5	2B	10	3B
6	2Y	9	3A
7	GND	8	3Y

7400 系列二输入四与非门

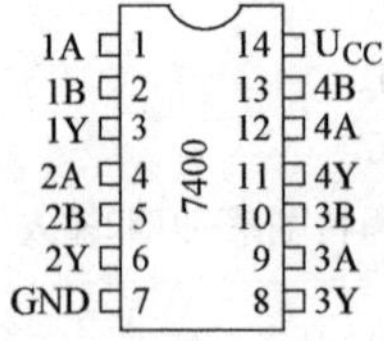

7410 系列三输入三与非门

引脚	功能	引脚	功能
1	1A	14	U_{CC}
2	1B	13	1C
3	2A	12	1Y
4	2B	11	3C
5	2C	10	3B
6	2Y	9	3A
7	GND	8	3Y

7427 系列三输入三或非门

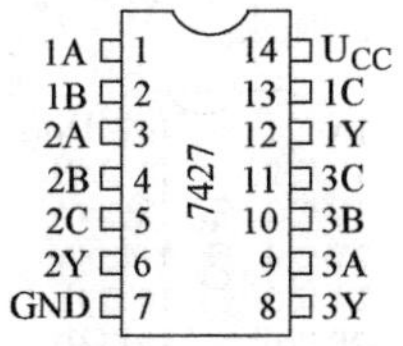

1A 1 14 U_{CC}
1B 2 13 1C
2A 3 12 1Y
2B 4 11 3C
2C 5 10 3B
2Y 6 9 3A
GND 7 8 3Y
7427

7486 系列二输入四异或门

1A 1 14 U_{CC}
1B 2 13 4B
1Y 3 12 4A
2A 4 11 4Y
2B 5 10 3B
2Y 6 9 3A
GND 7 8 3Y
7486

7404 系列六反相器

1A 1 14 U_{CC}
1Y 2 13 6A
2A 3 12 6Y
2Y 4 11 5A
3A 5 10 5Y
3Y 6 9 4A
GND 7 8 4Y
7404

7420 四输入二与非门

1A 1 14 U_{CC}
1B 2 13 2D
NC 3 12 2C
1C 4 11 2B
1D 5 10 NC
1Y 6 9 2A
GND 7 8 2Y
7420

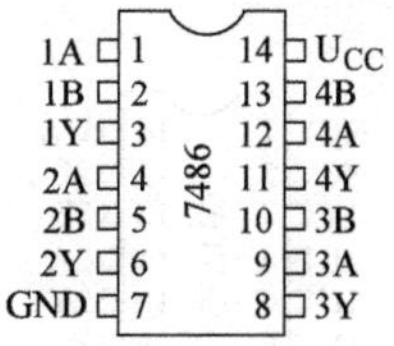

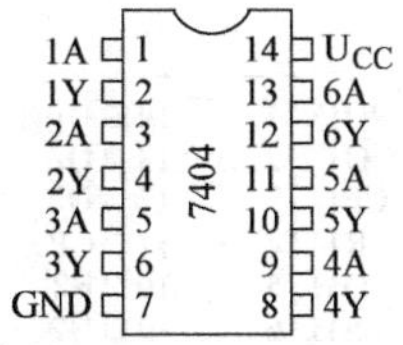

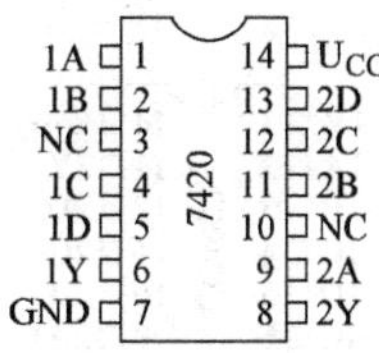

74LS138 3 线-8 线二进制译码器

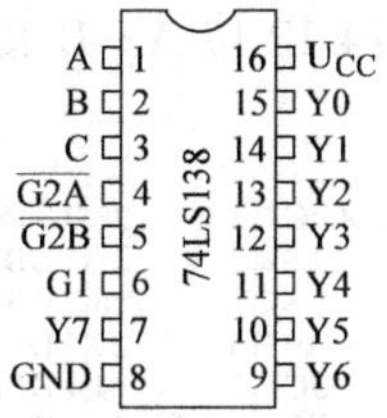

A 1 16 U_{CC}
B 2 15 Y0
C 3 14 Y1
$\overline{G2A}$ 4 13 Y2
$\overline{G2B}$ 5 12 Y3
G1 6 11 Y4
Y7 7 10 Y5
GND 8 9 Y6
74LS138

74LS151 八选一数据选择器

D3 1 16 U_{CC}
D2 2 15 D4
D1 3 14 D5
D0 4 13 D6
Y 5 12 D7
$\overline{Y}$ 6 11 A0
$\overline{E}$ 7 10 A1
GND 8 9 A2
74LS151

74LS74 双 D 上升沿触发器

$\overline{1CLR}$ 1 14 U_{CC}
1D 2 13 $\overline{2CLR}$
1CLK 3 12 2D
1PR 4 11 2CLK
1Q 5 10 2PR
$\overline{1Q}$ 6 9 2Q
GND 7 8 $\overline{2Q}$
74LS74

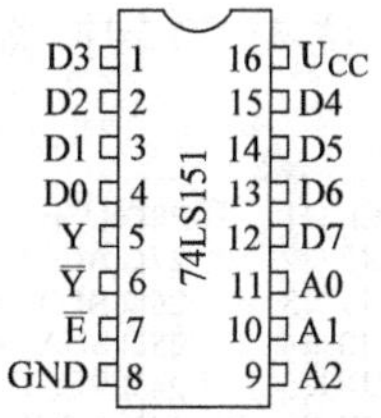

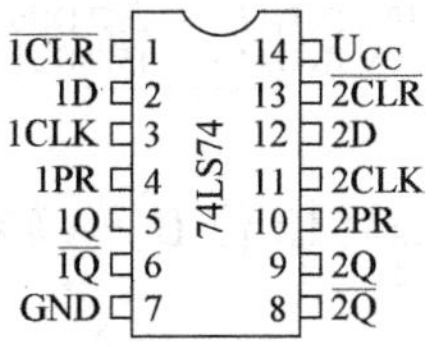

74LS112 双 JK 下降沿触发器

1CLK 1 16 U_{CC}
1K 2 15 $\overline{1CLR}$
1J 3 14 $\overline{2CLR}$
$\overline{1PR}$ 4 13 2CLK
1Q 5 12 2K
$\overline{1Q}$ 6 11 2J
$\overline{2Q}$ 7 10 $\overline{2PR}$
GND 8 9 2Q
74LS112

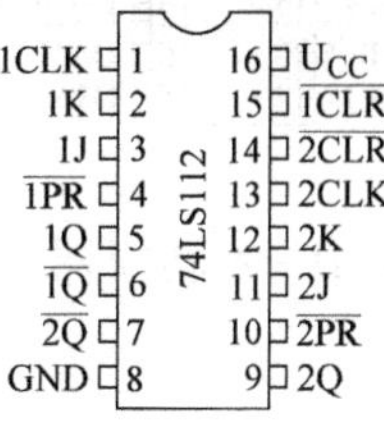

74LS161 同步 4 位二进制计数器

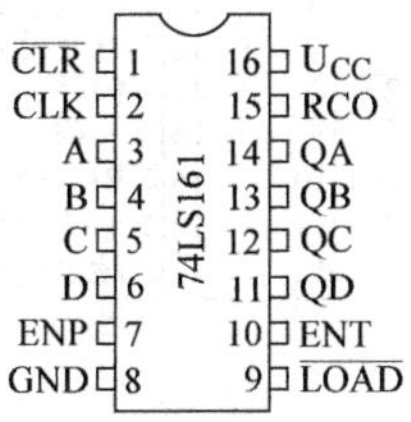

$\overline{CLR}$ 1 16 U_{CC}
CLK 2 15 RCO
A 3 14 QA
B 4 13 QB
C 5 12 QC
D 6 11 QD
ENP 7 10 ENT
GND 8 9 $\overline{LOAD}$
74LS161

74LS190 可预置 BCD 十进制可逆计数器

数据输入B 1 16 U_{CC}
QB 2 15 A数据输入
QA 3 14 CLK
允许$\overline{G}$ 4 13 $\overline{RC}$
D/$\overline{U}$ 5 12 最大/最小
QC 6 11 $\overline{PL}$
QD 7 10 C数据输入
GND 8 9 D数据输入
74LS190

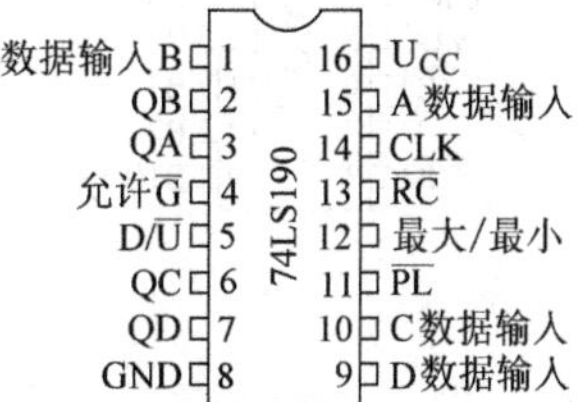

2. CMOS 系列

CC4000 三输入二或非门加一反相器

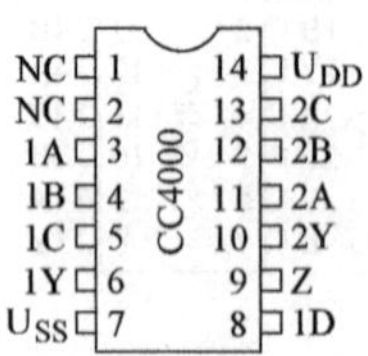

CC4001 二输入四或非门

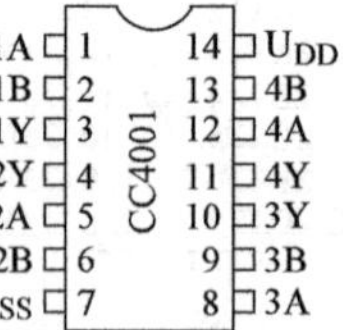

CC4002 四输入二或非门

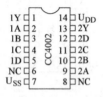

引脚		CC4002	引脚	
1Y	1		14	U_{DD}
1A	2		13	2Y
1B	3		12	2D
1C	4		11	2C
1D	5		10	2B
NC	6		9	2A
U_{SS}	7		8	NC

CC4013 双上升沿 D 触发器

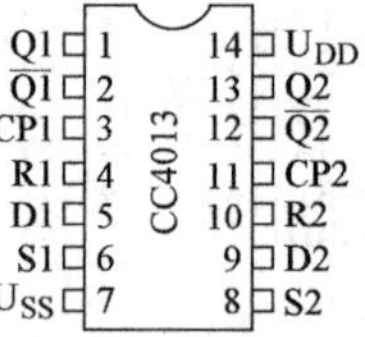

3. A－D、D－A 转换器

AD1671 12 位 A－D 转换器

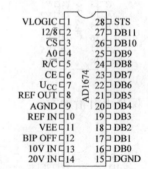

		AD1671		
VEE	1		28	U_{CC}
BIT12	2		27	ACOM
BIT11	3		26	BPO/UPO
BIT10	4		25	SHA OUT
BIT9	5		24	REF IN
BIT8	6		23	A IN1
BIT7	7		22	A IN2
BIT6	8		21	REF OUT
BIT5	9		20	REF COM
BIT4	10		19	DCOM
BIT3	11		18	VLOGIC
BIT2	12		17	ENCODE
BIT1	13		16	DAV
MSB	14		15	OTR

AD1674 12 位 A－D 转换器

		AD1674		
VLOGIC	1		28	STS
$12/\overline{8}$	2		27	DB11
$\overline{CS}$	3		26	DB10
A0	4		25	DB9
$R/\overline{C}$	5		24	DB8
CE	6		23	DB7
U_{CC}	7		22	DB6
REF OUT	8		21	DB5
AGND	9		20	DB4
REF IN	10		19	DB3
VEE	11		18	DB2
BIP OFF	12		17	DB1
10V IN	13		16	DB0
20V IN	14		15	DGND

DAC08 8 位 D－A 转换器

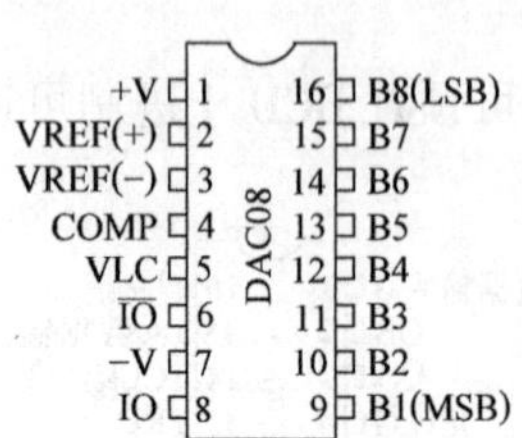

DAC1200 12 位 D－A 转换器

附录 D　Multisim 软件介绍

1. Multisim 10 功能简介

Multisim 10 有丰富的 Help 功能，其 Help 功能不仅包括软件本身的操作指南，更重要的是包含元器件的功能解说，便于使用 EWB 进行 CAI 教学。另外，Multisim 10 还提供了与国内外流行的印制电路板设计自动化软件 Protel 及电路仿真软件 PSpice 之间的文件接口，也能通过 Windows 的剪贴板把电路图送往文字处理系统进行编辑排版。Multisim 10 还支持 VHDL 和 Verilog HDL 语言的电路仿真与设计。

利用 Multisim 10 可以实现计算机仿真设计与虚拟实验，与传统的电子电路设计与实验方法相比，具有如下特点：设计与实验可以同步进行，可以边设计边实验，修改调试方便；设计和实验用的元器件及测试仪器仪表齐全，可以完成各种类型的电路设计与实验；可方便地对电路参数进行测试和分析；可直接打印输出实验数据、测试参数、曲线和电路原理图；实验中不消耗实际的元器件，实验所需元器件的种类和数量不受限制，实验成本低，实验速度快，效率高；设计和实验成功的电路可以直接在产品中使用。

Multisim 10 易学易用，便于电子信息、通信工程、自动化、电气控制类专业学生自学、开展综合性的设计和实验，有利于培养综合分析能力、开发和创新的能力。

Multisim 10 启动运行界面如图 D-1 所示。

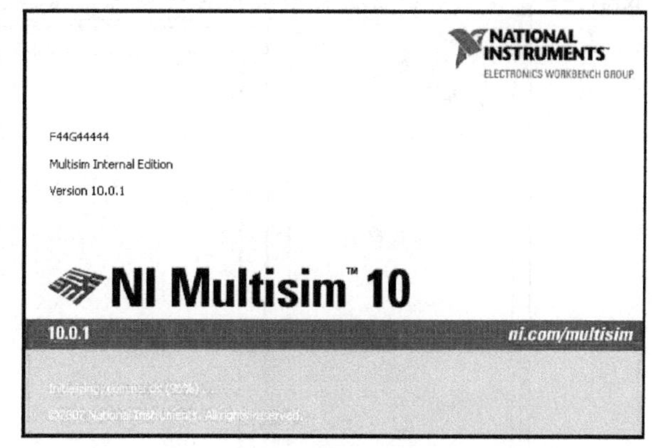

图 D-1　Multisim 10 启动运行界面

2. Multisim 10 常用元件库分类

Multisim 10 提供了非常丰富的元件库及各种常用测试仪器，给电路仿真试验带来了极大的方便。

Multisim 10 的常用元件库如图 D-2 所示。

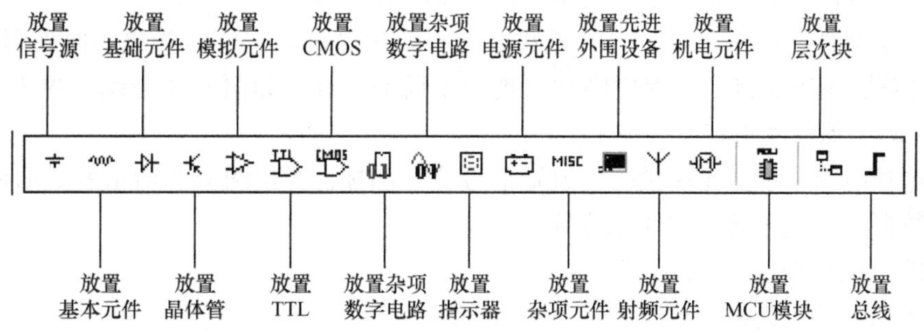

图 D-2　Multisim 10 常用元件库

Multisim 10 的仪器库存放有数字万用表、函数信号发生器、示波器、波特图仪、字信号发生器、逻辑分析仪、逻辑转换仪、瓦特表、失真度分析仪、网络分析仪、频谱分析仪 11 种仪器仪表可供使用，仪器仪表以图标方式存在。

单击元件栏的某一图标即可打开该元件库。

3. 基于 Multisim 10 进行数字电路设计的步骤

Multisim 10 打开后的界面如图 D-3 所示，主要由菜单栏、工具栏、缩放栏、设计栏、仿真栏、元件栏、仪器栏、工程栏、电路图编辑窗口等部分组成。

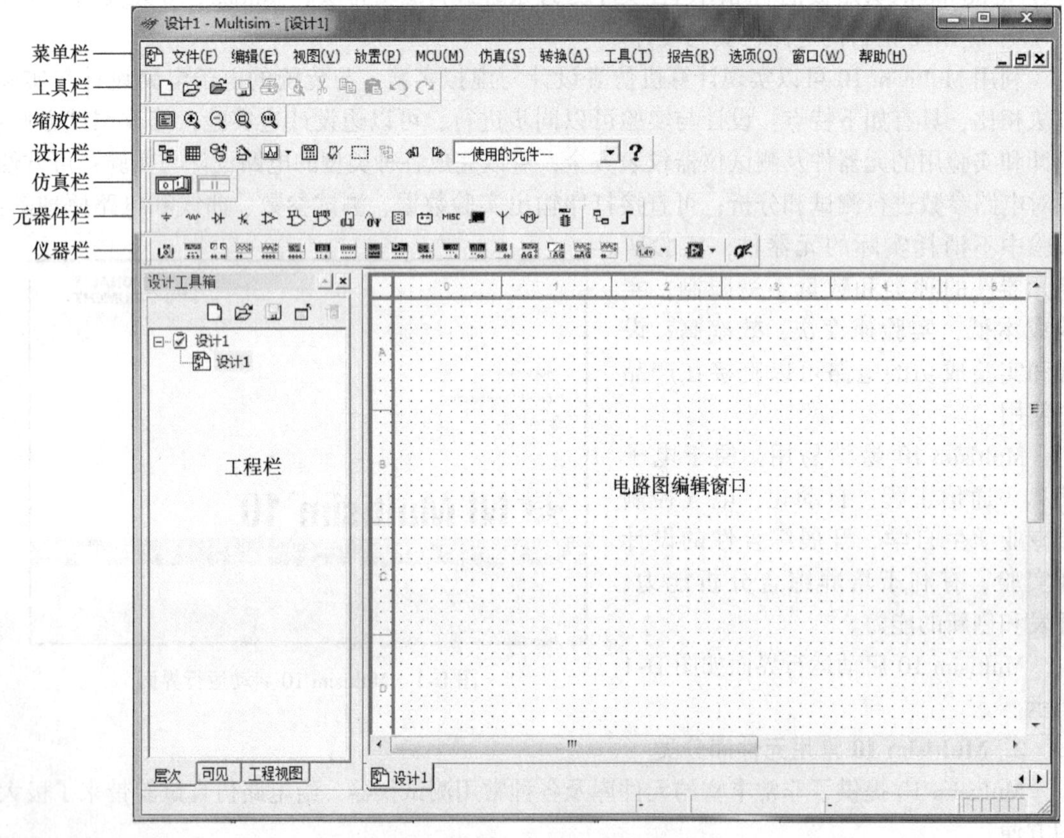

图 D-3　Multisim 10 打开后的界面

使用 Multisim 10 软件进行数字电路设计的步骤具体如下：

（1）新建文件　打开 Multisim 10 软件，选择菜单命令：文件→新建→原理图，即弹出一个新的电路图编辑窗口，工程栏同时出现一个新的名称，如图 D-4 所示。单击“保存”，将该文件命名，保存到指定文件夹下。

（2）选择电源　单击元件栏的“放置信号源”图标，弹出图 D-5 所示的对话框。

1）“数据库”选项选择“主数据库”。

2）“组”选项选择“Sources”。

3）“系列”选项选择“POWER_ SOURCES”。

4）“元件”选项选择“DC_ POWER”。

5）“符号”“功能”等选项会根据所选项目，列出相应的说明。

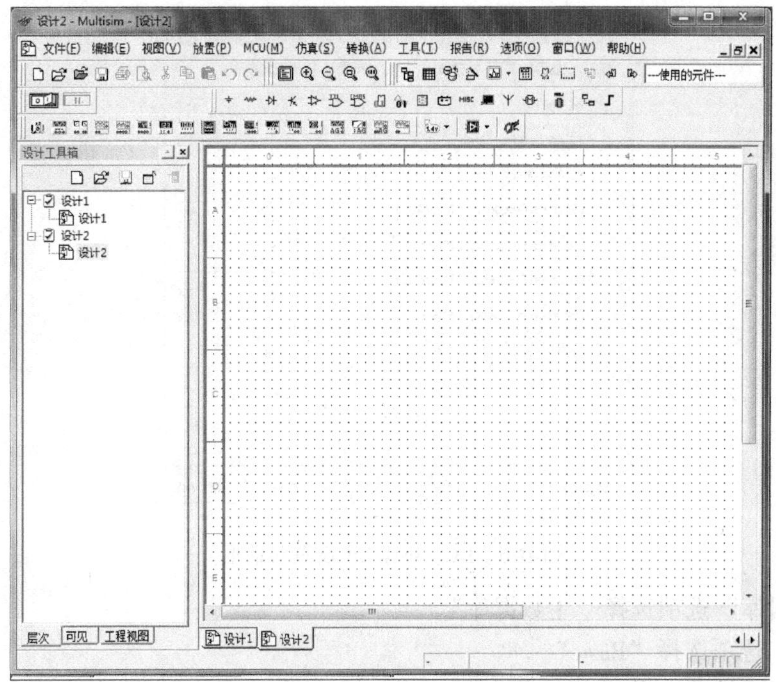

图 D-4　新建文件

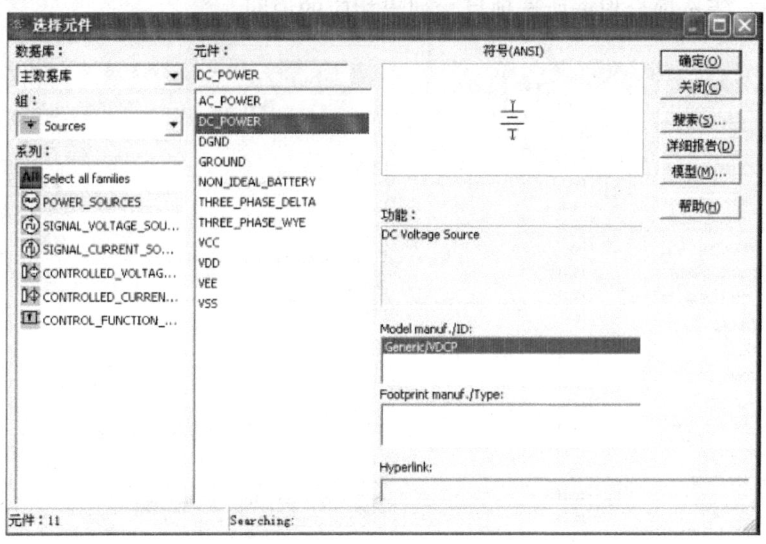

图 D-5　选择元件对话框

（3）放置电源　选择好电源符号后，单击“确定”按钮，移动鼠标到电路编辑窗口，选择放置位置后，单击鼠标左键即可将电源符号放置于电路编辑窗口中，放置完成后，还会弹出选择元件对话框，可以继续放置，单击关闭按钮可以取消放置。

双击放置的DC_ POWER，弹出的对话框如图D-6所示，设置“Voltage”为12V。

（4）选择并放置电阻　单击“放置基础元件”图标，弹出图D-7所示对话框。

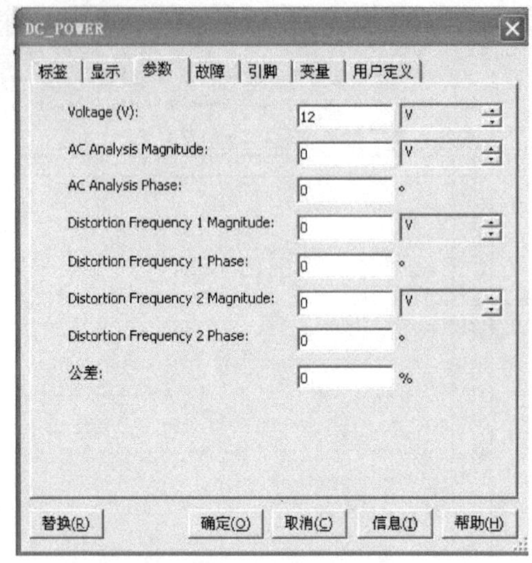

图 D-6　DC_ POWER 设置对话框

1）“数据库”选项选择“主数据库”。

2）“组”选项选择“Basic”。

3）“系列”选项选择“RESISTOR”。

4）“元件”选项选择“20k”。

5）“符号”等选项会根据所选项目，列出相应的说明。

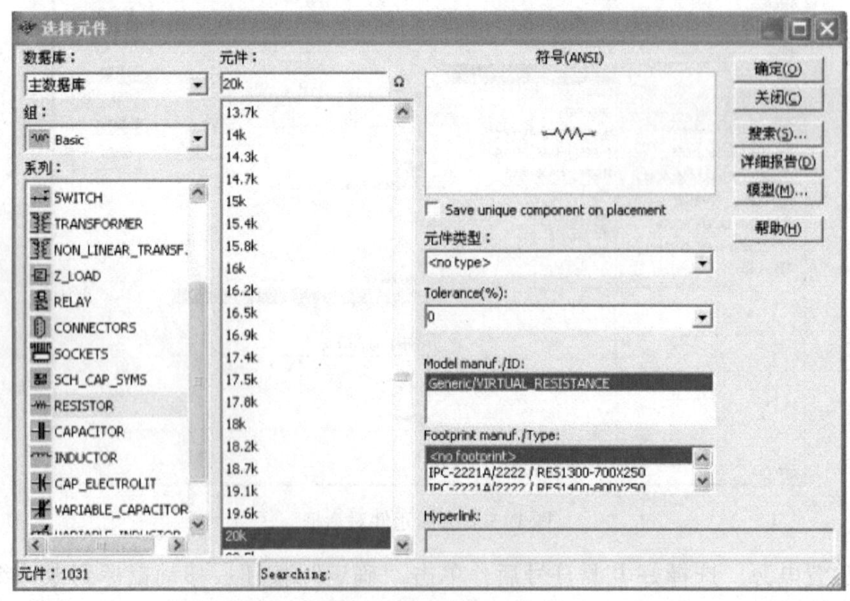

图 D-7　选择元件对话框

选择好电阻符号后，单击“确定”按钮，移动鼠标到电路编辑窗口，选择放置位置后，单击鼠标左键即可将电阻符号放置于电路编辑窗口中，放置完成后，还会弹出选择元件对话框，可以继续放置，单击关闭按钮可以取消放置。

按上述方法，再放置 1 个 10kΩ 的电阻和 1 个 100kΩ 的可调电阻，如图 D-8 所示。

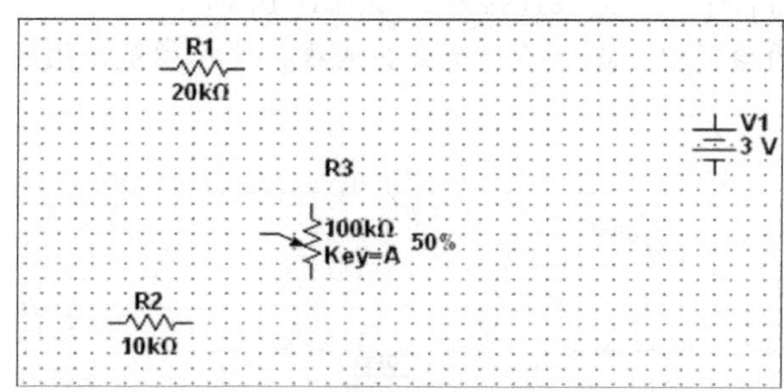

图 D-8　放置电阻后的原理图

（5）布局原理图　放置后的元件都按照默认的摆放情况被放置在编辑窗口中。例如电阻是默认横着摆放的，但实际在绘制电路过程中，各种元件的摆放情况是不一样的，需要旋转元件，调整摆放位置。

旋转元件：将鼠标放在电阻 R1 上，然后右击，在弹出的对话框中可以选择让元件顺时针或者逆时针旋转 90°。

调整摆放位置：如果元件摆放的位置不合适，想移动一下元件的摆放位置，则将鼠标放在元件上，按住鼠标左键，即可拖动元件到合适位置。

（6）放置仪器仪表工具　在仪器栏选择“万用表”，将鼠标移动到电路编辑窗口内，鼠标上跟随着一个万用表的简易图形符号。单击鼠标左键，将万用表放置在合适位置。万用表的属性同样可以双击鼠标左键进行查看和修改。

布局完成后的原理图如图 D-9 所示。

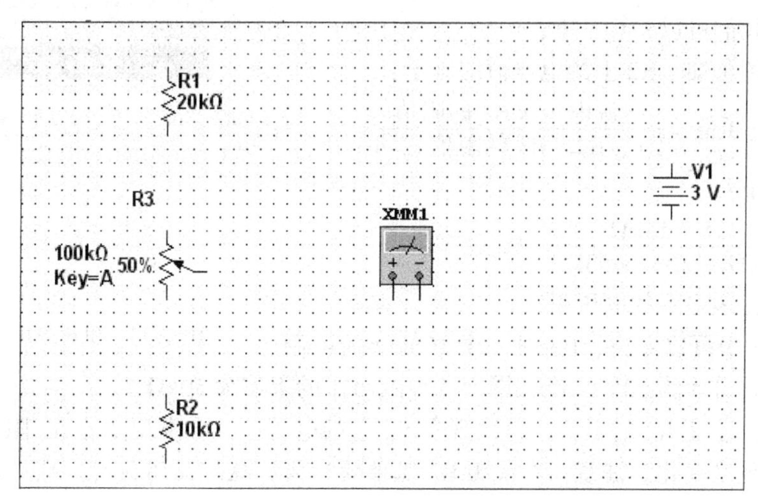

图 D-9　布局完成后的原理图

（7）连接线路　将鼠标移动到电源的正极，当鼠标指针变成“✦”时，表示导线已经和正极连接起来了，单击鼠标将该连接点固定，然后移动鼠标到电阻 R1 的一端，出现小红点后，表示正确连接到 R1 了，单击鼠标左键固定，这样一根导线就连接好了。

如果想要删除这根导线，可将鼠标移动到该导线的任意位置，单击鼠标右键，选择

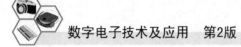

"删除"命令即可将该导线删除。或者选中导线，直接按"Delete"键删除。

按照上述方法，将各个元件连线连接好，如图 D-10 所示。

注意：在电路图的绘制中，添加了一个公共地线，这一步是必须的。

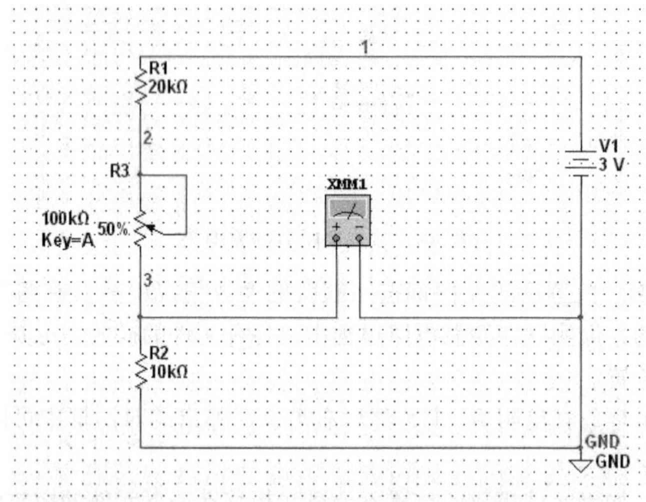

图 D-10　连接线路完成后的原理图

（8）进行仿真　电路连接完毕，检查无误后，就可以进行仿真了。单击仿真栏中的绿色开始按钮 ▷，电路进入仿真状态。

双击图中的万用表符号，即可弹出图 D-11 的对话框，在这里显示了电阻 R2 上的电压。对于显示的电压值是否正确，我们可以验算一下：

根据电路图可知，R2 上的电压值应等于：

$$\text{R2 的电压值} = \frac{\text{电源电压} \times \text{R2 的阻值}}{\text{R1、R2、R3 的阻值之和}}$$

则计算如下：

$$\frac{3\text{V} \times 10\text{k}\Omega}{10\text{k}\Omega + 20\text{k}\Omega + 50\text{k}\Omega} = 0.375\text{V}$$

经验证电压表显示的电压正确。

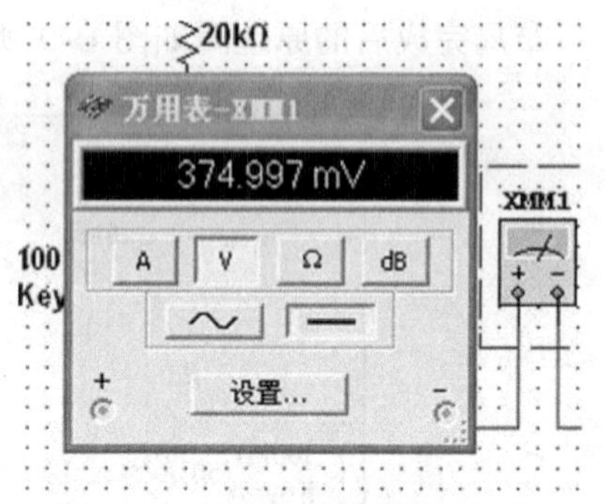

图 D-11　电压表仿真结果图

从图 D-10 中可以看出，R3 是一个 100kΩ 的可调电阻，其调节百分比为 50%，则在图 D-10 中，R3 的阻值为 50kΩ。

关闭仿真，改变 R2 的阻值，再次观察 R2 上的电压值，会发现随着 R2 阻值的变化，其上的电压值也随之变化。**注意：**在改变 R2 阻值的时候，最好关闭仿真。且一定要及时保存文件。

部分习题参考答案

习 题 1

1-1 $(101)_{10}$ $(25.625)_{10}$ $(9.1875)_{10}$

1-2 $(101011)_2$ $(1111110)_2$ $(100110.11)_2$ $(10111.1010)_2$

1-3 $(731.15)_8=(1D9.34)_{16}$ $(45.1)_8=(25.2)_{16}$ $(116.3)_8=(4E.6)_{16}$

1-4 $(101011111.010100)_2$ $(1011110.1011)_2$ $(11010011101.000001)_2$

1-5 $(111010.01001110)_2$ $(101011.11)_2$ $(1011101.00000001)_2$

1-6 $(0011\ 1001)_{8421BCD}$ $(0010\ 0100.0001\ 1000)_{8421BCD}$

$(0011\ 0110\ 0111.1000\ 1001)_{8421BCD}$

1-7 $(691)_{10}$ $(786)_{10}$ $(56.85)_{10}$

1-8 略

1-9 $L=\overline{A}\,\overline{B}C+\overline{A}B\overline{C}+A\overline{B}\,\overline{C}+ABC$

1-10 略

1-11 略

1-12 （1）$\overline{L}=\overline{A}\,\overline{C}+B\overline{C}$ （2）$\overline{L}=(A+\overline{B})(B+\overline{C})(\overline{C}+A\overline{D})$ （3）$\overline{L}=A\cdot\overline{\overline{B}\cdot\overline{\overline{C}D}}$

1-13 （1）$L'=(A+B)(A+\overline{C})(\overline{B}+C+D)$ （2）$L'=[\overline{A}B+A\overline{C}+C(D+\overline{E})]\cdot F$

（3）$L'=A\cdot\overline{\overline{B}+C}$

1-14 略

1-15 略

1-16 （1）$L=B$ （2）$L=A+B$ （3）$L=A\overline{B}+BC$ （4）$L=1$

1-17 （1）$L=\overline{A}B+A\overline{C}$

（2）$L=BC+AC+AB$

（3）$L=AB+B\overline{C}+C\overline{D}$

（4）$L=CD+\overline{A}\,\overline{D}+\overline{B}\,\overline{C}$

（5）$L=\overline{A}\,\overline{C}\,\overline{D}+\overline{A}\,\overline{B}\,\overline{C}+BCD+ABD+AC\overline{D}$

（6）$L=CD+\overline{B}\,\overline{C}+\overline{A}D+ABC$

（7）$L=C\overline{D}+A\overline{D}+\overline{A}\,\overline{C}D$

（8）$L=\overline{BD}+BD$

习　题　2

2-1　a）放大　b）饱和　c）截止　d）饱和

2-2　略

2-3　略

2-4　a）$L=(A+B)(C+D)$　　b）$L=\overline{\overline{AB}\cdot\overline{BC}}$

2-5　略

2-6　20、8

2-7　略

2-8　√　√　×

2-9　a）0　b）1　c）1　d）1　e）0　f）0

2-10　√　×　√　×　×

2-11　有错误　有错误

2-12　略

习　题　3

3-1　$G=a\oplus b\oplus c\oplus d$

3-2　略

3-3　略

3-4　状态说明：A、B、C 同意：1，不同意：0；F 决议通过：1，不通过：0。

$F=\overline{\overline{AC}\cdot\overline{AB}}$

3-5　（1）$F_1=A\bar{B}\bar{C}+\bar{A}\bar{B}C+\bar{A}B\bar{C}+ABC$

（2）$F_2=ABD+BCD+ABC+ACD$

（3）$F_3=\bar{A}\bar{B}\bar{C}+ABC$

3-6　（1）$Y_1=\overline{\overline{\bar{A}\bar{B}\bar{C}}\cdot\overline{\bar{A}\bar{B}C}\cdot\overline{ABC}}$

（2）$Y_2=\overline{\bar{B}\cdot\bar{C}}$

（3）$Y_3=\overline{\overline{A\bar{B}}\cdot\overline{\bar{A}B}}$

3-7　$F=ABC+ABD+ACD$

3-8　$Z_1=A\oplus B\oplus C$

$Z_2=AB+\bar{A}BC+A\overline{B}C$

3-9　$Y=\bar{A}\bar{B}C+A\bar{B}$

3-10　$S_0=A_0$　　　　$C_0=A_0$

$S_1 = \overline{A}_1\,\overline{A}_0 + A_1A_0$　　$C_1 = A_1 + A_0$

$S_2 = A_2 \oplus (A_1 + A_0)$　　$C_2 = A_2(A_1 + A_0)$

$S_3 = A_3 \oplus (A_2 \cdot (A_1 + A_0))$　　$C_3 = A_3A_2(A_1 + A_0)$

3-11　$F = A + BD + BC$

3-12　略

习　题　4

4-1　（1）RS 触发器、JK 触发器、D 触发器、T 触发器、T′触发器

（2）状态转移真值表、特征方程、状态转换图、波形图

（3）2、0

（4）高

（5）$Q^{n+1} = J\overline{Q^n} + \overline{K}Q^n$　　保持、置 1、置 0、翻转

4-2　略

4-3　a）、b）、c）、d）都不具备触发器功能。

4-4 ~4-12　略

4-13　$Q^{n+1} = (\overline{X} + Y)Q^n + XY\overline{Q}^n$

4-14 ~4-18　略。

习　题　5

5-1　（1）组合逻辑电路、存储电路（触发器）　（2）驱动方程、状态方程、输出方程

（3）同步时序逻辑电路、异步时序逻辑电路　（4）寄存器

（5）存储数码、移位　（6）4

（7）复杂、快　（8）256、100

（9）反馈复位、反馈置数　（10）256、1000

5-2　（1）C　（2）B　（3）D　（4）C　（5）A　（6）D　（7）B　（8）C　（9）B　（10）D

5-3　略

5-4　六进制计数器

5-5　四进制加法计数器

5-6　八进制减法计数器

5-7 ~5-9　略

5-10　四进制加法计数器

5-11　十进制加法计数器

5-12　五十进制加法计数器

5-13　八十进制加法计数器

5-14　a）右移输入 Q_3　　b）左移输入$\overline{Q}_0$

习　题　6

6-1　(1) √　(2) √　(3) ×　(4) √　(5) ×　(6) ×　(7) ×　(8) √

6-2　(1) A　(2) B　(3) D　(4) C

6-3　略

6-4　略

6-5　振荡周期为0.5ms

6-6　9.337kHz

6-7　11s

6-8　56.1～419.4ms

6-9　68%　9.7kHz

6-10　5.54μF

6-11　略

习　题　7

7-1　倒T形电阻网络D－A转换器是采用R-$2R$两种电阻构成电阻网络，其基本思想是利用逐级分流传递原理和线性叠加原理。由于从基准电压U_{REF}看进去的等效电阻为R，所以U_{REF}提供的电流$I=\frac{U_{REF}}{R}$。又由于电阻网络的电阻只有R和$2R$，其中任意一个节点的两个分支的等效电阻都相等，均为$2R$，因此I每经过一个节点都被衰减1/2。这样，每级电流就可以分别代表二进制数各位的权值。最高位权值对应支路电流$I/2$只经过一次分流，次高位权值对应支路电流$I/4$经过两次分流，其他各位权值对应支路电流分流关系依此类推。总输出电流值是各支路电流的线性叠加。这样输出电压与输入的二进制数$D_n(d_{n-1}d_{n-2}\cdots d_1d_0)$的值成正比，从而完成了数-模转换。

$$u_o=-i_FR_F=-\frac{U_{REF}R_F}{2^nR}(d_{n-1}2^{n-1}+d_{n-2}2^{n-2}+\cdots+d_12^1+d_02^0)$$

7-2　当输入数字为00000001时，$u_o=-0.07V$；

当输入数字为10000000时，$u_o=-9V$；

当输入数字为01111111时，$u_o=-8.86V$。

7-3　输入数字为6位时，比较器数量为$2^6-1=63$个。

7-4　输入电压u_i的绝对值可以大于U_{REF}的绝对值。

习　题　8

8-1　ROM有固定ROM和可编程ROM两大类。

固定ROM的特点：采用掩模技术把数据写入存储器，其内容在芯片的制造过程中确定，用户不能修改。

可编程 ROM 的特点：其存储的内容由用户通过编程的方法写入。不同的可编程 ROM 有不同的特性，PROM 只能进行一次编程，其数据一经写入，就不能再改动；EPROM 和 E^2PROM 分别利用紫外线和电擦除掉原来的内容，然后再编程，这种擦除和编程可以重复多次。

8-2 RAM 的存储单元有静态存储单元(SRAM)和动态存储单元(DRAM)两种类型。

静态存储单元(SRAM)是靠触发器的两个稳定状态来存储信息的。以图 8-8 所示电路为例来说明存储信息的过程。图中 MOS 管 $VF_1 \sim VF_4$ 组成了一个双稳态电路(即基本 RS 触发器)，用于存储一位二进制数。假如 VF_1 导通，A 点为低电位，A 点的低电位使 VF_2 截止，导致 C 点为高电位，C 点的高电位又会使 VF_1 可靠地导通，VF_1 导通使得 A 点为低电位，A 点的低电位使 VF_2 可靠地截止，这是一个稳态；反之 VF_1 截止，VF_2 就导通，将使 A 点为高电位，C 点为低电位，这又是另一个稳态。假设 A 点输出高电位用“1”表示，A 点输出低电位用“0”表示，这个触发器就能存储一位二进制数。

$VF_5 \sim VF_8$ 都是门控管，控制数据的写入或读出。由行地址译码器输出的行地址选择线 X_i 控制 VF_5 和 VF_6 的导通与截止，由列地址译码器输出的列地址选择线 Y_j 控制 VF_7 和 VF_8 的导通与截止。读写操作时，当 $X_i=1$、$Y_j=1$ 时，$VF_5 \sim VF_8$ 都导通，触发器的状态与位线上的数据一致；当 $X_i=0$ 时，VF_5 和 VF_6 都截止，触发器的输出端与位线断开，状态保持不变；当 $Y_j=0$ 时，VF_7 和 VF_8 都截止，不能进行读写操作。

动态存储单元(DRAM)是靠存储电容来存储信息的。以图 8-9 所示电路为例来说明存储信息的过程。若电容 C_1 充有足够的电荷,则表示存储信息为 1,否则为 0。

在进行读写操作时,字线 $X_i=1$,使电容 C_1 与位线相连。写入时,数据从位线存入到 C_1，写 1 时充电或者保持,写 0 时放电或者保持。读出时,数据从 C_1 中传到位线。

8-3 一个存储容量为 2K×8 位的 SRAM 有 11 根地址线,有 8 根位线。

8-4 存储容量为 1K×4 位。

8-5 PLD 由输入电路、与阵列、或阵列和输出电路四部分组成。输入电路将输入的信号互补输出,产生原信号和原信号的反信号输入到与阵列。与、或阵列用于实现各种与或结构的逻辑函数。输出电路可以使输出为组合方式或者为时序方式。

8-6 CPLD 可分为三块结构:宏单元(Macrocell)、可编程连线(PIA)和 I/O 引脚控制块。

1）宏单元是 CPLD 的基本结构，由它来实现基本的逻辑功能。

2）可编程连线负责信号传递，连接所有的宏单元。

3）I/O 引脚控制块负责输入/输出的电气特性控制，比如可以设定集电极开路输出、摆率控制、三态输出等。

8-7 FPGA 主要由三部分组成，分别是 IOE(Input Output Element，输入输出单元)、LAB(Logic Array Block，逻辑阵列块)和 Interconnect(内部连接线)。

1）IOE 是芯片与外部电路的物理接口。

2）LAB 是 FPGA 的基本逻辑单元。

3）Interconnect 连通 FPGA 内部的所有单元。

参 考 文 献

[1] 阎石．数字电子技术基础[M]．6版．北京：高等教育出版社，2016.
[2] Thomas L. Floyd. 数字电子技术[M]．11版．北京：电子工业出版社，2017.
[3] 阎石，王红．数字电子技术基础（第六版）学习辅导与习题解答[M]．北京：高等教育出版社，2016.
[4] Thomas L. Floyd. 数字电子技术基础：系统方法[M]．娄淑琴，盛新志，申艳，译．北京：机械工业出版社，2014.
[5] 刘洋，陈瑶．数字电子技术 [M]．北京：北京邮电大学出版社，2017.
[6] 胡晓光．数字电子技术基础[M]．2版．北京：北京航空航天大学出版社，2016.
[7] 杨春玲，王淑娟．数字电子技术基础[M]．2版．北京：高等教育出版社，2017.
[8] 李鹏．数字电子技术及应用项目教程[M]．北京：电子工业出版社，2016.
[9] 徐献灵，李靖．数字电子技术项目教程[M]．北京：电子工业出版社，2016.
[10] 黄天录，张玉峰，邓玉元．数字电子技术项目式教程[M]．西安：西安电子科技大学出版社，2016.